亞熱帶水庫湖沼學及水質管理

Limnology and Water Quality Management of Subtropical Reservoirs

吳先琪、周傳鈴 著

五南圖書出版公司 印行

序

　　遠古人類為灌溉而開始興建水庫。時至今日興建水庫的需求方興未艾，吾人還要水庫能發揮發電、觀光、休憩、養殖、垂釣、水上活動、航運、生態保育等多種功能。對於如此眾多的水庫，要如何以最經濟有效的方法，確保其水量與水質達到其使用目的，是關係現代人生存的大問題。

　　一個水庫是一個複雜的生態系統，它被水岸、人工壩體、底泥以及集水區包圍，不斷受到日照、熱、風、水流等外力影響，內部還有各種混合作用、化學反應及生物作用等持續進行。要選擇適當的方案來控制水質，管理者需要具備跨領域的物理、化學及生物等基本科學知識，及預測各方案下水質變化的能力。

　　筆者編撰本書的目的是將過去我們的研究團隊及前人的研究心得加以整理，提供與湖庫生態系統有關的基本理論及水質管理規劃需要的決策工具，給湖泊水庫及集水區營運管理人員、水庫設計及制定操作規範的規劃設計工程師、公共給水管理人員、湖泊水質及生態科學家、大學相關科系之教授與學生參考。

　　過去對於藻類生長或是優養成因多數偏重以生長所需的化學因子來分析，而常忽略水體的物理性狀亦是影響水庫生態系統非常重要的因素。筆者的研究團隊曾發現：在亞熱帶水庫中水體形成溫度分層是讓微囊藻（*Microcystis* spp.）較其他藻種容易取得優勢的原因。2009 年台灣基隆市新山水庫爆發微囊藻藻華。此水庫是一個離槽（off-channel）水庫，主要水源是鄰近的基隆河。筆者建議新山水庫管理當局在水體明顯分層時，不要讓河水從水庫上層進入，而採用最深的進水口引進河水，如此可使營養鹽濃度較庫水為高的基隆河水在深水層（hypolimnion）中被稀釋冷卻而擴散，不會進到水表光照層（euphotic zone），阻止藻類吸收利用河水的營養鹽類。新山水庫當局採用此方法後，未再爆發過類似之嚴重藻華事件。所以本書一開始第二部分的第 3 章及第 4 章，就介紹水庫的物理性質及各種影響生物生長的因子，包括

能量的傳遞、光線的穿透、密度的空間變化等。第 5 章則是討論水的流動及物質的混合。

當然各種地質化學程序及微量元素的宿命也很重要。第三部分內的第 6 章討論水中的主要成分，如有機物、溶氧、及碳酸鹽等。這些水化學的主要角色，影響水中的緩衝能力、pH 及氧化還原電位，這些又影響許多化學物質的變化。了解這些因素之後，我們更能掌握化學物種的分布及其對於生物的有效性。第 7 章討論微量化學物質，包括控制藻類生長的氮磷等營養鹽類，特別強調營養鹽種類的分布（例如總磷包括正磷酸鹽、溶解性有機磷及顆粒性磷等，各有不同之比例與其生物有效性），同時也介紹一些簡單的水質模式，可幫助讀者解釋及預測水中物質濃度的變化。

第四部分是對於水庫藻類生態的討論，其中第 8 章介紹藻類的生長，第 9 章介紹水庫整個生態系統。優養問題在表面上是浮游植物造成的，其實浮游植物是與水庫中各種動植物相互影響的，甚至受到整個水庫的物理因素及化學因素，也就是整個生態系統的控制。了解這些控制藻類生長的因子，可以幫助我們掌握優養的成因，或許可以改善優養的問題。

第五部分包括各種水庫水質管理的策略與工具的介紹。由於汙染源的管理是控制優養最根本的方法，所以第 10 章介紹集水區管理的各種策略，包括結構性的方法及非結構性的方法。第 11 章則介紹水庫內的優養控制方法，包括常用的曝氣攪拌及疏濬等，以及近年來發展深層純氧曝氣等方法。第 12 章介紹建立藻類生態模式的方法，包括了適用於不同複雜度的一些數學模式及其應用的例子。這些模式可以幫助我們預測營養鹽輸入量、預警藻華的生成、分析進出水方式及水質對藻類濃度的影響、分析各種集水區及水庫管理措施的成效。

本書得以產生，要感謝從事湖庫優養研究的過程中許多先進的引領及指導。開始研究水庫優養是由台大環工所駱尚廉教授邀請參與環保署的甘泉計畫開始。中研院吳俊宗博士團隊在許多研究中給予藻類分類及生長方面的專業指導，台大土木系郭振泰教授指導我們模式預測上的問題，台大環工所曾四恭教授給我們機會去嘉義

蘭潭水庫開始研究優養整治方案，還有許多學者提供不同的專業協助。要感謝各水庫管理單位在研究水庫過程大力協助，包括台灣自來水公司、水利署、台北翡翠水庫管理局、台灣電力公司、各地區農田水利會及許多水庫管理同仁，使我們能夠有許多寶貴的調查數據來掌握亞熱帶水庫的特性。感謝四次赴蒙古湖泊研究時，仰仗蒙古科技大學 Ulaanbaatar 教授團隊及 Ugii 湖的生態教育與研究中心及各湖泊管理單位的全力協助，讓我們獲得極難得的數據與經驗，印證夏天蒙古的溫度分層湖泊的優勢藻也會跟亞熱帶水庫一樣是微囊藻。最要感謝的還有台大環工所環境汙染物宿命研究室的所有學生，還有藻田工作室的同仁，他們幫忙採樣、分析水樣、參與研究。若沒有他們的幫忙，就不會有本書中很多珍貴的第一手研究成果。

撰寫本書過程中筆者最大的收穫是對於生態的道有了更深的體認。筆者過去始終無法用「食物網」、「相互競爭」、「壓力與回應」等原理來解釋所看到的藻類生態的現象。但是在接近完成本書的時刻，反而體認到，自然環境在時間與空間中的變異，即不均勻性，產生無數動態的最適生態棲位（niche）。其實生物各自尋找其最適生態棲位，然後分工合作將宇宙來的能量，迅速有效地以物質及不同之能量形式在生態系統中流通、轉變、消散，以熱能回歸宇宙虛空。生態系統的道是「分工合作」，而不是「適者生存」、「優勝劣敗」。

用這種角度來看優養問題，把藻類的優養看做是一種物質的累積，就可以知道生態系統中可能哪一個環節阻塞了，或是某個生態棲位缺少物種去運作（例如缺少消費者或是氧氣）。想辦法讓這個環節運作，質量與能量流動的通路暢通了，才能讓生態系統健康有效率。

水庫生態無比複雜，其水質管理牽涉的各種專業何其眾多，筆者在編撰本書時雖已儘量謹慎，但是仍難免有疏漏及錯誤之處。筆者在此誠摯祈求本書的讀者能原諒筆者的疏漏，並能給予寶貴的指正。

目次Contents

序 i
Preface

第一部分 ｜ 緒論 1
Part 1. Introduction

    1. 亞熱帶水庫的現狀與問題   3
       Current Conditions and Issues of Subtropical
       Reservoirs

    2. 湖泊與水庫的形成、種類與特性   11
       The Origins, Types and Characteristics of Lakes and
       Reservoirs

第二部分 ｜ 水文與物理性質變化 25
Part 2. Hydrology and Physical Properties of Reservoirs

    3. 水量平衡 Water Balance   27

    4. 光與熱 Light and Heat   39

    5. 流動與混合 Flow and Mixing   55

第三部分 ｜ 水庫化學及微量元素之宿命 69
Part 3. Chemistry of Reservoirs and the Fate of Trace Elements

    6. 酸鹼度、碳酸鹽、有機物及溶氧   71
       pH, Carbonate, Organic Matter and Oxygen

    7. 氮、磷、鐵、錳及其他成分   99
       Nitrogen, Phosphorus, Iron, Manganese and Other
       Elements

第四部分 | 藻類生態 ·· *137*
Part 4. Ecology of Algae

8.　藻類生長 The Growth of Algae　　　　　　139

9.　水庫藻類生態 Ecology of Algae in Reservoirs　　177

第五部分 | 水質管理 ·· *219*
Part 5. Reservoir Water Quality Management

10. 集水區衝擊的管理　　　　　　　　　　221
Management of the Impacts from Catchments

11. 水庫內優養控制　　　　　　　　　　　265
In-Reservoir Control of Eutrophication

12. 生態系統模擬與水質管理方案評估　　　319
Modeling of Ecosystems and Evaluation of Water
Quality Management Alternatives

第一部分　緒論
Part 1. Introduction

1. 亞熱帶水庫的現狀與問題
   Current Conditions and Issues of Subtropical Reservoirs
2. 湖泊與水庫的形成、種類與特性
   The Origins, Types and Characteristics of Lakes and Reservoirs

1. 亞熱帶水庫的現狀與問題
Current Conditions and Issues of Subtropical Reservoirs

1.1 興建水庫之趨勢未已

　　由於人口增長、土地開發利用以及產業的發展，全球仍有許多地區缺乏足夠的水資源。為了調節在濕季與旱季雨水的不平衡，儲存濕季時的地面水，供應旱季時給水之需，興建水庫仍然是最常用的解決方案。以亞熱帶地區的台灣本島為例，全島面積為 36,188 平方公里（36,188 km^2），2013 年的年降雨量為 986 億立方公尺（9.86×10^{10} m^3，由 2738 mm 之年雨量算出），其中有 719 億立方公尺形成逕流，然而有 83.5% 之逕流水流入海中，僅有 16.5% 的水得被取用。而一年可取用的地面水中，有 74 億立方公尺取自河川，有 43 億立方公尺（占取用地面水之 37%）取自水庫（圖 1-1）。可見水庫在水資源供應上之重要性。（經濟部水利署，2014）

　　世界上雖有少數拆除水庫的例子，但是世界各國水庫的數目仍然不斷在增加。目前在國際大壩委員會（International Commission on Large Dams, ICOLD）註冊有案，人工壩體高度超過 15 公尺的水庫有 58,402 座（註：數字可能偏低，因為有些國家未註冊故未列入）。如以國家來分，中國是水庫最多的國家，擁有 23,842 座，其次為美國，有 9,265 座（ICOLD, 2016）。

　　以台灣本島為例，至 2014 年底，現有之水庫壩堰計有 100 座，合計其設計蓄水總容量有 285,319 萬立方公尺，有效容量 188,619 萬立方公尺；其中以曾文水庫最大，設計總容量 74,840 萬立方公尺，有效容量 47,214 萬立方公尺；其次是翡翠水庫，設計總容量 40,600 萬立方公尺，有效容量 33,459 萬立方公尺。目前正施工建造中之水庫壩堰，有以公共給水及工業用水為目標之湖山水庫，及以公共給水為供水目標之中庄調整池 2 座。已完成規劃尚待推動之水庫壩堰有 4 座，包括苗栗縣之天花湖水庫及其越域引水，台中市之大安大甲溪水源聯合運用輸水工程，高雄市之高屏大湖，南投縣之鳥嘴潭人工湖，其功用均以公共給水為主。為了開闢水源，另有規劃中之水庫 2 座，包括新北市之雙溪水庫及屏東縣之士文水庫（經濟部水利署，2014）。以中國大陸為例，近年來大型水庫的數目也增加極迅速，從 2000 年的 420 座增加到 2010 年的 550 座（Yang and Lu, 2014）。

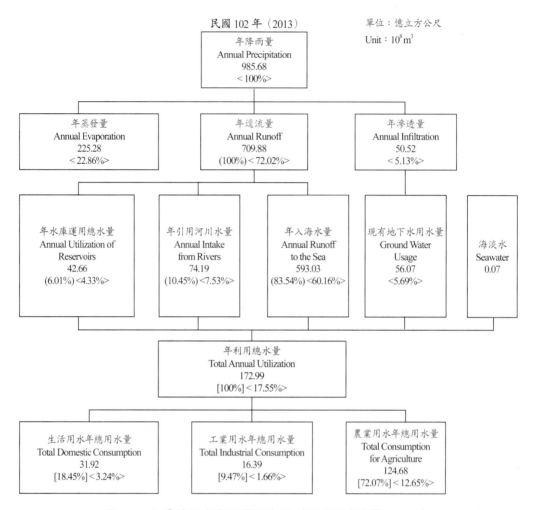

圖 1-1　台灣地區水資源運用實況（經濟部水利署，2014）

圖內容說明：

1. ＜＞以降雨量為基數 Base on Annual Precipitation ＜100%＞，
   （）以年逕流量為基數 Base on Annual Runoff (100%)，
   ［］以年利用總水量為基數 Based on Total Annual Utilization[100%]。
2. 歷年 (1949 年至 2012 年) 平均年雨量：2,506 mm，
   2013 年平均年雨量：2,738 mm，
   歷年平均年逕流量 (1949 年至 2012 年)：$649.17 \times 10^8 \, m^3$，
   2013 年年逕流量：$709.88 \times 10^8 \, m^3$。
3. 本表不含河川保育用水量。
4. 本表水庫相關資料係依據 40 座主要水庫為計算標準。
5. 本表除地下水用水量外均不含非灌區農業用水量。
6. 合計百分比之加總數不等於 100%，係因電腦計算四捨五入之關係。

1.2 水庫帶來的問題

　　興建水庫給農業帶來穩定的灌溉水來源，也提供公共給水、發電、航運、防洪及觀光遊憩等用途。但是水庫也給環境或人類帶來了一些問題。首先，擷取河水進入水庫，將使得下游河川的水文發生改變，例如河水流量降低。近20年間穿越中國、寮國（Laos）、泰國（Thailand）、柬埔寨（Cambodia）和越南（Vietnam）的湄公河（Mekong）主流上已興建了13座水壩，規劃中的還有12座，支流上的水壩更是不計其數（Cronin, 2012；Eyler and Weatherby, 2020）。專家指出2016年柬埔寨與越南的嚴重缺水，是受到上游興建水壩的影響（Minh and Wright, 2016）。除了下游灌溉與公共用水的不足，水文改變也會使得河川水深改變，影響河川生態環境。河口水量減少使得海水入侵到河流的更上游，使整個河水的鹽度增加，造成對於淡水生物不良的生長環境。湄公河在上游水庫興建後發生的海水入侵，使湄公河三角洲40萬公頃的稻田無法耕種（Minh and Wright, 2016）。

　　水庫也影響了河流從上游搬運物質到下游及海岸地區的能力。河川上游的營養鹽、有機物質碎屑和泥沙被攔阻而沉入水庫的底部，減少了下游及海域浮游植物及屑食動物的食物來源，也使得海岸的沙源減少了。卡亞布理水庫（Xayaburi Dam）興建後，湄公河的沙源減少了一半（Herbertson, 2012）。

　　水庫水域及環境的變化也影響當地的人文與生態環境。除了淹沒區的居民們被迫遷移之外，許多原本棲息在淹沒區的動植物也移居別處或消失了。台灣雲林縣湖山水庫於2016年建設完成開始蓄水，預定淹沒區原有222隻八色鳥（Indian Pitta, *Pitta brachyuran*），目前僅剩數隻，未來蓄滿水後是否能再度恢復原有的族群數量，尚待觀察（聯合報，2016）。由於水深及流速的改變，水生生物的種類也跟著改變。位於台中市大甲溪下游的石岡水壩於1971年啓用之後，大甲溪原生種的香魚就絕跡了，石岡水壩以上的河段，迴游性的白鰻及毛蟹等也消失了。

　　直接對於公共給水及公眾健康有影響的是水庫水質惡化所衍生的問題。累積泥沙、藻類滋長以及水體有機物質濃度增加幾乎是水庫必然的宿命。由於水庫減緩了河水的沖刷，上游集水區釋出的氮及磷等植物生長所需的營養鹽類就累積在水體下層及底泥中，不斷循環被藻類利用。生長旺盛的藻類以及食物鏈上的生物死亡遺留許多有機物質，也沉降到底層然後分解，造成水庫水中有機物濃度增高。這個現象稱之為優養或富營養（eutrophication）。優養的水庫中會有藻類產生的臭味及有機物質的顏色，有時候也會有藻類產生的毒素（Carmichael et al., 2001）。在傳統的淨水處理程序中，藻細胞容易堵塞濾床，造成淨水處理效能大大降低；而最嚴重的影響是含高有機質的水加氯之後會產生消毒副產物（disinfection byproducts），造成自來水飲用者的致癌風險。

　　濕熱的亞熱帶區域包括亞洲大陸的台灣、中國大陸長江流域與福建省、貴州省、雲

南省、緬甸、印度北部、美國南部各州、墨西哥等大約緯度 23.5 度至 40 度左右的地區，也包括一些熱帶的高山或高原，例如越南及台灣南部的一些區域等，在氣候上有些共同特徵：通常有乾濕兩季，其中暖季多雨，而且常有熱帶氣旋帶來豪雨。這種氣候特質造成各季降雨量不平均（這也是需要建造許多水庫的原因），炎熱的氣候及豪雨引起強烈的土壤風化與流失，大量營養鹽進入水庫。暖季炎熱但是冷季不算很冷，最冷月均溫在 2 至 13℃之間（Wikipedia, 2016），很少下雪或結冰，適合藻類生長。水庫在暖季有明顯水溫分層現象，冷季才混合，屬於一次混合型（monomictic）的水庫，有機物及營養鹽隨死亡的動植物碎屑沉入深水層（hypolimnion），累積至下一次水體完全翻轉（turnover）時又回到表水層（epilimnion）而刺激藻華爆發。因此許多亞熱帶水庫都受到水質優養問題所困擾。

以台灣本島 20 座主要水庫為例，若以四季平均水質之綜合卡爾森優養指數（Carlson Trophic State Index, CTSI）（註：各國及各管理單位所採用之優養定義不同，有關優養指數之定義將於第 12 章詳細說明）評估，有 5 座為優養（eutrophic），有 13 座呈現普養（mesotrophic），而僅有二座能維持貧養（oligotrophic）（圖 1-2）。如果以任一季出現過優養狀況來看，有三分之二的水庫都有優養現象（行政院環保署，2015）。

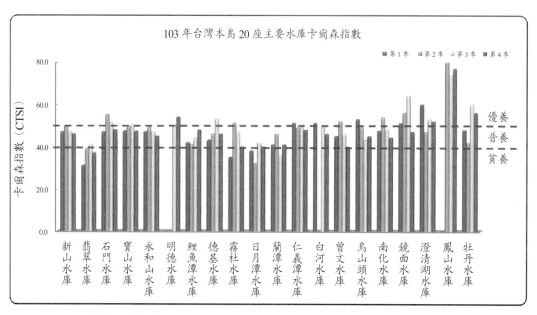

圖 1-2　2014 年第 1 季至第 4 季台灣本島 20 座主要水庫卡爾森優養指數（環境保護署，2015）（註：部分水庫在某些季節因無法採樣故缺少數據）

台灣離島金門、馬祖及澎湖的 28 座水庫的平均水質，全部都是優養狀態。金門主要供水水庫的水質已經惡化至淨水處理廠無法正常出水（見表 1-1），除了藻類濃度（以葉

綠素濃度代表）很高之外，總溶解有機碳濃度也都超出做為公共水源的標準 4 mgL^{-1}。原來金門自來水各廠之總設計出水量為每日 14000 立方公尺，但是目前因為水質惡化導致處理效能不足，每日只能出水 7000 立方公尺。其中優養水質中含有高濃度之有機物，成為消毒副產物生成潛勢（Disinfection Byproduct Formation Potential, DBPFP），以致在金門太湖淨水廠及榮湖淨水廠的淨水處理過程中誘發出三鹵甲烷及鹵乙酸等致癌物質。2013 年 8 月水質檢測的結果顯示三鹵甲烷濃度都超過環保單位訂定的飲用水水質標準 80 μg/L（駱尚廉等，2013）（圖 1-3）。水中過高的藻臭味或是顏色也是優養造成的水質問題。2009 年台灣地區水庫中檢測出藻臭成分 2-MIB 或 geosmin 的事件有 30 多起。另外濾床被藻體堵塞的事件也時有所聞，這些情形都會造成供水停止或減量（張嬉麗，2011）。

表 1-1　金門本島各湖庫水質（採樣日期：2013/3/6）

	太湖	金湖	金沙	榮湖	田浦	陽明湖	蘭湖
Depth of sampling point (m)	0.77	0.83	0.79	0.32	0.72	0.71	0.59
Temp (°C)	15.9	14.9	17.2	19.2	15.9	18.0	19.7
pH	8.93	8.64	8.92	9.15	8.92	8.05	8.5
ORP (mV)	285	267	45	195	246	298	272
Cond (μS/cm)	425	1714	1131	1871	458	247	490
TDS (mg/L)	276	1114	735	1216	298	160	318
DO (mg/L)	11.29	10.59	11.99	13.48	11.72	9.94	9.84
Chlorophyll a (μg/L)	19.6	63.4	36.7	26.5	12.5	3.6	4.2
Turbidity (NTU)	20	13	58	68	30	8	11
SS (mg/L)	24	23	39	61	31	3.5	9.8
TP (μg/L)	109	157	157	275	164	70	172
NH$_3$-N (mg/L)	ND	ND	0.066	0.032	0.059	0.019	0.139
NO$_3^-$-N(mg/L)	ND	ND	ND	ND	ND	ND	0.01
TOC (mg/L)	12.0	8.7	20.5	24.1	18.2	4.74	10.8

ND = 0.01 for NH$_3$-N (mg/L), ND = 0.01 for NO$_3^-$-N (mg/L)。

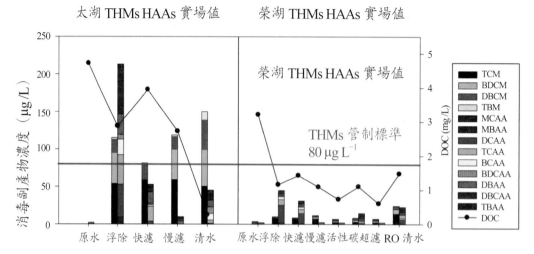

圖 1-3　台灣離島金門之太湖淨水廠與榮湖淨水廠 2013 年 8 月處理程序各階段鹵乙酸（HAA）
　　　　及三鹵甲烷（THMs）之濃度（駱尚廉等，2013）（註：TCM：三氯甲烷，BDCM：
　　　　一溴二氯甲烷，DBCM：二溴一氯甲烷，TBM：三溴甲烷，MCAA：一氯乙酸，
　　　　MBAA：一溴乙酸，DCAA：二氯乙酸，TCAA：三氯乙酸，BCAA：一溴氯乙酸，
　　　　BDCAA：一溴二氯乙酸，DBAA：二溴乙酸，DBCAA：二溴氯乙酸，TBAA：三溴
　　　　乙酸，DOC：溶解性有機碳）

　　Jin 等人（2005）調查結果顯示中國在 1978 年至 1987 年間，貧養（oligotrophic）湖
泊的比例從 3.2% 降低至 0.53%，優養湖泊的比例則由 5.0% 增加至 55%。2005 年的數據
顯示 40 個受調查的湖泊中有 57.5% 的湖泊為超優養（hypertrophic）狀態。優養湖泊多數
集中在屬於亞熱帶的長江流域及雲貴高原。

　　中國長江流域的五大湖，包括太湖、洪澤湖及巢湖（Lake Taihu, Lake Hongze and Lake
Caohu）也都呈現優養情形。中國大陸江蘇省太湖曾經因為藻華濃度過高，以致自來水停
產。2007 年 5 月 28 日，太湖出現大規模藍綠菌的藻華，水質嚴重惡化，造成四、五百萬
人口的無錫市沒有自來水可用（郭玫蘭，2007）。

　　美國 2008 年的調查顯示德克薩斯及路易士安那沿海及密西西比流域平原（Texas-
Louisiana costal and Mississippi alluvial plains）、南部沿海平原（Southern coastal plain）、佛
州南部沿海平原（Southern Florida coastal plain）及東部沿海平原（Eastern coastal plain）有
81% 至 98% 的湖泊，葉綠素 a 濃度超過未受汙染湖泊中葉綠素濃度之中間值（median）
（Dodds et al., 2009）。

　　上述這些湖庫水質惡化的趨勢似乎沒有妥善的方法徹底阻止，而公共給水及興建水庫
的需求仍然不斷。雖然歷經許多研究人員的努力，大家對於水質惡化的成因已有更多的了

解，但是對於影響優養程度與其型態的因素與機制仍有許多無法掌握。例如：何種因素會刺激藍綠菌或某一種藻的優勢？ 是否有環境因子會導致藻類產生藻毒素？為何有時候藻華會聚集水面，有時候又會散開到水中不見？為什麼用生物控制藻類濃度有時候成功，有時候失敗？所以我們仍然有很多需要研究與學習的地方。

參考文獻

Carmichael, W. W., Azevedo, S. M., An, J. S., Molica, R. J., Jochimsen, E. M., Lau, S., Rinehart, K. L., Shaw, G. R. and Eaglesham, G. K., 2001, Human fatalities from Cyanobacteria: chemical and biological evidence for cyanotoxins, *Environmental Health Perspectives*, 109(7), 663-668.

Cronin, R. P., 2012, Laos' Xayaburi dam project: Transboundary game changer, *Global Water Forum*, April 30th, 2012.

Dodds, W. K., Bousks, W. W., Eitzmann, J. L., Pilger, T. J., Pitts, K. L., Riley, A. J., Schlösser, J. T. and Thornbrugh, D. J., 2009, Eutrophication of U.S. Freshwaters: Analysis of Potential Economic Damages, *Environmental Science and Technology*, 43(1), 12-19.

Downing, J. A., Prairie, Y. T., Cole, J. J., Duarte, C. M., Tranvik, L., Striegl, R., McDowell, W. H., Kortelainen, P., Caraco, N., Melack J. M. and Middelburg, J., 2006, The global abundance and size distribution of lakes, ponds, and impoundments, *Limnology and Oceanography*. 51(5): 2388-2397.

Eyler, B. and Weatherby, C., 2020, *Mekong Mainstream Dams*, Asia & Indo-Pacific, Southeast Asia Program, Mekong Policy Project, The Henry L. Stimson Center, Washington, DC 20036.

Herbertson, K., 2012, As Consultant Distances Itself, Cracks Appear in Laos' Portrayal of Xayaburi Dam, *International Rivers*, August 9, 2012.

International Commission on Large Dams (ICOLD), 2016, Dams Figures, http://www.icold-cigb.org/GB/World_register/general_synthesis.asp)

Jacobs, A., 2013, Plans to Harness Chinese River's Power Threaten a Region, *Asia Pacific*, May 4, 2013.

Jin X., Xu, Q. and Huang, C., 2005, Current status and future tendency of lake eutrophication in China, *Science in China Series C: Life Sciences*, 48 Special Issue, 948-954.

Minh, T. V. and Wright, S., 2016, Chinese dams blamed for exacerbating Southeast Asian drought, *International Rivers*, April 1, 2016.

Wikipedia, 2016, Subtropics, https://en.wikipedia.org/wiki/Subtropics.

Yang, X. and Lu, X., 2014, Drastic change in China's lakes and reservoirs over the past decades,

Scientific Reports, 4, Article number: 6041. doi:10.1038/srep06041

行政院環境保護署，2015，民國 103 年環境水質監測年報。

張嬉麗，2011，自來水公司近年來各水源水庫優養化、藻類與淨水處理相關性探討，自來水會刊第 30 卷第 2 期。

郭玫蘭，2007，江蘇太湖藍藻事件凸顯水汙染問題嚴重，大紀元 2007 年 6 月 2 日。

經濟部水利署，2014，中華民國 103 年水利統計。Water Resources Agency, Ministry of Economic Affairs, 2015, Statistic of Water Resources 2014，July 2015。

駱尚廉，蔣本基，吳先琪，林正芳，王根樹，林郁眞，童心欣，闕蓓德，黃志彬，林志高，林財富，李志源，林鎮洋，2013，102 年度「國科會災害防救應用科技方案」年度報告：金門水資源與水質改善整合計畫──金門水資源及水質改善計畫（1/3），國立臺灣大學環境工程學研究所。

聯合報，2016，雲林湖山水庫開始蓄水，April 3, 2016。

2. 湖泊與水庫的形成、種類與特性
The Origins, Types and Characteristics of Lakes and Reservoirs

2.1 湖泊的形成與種類

　　天然的湖泊因地形的變化而生成，相較於水庫，其深度淺，集水區比較小，進出水量也小，所以水的停留時間比較長。台灣天然湖泊中最深的宜蘭縣太平山翠峰池，其最深處也僅有 7 公尺。如果天然的湖泊沒有做為公共給水的直接水源，其水位的變動也比較小。依據地形及生成的方式，湖泊有以下一些種類。

2.1.1 湖泊的種類

2.1.1.1 地盤構造改變形成的湖

　　地盤構造的活動，例如受到擠壓而產生皺曲，或是張裂及斷層產生地形的高差，都會產生湖泊。地塹（音同欠或見）湖（tectonic basins）就是這種湖（見圖 2-1）（Wetzel, 2001）。世界最深的湖，西伯利亞的貝加爾湖（Baikal）也是屬於這樣形成的天然湖，其深度有 400 餘公尺。

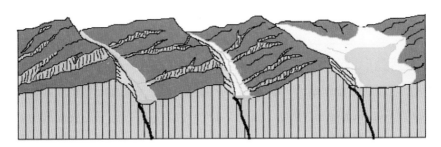

圖 2-1　地盤構造改變形成的地塹湖。圖中由左向右流的河川被斷層截斷，水流受阻形成一連串的湖泊

　　台灣的日月潭屬於此類受到地殼擠壓而形成的盆地所造成的湖泊。受到第三紀地殼運動的影響，中央山脈西側形成一連串大小不一的埔里盆地群，這些盆地積水成湖，後來

因爲持續的地殼變動加上河流侵蝕，使湖水洩出。其中一盆地中的日月潭是其中僅存的湖泊（圖 2-2）（文化部，台灣大百科全書）。日據時代在盆地地勢較低處建了水社及頭社兩水壩，又從濁水溪築了一條 15 公里的地下水道，穿過水社大山，引水進來，使湖水面積增加到 8.4 平方公里，最大深度達到 27 公尺，成爲現在的日月潭（水庫）（黃兆慧，2002）。

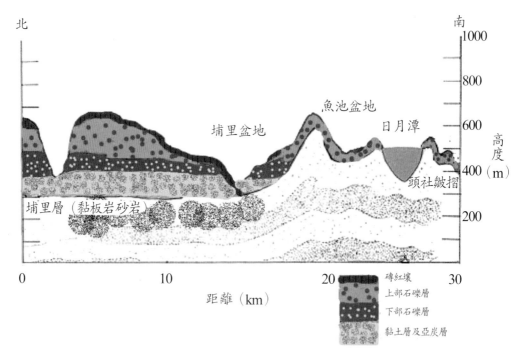

圖 2-2　日月潭之位置及埔里盆地群之縱斷面，可看出地殼擠壓產生皺摺，繼而產生許多盆地，有些蓄水不退則形成湖泊，日月潭就是這樣形成的天然湖泊（參考來源：文化部，台灣大百科全書）

2.1.1.2 火山活動形成的湖

火山活動可以造成多種湖泊。噴發過的火山口冷卻之後形成一個形狀完整的火山口湖（crater lake 或 caldera lake）（圖 2-3 及圖 2-4）。台北近郊的七星山火山群中就有幾個形狀完整的火山口湖，例如磺嘴山及向天池。向天池位於向天山西側，是陽明山最爲完整的火山口，池的形狀爲臉盆狀，直徑 370 m，深 130 m，底部平坦。旱季時向天池呈乾涸狀態，池底長滿了禾本科草類，較低窪的部分則是生長著代表濕地逐漸陸化的燈心草，雨季過後水深可達 5 公尺，偶爾可見到台北樹蛙在此棲息，也提供俗名「豐年蝦」的鵠沼枝額蟲繁殖環境，是一處動植物生態極爲豐富的特殊地理資源（圖 2-5）。

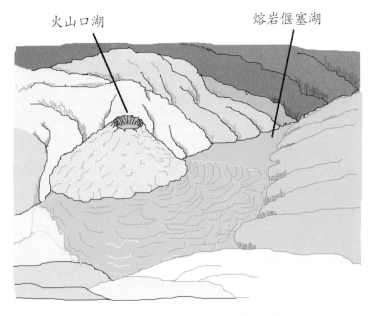

圖 2-3 火山口湖與熔岩偃塞湖的示意圖

圖 2-4 蒙古賀爾戈火山（Mount Khorgo）之火山口湖。因當地乾旱，湖水很少，湖面面積
很小

圖 2-5　向天池是大屯火山群中最為完整的火山口，底部平坦，旱季時呈乾涸狀態，池底長滿了禾本科草類

　　此外火山熔岩流入山谷中，會阻塞原有的河流而形成熔岩偃塞湖（lava-blocked lake）（圖 2-3）。例如蒙古的特克因查幹湖（Terkhin Tsagaan Lake）就是因為賀爾戈火山（Mount Khorgo）爆發時溶岩流出，阻斷原有之河道而產生的（圖 2-6）。另外熔岩流經的土壤融化收縮，會產生很大的空洞，當熔岩冷卻塌陷後會形成熔岩陷落湖（lava-subsidence lake）。

圖 2-6　蒙古的特克因查幹湖（Terkhin Tsagaan Lake）是因為賀爾戈火山（Mount Khorgo）爆發時溶岩流出，阻斷原有之河道而產生之偃塞湖（底圖來源：Google Map）

2.1.1.3 崩塌造成的湖泊

　　與熔岩偃塞湖類似的情形，因爲山崩產生的土石流阻塞了河道，土石堆積處的上游開始蓄水形成湖泊。台灣中部在 1999 年 9 月 21 日發生集集大地震，雲林縣古坑鄉草嶺發生山崩，約 1 億 2 千萬立方公尺的土石進入濁水溪上游清水溪河谷，形成高約 50 公尺的土壩，上游端蓄水，稱爲新草嶺潭。潭水體積最高曾達到 1 至 2 億立方公尺，一度成爲台灣最大的天然湖泊（圖 2-7）。

圖 2-7　集集大地震後草嶺地區山崩土石堆積區域及形成的偃塞湖新草嶺潭的位置（底圖來源：Google Map）

　　偃塞湖的土壩不穩定，極易因暴雨洪水衝擊而潰堤。雲林縣草嶺地區地層不穩定，歷史上經歷過多次因山崩攔截清水溪溪水形成偃塞湖，且先後均因天然壩體潰決而消失。新草嶺潭也因爲後來多次颱風侵襲，上游山崩土石堆積入湖中，造成嚴重淤積，湖面縮小，終於在 2004 年 7 月 2 日的水災之後，完全被淤沙填滿，堤壩也遭沖毀，草嶺潭也宣告消失，其壽命僅 5 年。

2.1.1.4 冰河活動造成的湖

　　冰河時期或高山地區的冰河活動，常在地表切割出槽谷或窪地地形，且冰河在切割及融化的過程又把岩石的碎屑堆積在冰河前端形成突堤，於是形成了像圓形劇場一樣的冰斗湖（cirque lake），或是被兩側陡直的山壁包圍，一端是平坦的沙灘，像畚箕一樣的槽谷

湖（trough lake）或冰挖湖（ice-scour lake）。加拿大洛磯山及美國東北各州都有很多這種冰河活動造成的湖（圖 2-8）。台灣高山也有冰河活動的遺跡，例如圈谷地形等，但是未能積水形成大的湖泊。

圖 2-8　加拿大洛磯山 Banff 國家公園內的 Peyto Lake 是冰河切割出來的天然湖。又因為附近仍有冰河，夏季融冰水帶著岩粉注入此湖，造成水色呈現似綠松石（turquoise）的美麗藍色

2.1.1.5 河川活動造成的湖

　　河川在平坦的地形流過，會在河道彎曲的外緣造成侵蝕，而在內緣造成堆積，於是逐漸河道益形蜿蜒。最後河流改道，留下封閉的舊河道成為湖泊。這種河川活動造成的湖稱為 lateral lake 或 flood-plain lake 或牛軛湖（oxbow lake）（圖 2-9）（何立德及王鑫，2002）。

原來河流　　濕地　洪泛平原　河流向外侵蝕　河道截斷取直　牛軛湖

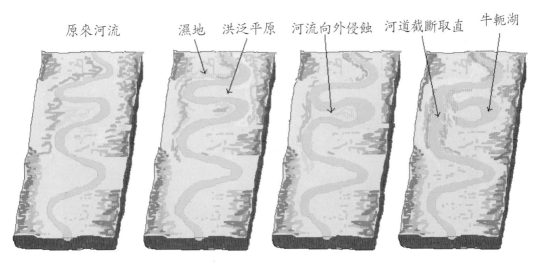

圖 2-9　河流堆積與侵蝕河道形成牛軛湖的過程

2.1.1.6 海岸活動造成的湖泊

潟湖就是海洋洋流移動沉積物堆積在河口或海岬口，而將海灣封閉成一個湖（圖 2-10）。台灣西海岸有很多潟湖，面積大者例如將軍溪口、七股內海、鯤鯓湖、大鵬灣等。有些潟湖已經完全淡水化，有些仍與海水相通，受到潮汐及鹹水的影響。潟湖有外堤的保護，又有不同的鹹淡水質變化，是許多生物孕育的場所，也是生物多樣性很高的環境。台灣的許多潟湖被做為養蚵場，是台灣特有的產業與海岸景觀。

圖 2-10　俄國西伯利亞貝加爾湖（Baikal Lake）的強大湖流，造成湖灣開口沙灘堆積成堤，形成潟湖

2.1.1.7 不明原因造成的湖泊

許多天然湖泊歷史久遠，形成的原因不易辨認。例如翠峰湖是台灣最大的高山湖泊，但不是火山活動造成。很可能是地形變化或一部分崩塌造成（圖 2-11）。

圖 2-11　翠峰湖是台灣最大的天然高山湖泊，海拔 1,840 公尺，位於宜蘭縣太平山與大元山之間。其生態體系有別於一般湖泊，水源為附近山區雨水匯集而成，滿水期 9～11月時，面積可達 25 公頃，湖深近 7 公尺，水質略呈酸性；枯水期 1～4 月，此時湖面呈現一大一小葫蘆狀兩湖區，因湖的東側有頁岩滲水層，湖水不易蓄滿，乾季水位降低，水位差 4 公尺左右，露出大片水草地，每年如此循環

2.1.2 水庫的種類

水庫依其水的來源可分為在槽水庫（in-channel reservoirs）與離槽水庫（off-channel (or off-river) reservoirs）；依其位置可分為山谷水庫、平地水庫及地下水庫等。

2.1.2.1 在槽水庫

在槽水庫建於主河道上，主要水源來自水庫上游的河川集水區，水量及水質直接受到集水區降水量及土地使用狀態的影響，集水區流失的土壤、營養鹽及汙染物均全部匯集到水庫中，淤積的問題也較為嚴重。台灣地區的主要大型水庫，例如北勢溪上的翡翠水庫、大漢溪上的石門水庫、大甲溪上的德基水庫，均為在槽水庫。

2.1.2.2 離槽水庫

離槽水庫是建於山谷、窪地或將水量少的天然湖泊加高堤岸而成，利用引水渠道、隧道或水管，從另一流域的河道或湖庫引水進來。台灣有許多水庫為離槽水庫，例如基隆的新山水庫引基隆河的水、新竹的寶山水庫引頭前溪的水、苗栗的永和山水庫引中港溪的水及嘉義的蘭潭水庫引八掌溪的水。另外有許多水庫則是主流河水不足，另外再從其他水域引水進入水庫（稱為越域引水（inter-basin transfers）），兼具離槽與在槽之特性，例如日月潭及南化水庫。

離槽水庫的引水可以人為來操控，因此比較能維護水庫的水量及水質。例如水庫可以在河水水質非常不好的時候停止取水，以減少汙染物進入水庫的量。在遇到颱風或暴雨，河水中泥沙量高時，停止取水可以大量漸少水庫的淤積量。

2.1.2.3 山谷水庫

大部分的水庫屬於山谷水庫。這種水庫係利用攔河壩阻斷河谷，抬高水位成為深潭。因為利用地勢而建，成本低，儲水量大。

2.1.2.4 平地水庫

平地水庫係將平地的河道、湖泊、窪地加高堤岸而成水庫，甚至也可以向下挖深來增加水深，水源則多半引自鄰近河流。台灣近年來還規劃了數個河口水庫，係將河口一部分築堤圍水，將海水抽除，引進河水成為淡水庫。中國長江口的江心，於 2010 年圍堤建築了青草沙水庫，有效容量達到 4.25 億立方公尺，可以蓄淡水，避海水，供水可達每天 719 萬立方公尺（維基百科，2016）。

2.1.2.5 地下水庫

台灣澎湖縣白沙鄉赤崁盆地北端的赤崁地下水庫，於 1986 年開始營運，集水面積 2.14 平方公里，係以設置長度 820 公尺厚度 0.55 公尺之地下截水牆，攔截地下水，提高地下水位而得以儲水。該水庫之總蓄水量為 659 萬立方公尺（維基百科，2016；何立德及王鑫，2002）。

2.2 湖泊與水庫之特性

2.2.1 湖泊型態參數（Morphometric parameters）

1. 湖面積

湖面積，A，即湖水表面所占之總面積。

2. 最大湖長

最大湖長（Maximum length），l，是湖面上離最遠的湖岸兩點之距離（見圖 2-12）。

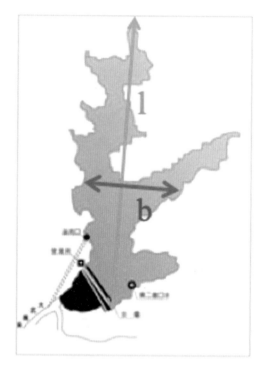

圖 2-12　新山水庫之平面圖。線 l 是最大湖長，線 b 是最大湖寬

3. 最大湖寬

最大湖寬（Maximum width or breadth），b，是垂直於最大湖長軸線之最大的兩湖岸連線（見圖 2-12）。

4. 平均湖寬

平均湖寬，（Mean width），b_{mean}，是湖面積除以最大湖長，即

$$b_{mean} = A/l$$

5. 湖容積

湖容積，V，爲全部湖水之容積。

6. 最大深度

最大深度，z_m，是可以量測到最大的湖面到湖底的深度。

7. 平均深度

平均深度，z_{mean}，是湖體積除以湖面積，即

$$z_{mean} = V/A$$

8. 平均直徑及相對深度

平均直徑，d_{mean}，是與湖面積相等面積之圓的直徑，即

$$d_{mean} = 2 \times \sqrt{\frac{A}{\pi}}$$

其中

d_{mean}：平均直徑（m），

A：湖面積（m^2）。

9. 相對深度

相對深度，z_r，是最大深度占平均直徑長之百分比，即

$$z_r = \frac{50z_m\sqrt{\pi}}{\sqrt{A}}$$

其中

z_r：相對深度，

z_m：最大深度，

A：湖面積。

10. 岸線及岸線發展度

岸線（Shoreline），L，是水岸界線的全長。岸線發展度（shoreline development），D_L，是岸線與面積與湖面積相等之圓之圓周之比值，即

$$D_L = \frac{L}{2\sqrt{\pi A}}$$

2.2.2 水平截面積及容積與水位之關係

湖水在某一水位之截面積與水位之關係曲線（hypsographic curve）（如圖 2-13 右上圖）可以顯示湖泊是瘦深型的還是淺闊型的。由面積與水位的關係曲線也可以計算出容積與水位的關係曲線（volume-depth curve）。湖庫的深淺與寬窄影響水庫的物理、化學及生物狀況，例如影響單位水容積的平均日照量、平均光照強度、混合層與深水層的比例、受到風力影響的程度、完全混合的難易、橫向短流的機會等，因此影響水庫的生態環境至鉅。

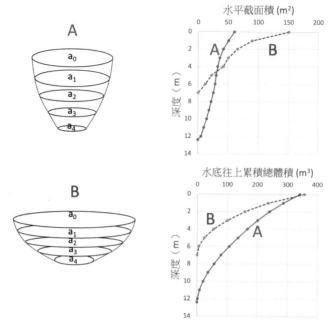

圖 2-13　瘦深型（A）與淺闊型（B）湖庫的水平截面積及累積體積隨深度變化之示意圖

2.3 河川、水庫及天然湖泊之比較

　　水庫因為其建造的地理與水文環境不同，使用目的與操作手段各異，因此其水量及水質變化之樣態與天然湖泊可能極不相同，因此也不可能簡單地以水庫之建設方法或位置來描述水庫或推測其水質狀況。甚至一般湖沼學的典型模式，也不見得適用於解釋每一個水庫水質之變化。以下所陳述的水庫特性也僅是較常觀察到的例子，不可引申到所有的水庫。

　　水庫擁有人造的堤壩，深度都較天然湖泊深，以利儲存大量的水。以前台灣最深的水庫為德基水庫，最大水深有 140 公尺以上，但是在 1999 年集集大地震之後淤積得很嚴重；目前最深的水庫應該是新北市的翡翠水庫，最大水深可達 110 公尺。一般天然湖泊之最大深度則約僅十餘公尺（Thornton et al., 1996）。

　　水庫的形狀受到人造壩體的影響沿著河谷順流方向有變化，從河川區（riverine zone）經過過渡區（transition zone），到湖泊區（lacustrine zone）（圖 2-14）。河流區保留了河流的特性，但是水庫的湖泊區雖然與河流區不同，卻不完全與天然湖泊一樣。表 2-1 列舉一些河流、水庫（湖泊區）及天然湖泊特性的差別。

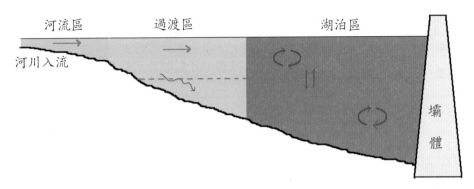

圖 2-14 水庫的特殊形狀，沿著水的流向，包含了河流區、過渡區及湖泊區。各有不同的水文及物化性質

表 2-1 河流、水庫（湖泊區）及天然湖泊特性的差異

性狀	河川（或水庫的河流區）	水庫（湖泊區）	天然湖泊
形狀	細長蜿蜒	較寬的長型、橢圓或三角形	多為圓形或橢圓形
相對集水區面積		希望能收集較多的降雨，集水區通常與水域面積之比很大[1]	集水區面積與水域面積之比較小[1]
深度	不深	由淺而深。山谷型水庫可達數十甚至上百公尺[1]	除少數例外，通常不深過10公尺[1]
水位變動	隨降雨量快速變動	因抽蓄水造成水位變動大且不規則	變動很小
水流速	快	慢	慢
垂直混合	因為深度小，流速快，水流造成之混合非常強	水很深，風力的擾動無法穿透；水流速慢，水流造成之混合很微弱，因此整體的垂直混合很弱	中等至弱。水流速低，造成之垂直混合不強，但是風力可以使較淺的天然湖泊得到足夠的垂直混合
邊坡沖蝕	強，因為容易受到洪水衝擊邊坡	因水位變動使得護岸植物生長困難而造成土壤崩塌	弱
沉積量	依各河段水流速而異	高	低
水替換率	高	中至高[1]。不同部位依抽蓄水的量及進出水位置影響而異	低[1]

性狀	河川（或水庫的河流區）	水庫（湖泊區）	天然湖泊
水力停留時間	短	視進出水量與容積大小而異，可以數月至數年不等[1]	通常較長[1]
汙染物與營養鹽來源	外部汙染物及營養鹽負荷高	外部汙染物負荷與來自庫內循環之營養鹽負荷同樣重要	大部分營養鹽負荷來自庫內循環
有機物負荷	來自外部	來自外部與內部均有	來自內部較多

1. 北美地區 107 個天然湖泊與 309 個水庫比較的結果，天然湖泊之集水區面積與水域面積幾何平均值之比值為 33.1，水庫為 93.1；湖泊最大深度幾何平均值為 10.7 m，水庫為 19.8 m；湖泊之幾何平均水力停留時間為 0.74 年，水庫為 0.37 年 (Thornton et al., 1996)。

參考文獻

Thornton, J., Steel, A. and Rast, W., 1996, Chap. 8 Reservoirs, In Chapman, D. Ed. *Water Quality Assessments-A Guide to Use of Biota, Sediment and Water in Environmental Monitoring*-2nd ed., UNESCO/WHO/UNEP.

Wetzel, R. G., 2001, *Limnology, Lake and River Ecosystem*, Third edition, Academic Press, San Diego.

文化部，台灣大百科全書，http://nrch.culture.tw/twpedia.aspx?id=1508.

何立德，王鑫，2002，台灣的湖泊，遠足文化事業股份有限公司，台北縣，台灣。

黃兆慧，2002，台灣的水庫，遠足文化事業股份有限公司，台北縣，台灣。

維基百科，2016，https://zh.wikipedia.org/wiki/ 青草沙水庫。

維基百科，2016，https://zh.wikipedia.org/wiki/ 赤崁地下水庫。

第二部分　水文與物理性質變化
Part 2. Hydrology and Physical Properties of Reservoirs

　　水庫是一個包含水、空氣、土壤及岩石、生物,以及這些介質中包含的化學與生物成分所組成的動態系統。各種能量與物質的傳輸與轉化造成水庫水文及水質狀態的變化。各種生物不但是系統中不同的物質相（phases）,受到水庫物理及化學程序的影響,但反過來也是促進各種轉化程序的催化劑。

3. 水量平衡
   Water Balance

4. 光與熱
   Light and Heat

5. 流動與混合
   Flow and Mixing

3. 水量平衡
Water Balance

　　無水不成水庫，水是水庫最重要的元素。水多、水少、水深、水質及水的停留時間等，均影響水中生物的生長及水資源的利用效率。隨時掌握及有能力預測水庫的水量，才能有效運用水資源及保護水庫的水質與生態。

3.1 水庫水文系統

　　水庫水的來源包括直接降落水表面的雨水、流域河川入流、周邊地面逕流及地下水滲入等；水的去處則包括取水或溢流、水面蒸發或從連通的地下水層滲出等（圖 3-1）。

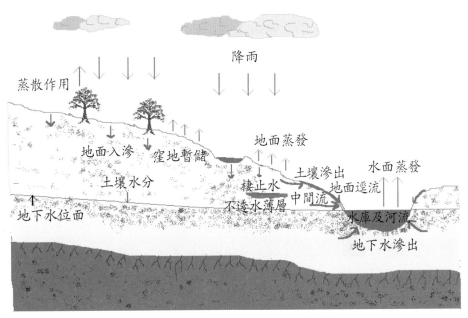

圖 3-1　水庫集水區中水的來源與去處

3.2 流域長時間平均進流流量估計

流域的水源主要是集水區內的降雨或是越域引水。降雨量可以用雨量計來記錄。在人活動密集區也有些汙水進入流域。一部分降雨在地面受到植物蒸散作用及直接蒸發回到大氣中，一部分進入地面下成為不飽和水層中的中間流或飽和層的地下水，其餘的雨水成為地面逕流進入溪流，最後進入水庫（見圖 3-1）。如果沒有從水庫下方越過的地下水層，最終所有的中間流及地下水也都是經由河川或直接進入水庫。所以如果不考慮進入水庫流量的短時間變化，將降雨量扣掉直接蒸發及植物蒸散量，可以大致估計長時間流域進入水庫的水量，Q_{in}。

$$Q_{in} = 0.001 \cdot (P - E) \cdot A_c \qquad\qquad (3\text{-}1)$$

其中

Q_{in}：入水庫的水量（$m^3 y^{-1}$），

P：長時間平均降雨量（$mm\ y^{-1}$），

E：長時間集水區地面、水面蒸發及植物蒸散量之和（$mm\ y^{-1}$），

A_c：集水區面積（m^2）。

2009 年石門水庫集水區之年平均降雨量為 1901 mm（經濟部水利署北區水資源局，2010），集水區面積為 763.4 km^2（黃兆慧，2002），所以總降水體積為 $1.451 \times 10^9\ m^3$。如果扣除蒸發損失量 20% 則入庫水量大約為 $1.16 \times 10^9\ m^3$。這數字與實際 2009 年經濟部水利署北區水資源局（2010）記錄的實際進水量 $0.98 \times 10^9\ m^3$ 很接近。

3.3 長時間蒸散量

水面的蒸發量（evaporation），E_L 可以用制式的蒸發皿來估計，稱為皿蒸發量（E_{pan}）、最大可能蒸發量或蒸發潛勢，它受到日照強度、氣溫、水溫、大氣相對濕度、風速等因素所影響。但是水庫水面的蒸發量通常比最大皿蒸發量小一些（將在 3.6 節詳細討論）。

集水區地面蒸發量及植物蒸散量（transpiration），合稱為蒸散量（evapotranspiration）。有很多經驗公式可以來估計蒸散量（譚志宏，2005；葉信富等人，2013），且針對一個標準的地面植被及不同天候狀況因子建立一些參考經驗蒸散量（reference crop evapotranspiration, ET_0）（Allen et al., 1998）。相對於標準狀態的蒸散量，其他不同地面作物狀況下的蒸散量，ET_c，則要以一個作物係數（crop coefficient, K_c）來校正。在不同的氣候條件、土壤濕度及作物生長階段，還要用一個土地管理造成的壓力係數（stress coefficients, K_s）來校正。也就是

$$ET_c = ET_0 \times K_c \times K_s \qquad (3\text{-}2)$$

其中

ET_c：蒸散量（mm d^{-1}），

ET_0：參考蒸散量（mm d^{-1}），是對不同氣象條件，利用一 Penman-Monteith 經驗公式估計出一個標準的草地型農地的蒸散量；

K_c：修正不同作物造成蒸散量差異之作物係數（無單位），

K_s：修正不同土壤管理狀況造成蒸散量差異之壓力（stress）係數（無單位）。

表 3-1 為不同農業氣候帶的參考蒸散量（ET_0）範圍。精確的參考蒸散量要輸入氣候資料然後用 Penman-Monteith 公式估計出來（Allen et al., 1998）。

表 3-1　不同農業氣候帶的參考蒸散量（ET_0）範圍。表中數值之單位為 mm d^{-1}

氣候區	平均日溫（°C）		
	涼～10°C	溫～20°C	熱～30°C
熱帶與亞熱帶			
高及中濕度	2-3	3-5	5-7
乾燥及半乾燥	2-4	4-6	6-8
溫帶			
高及中濕度	1-2	2-4	4-7
乾燥及半乾燥	1-3	4-7	6-9

（Allen et al., 1998）

至於作物係數及土壤管理壓力係數，則要參考文獻中之實驗結果。表 3-2 為數種單一作物之作物係數。如要考慮更多不同單一作物或混合栽植不同作物的 K_c 值，則需參考文獻的資料，例如 Allen 等人（1998）。

表 3-2　估計蒸散量（ET_c）時要考慮的單一作物係數（K_c）例子

作物種類	$K_{c\,生長初期}$	$K_{c\,生長中期}$	$K_{c\,生長末期}$	植物高（m）
甘藍菜	-	1.05	0.95	0.4
水稻	1.05	1.20	0.90-0.60	1
茶樹	0.95	1.00	1.00	1.5
針葉樹[註]	1.00	1.00	1.00	10

（Allen et al., 1998）

不同土壤管理狀況會造成蒸散量差異，故需要用一個水分管理壓力（stress）係數（K_s）來校正。

$$K_s = \frac{\theta - \theta_{wp}}{\theta_t - \theta_{wp}}，當 \theta_t > \theta > \theta_{wp} 時 \tag{3-3}$$

$$K_s = 1，當 \theta > \theta_t 時$$

其中

K_s：土壤管理壓力（stress）係數（無單位），

θ = 水分含量，

θ_t = 植物未受缺水張力影響之最低水分含量，

θ_{wp} = 植物凋萎點水分含量。

θ_t 和 θ_{wp} 之值，隨作物種類、土壤性質、根圈深度等眾多因素影響，可以從文獻中找出一些經驗公式來估計，或從長期實測的蒸散量來建立地區性之 K_s 值。聯合國農糧署的手冊有不同作物植被的參考值（Allen et al., 1998）。若 θ_{FC} 代表田間容水量，$\theta_t - \theta_{wp}$ 的量大約是 $\theta_{FC} - \theta_{wp}$ 的 20% 至 80%，平均值為 53%。

譚志宏（2005）曾用 Penman-Monteith 公式（Allen et al., 1998），佐以氣象資料、衛星影像地形地物與迴歸得到之地表溫度、蒸氣壓及淨輻射量，求得 2005 年石門水庫集水區 ET_0 的範圍為 3.49 mm/d～6.13 mm/d。而經過作物係數修正及面積加權平均得到日平均蒸散量，ET_c，為 3.36 mm/d（相當於每年 1226 mm）。此集水區蒸散量相當於全年蒸散水體積 0.936×10^9 m³。這蒸發量與前述 2009 年根據雨量與進水量相減所實測的年蒸發量損失體積 0.471×10^9 m³ 大了一倍。施鈞程（2003）以 10 年的氣象資料估計畢祿溪集水區平均蒸散量約為 642 mm，福山集水區約為 856 mm，蓮華池集水區約為 994 mm；分別約為年降雨量的 28%，20% 及 45%。經濟部水利署水文統計資料（經濟部水利署，2020），估計台灣全島從 1949 年至 2018 年的平均降雨量為 2508 mm，實測河川逕流量為 65.0×10^9 m³，以此估計蒸散量大約是降雨量的 28%。

3.4 短時間進流流量

3.4.1 短時間地面逕流及地面水

短時間的進流流量或上游河川某截面的流量受到雨量強度及地面入滲量影響，計算方法如下

$$Q_R = c \cdot I \cdot A \cdot 1000 + Q_b \tag{3-4}$$

其中

　　Q_R：較短時間尺度時入水庫的水量（$m^3 s^{-1}$），

　　c：逕流係數（runoff coefficient）（無單位），

　　I：降雨強度（$mm\ s^{-1}$），

　　A：集水區面積（m^2），

　　Q_b：入流河川的基流量（$m^3 s^{-1}$），

（3-4）式中的 c・I・A（A在此可以表示任何地表之面積）又稱為「合理化公式」（Rational Formula），其中 c 表示降雨量中扣除入滲、滯留、蒸發等等因素後成為地面逕流水的比例。c 值隨土壤性質、地表覆蓋、植被、土壤含水量、坡度及降雨強度等許多因素所影響。

　　逕流係數，c，還受到前一次降雨之時距、前一次降雨及當時之雨量強度與歷時長短所影響。地下水位高低及是否有中間流的透水層也都會影響逕流係數的大小。行政院農業委員會曾公告過逕流係數 c 的推估值如表 3-3（行政院農業委員會，2020）。

表 3-3　逕流係數推估值

集水區狀況	陡峻山地	山嶺區	丘陵地或森林地	平坦耕地	非農業使用
無開發整地	0.75～0.90	0.70～0.80	0.50～0.75	0.45～0.60	0.75～0.95
開發整地區整地後	0.95	0.90	0.90	0.85	0.95～1.00

（行政院農業委員會，2020）

　　如果要估計水庫的瞬間進流水量，除了要由平時之河川流量監測預先知道基流量，還要知道流域中每個小集水區中逕流水的集流時間。集流時間，t_c，係指逕流自集水區最遠一點到達一定地點所需時間，一般為流入時間與流下時間之和。其計算公式如下：

$$t_c = t_1 + t_2 \tag{3-5}$$
$$t_1 = l/v \tag{3-6}$$

式中

　　t_c：集流時間，

　　t_1：流入（河道）時間，即雨水經地表面由集水區邊界流至河道所需時間，

　　t_2：流下時間，即雨水經河道由上游至下游（水庫）所需時間，

　　l：漫地流流動長度，

　　v：漫地流流速（一般採用 0.3～0.6 $m\ sec^{-1}$）。

　　流下速度之估算，於人工整治後之規則河段，應根據各河斷面、坡度、粗糙係數、洪峰流量之大小，依曼寧公式計算。天然河段得採用下列芮哈（Rziha）經驗公式估算：

芮哈公式：

$$t_2 = L/W \qquad\qquad (3\text{-}7)$$

其中

$$W = 72(H/L)^{0.6} \qquad\qquad (3\text{-}8)$$

式中

　　t_2：流下時間（h），

　　W：流下速度（$km\,h^{-1}$），

　　H：溪流縱斷面高程差（km），

　　L：溪流長度（km）。

漫地流流動長度，l，之估算，在開發坡面不得大於 100 m，在集水區不得大於 300 m，超過的部分併入流下時間計算（行政院農業委員會，2020）。

　　如果將水庫集水區分成許多細小的集水區，利用地形地貌資料、雨量強度資料、合理化公式（推估地表逕流量）、芮哈公式（推估集流時間）以及平時收集的河川基流量資料，我們可以計算出瞬間河川入庫的流量。

3.4.2 直接水面降雨量

　　直接降落水面的水量是降雨強度與水體總面積的乘積。在集水區面積很小以及逕流係數很小的流域，直接降落水面的水量會比較顯著。此一直接降水量占總湖泊進水量之比例與湖泊面積與集水區面積之比例接近。

3.5 基流量

　　基流量是雨水入滲到地表以下，再從河岸土壤層及地下水層滲出到河川或水庫的中間流及地下水流。雖然入庫基流量比起入庫逕流水量穩定，但是仍會受到雨量、蒸發量、地形及地層性質的影響而變動。李振誥及陳尉平（2004）曾以長時間河川流量推估河川基流量（也就是地表總入滲量），其中台灣濁水溪在彰雲橋站有 59.3% 河川流量為基流量，在自強大橋站有 45.8%；曾文溪在西港站有 21.2%；高屏溪在九曲堂有 51.8%；秀姑巒溪的奇美站有 57.1% 及花蓮溪的花蓮大橋有 72.5%。可見有些流域的基流量占河川流量的比例是很高的。

　　基流或是中間流除了帶給水庫顯著的水量，也將大量的營養鹽類以溶解的型態帶進水庫。其溶解型態的營養鹽濃度比地面雨水逕流中的濃度要高很多。推估基流貢獻金門島土

壤沖蝕較嚴重的金沙水庫之氮及磷營養鹽分別為 11.5% 及 8.5%，土壤沖蝕較輕微的榮湖水庫分別為 35.9% 及 88.5%（吳健彰，2015）。對於土壤流失量不大的集水區，例如榮湖水庫，基流對營養鹽輸入量的貢獻比例是很大的。

　　乾旱地區下雨短暫且雨量少，地面逕流量的比例很低，湖泊的入流多半來自集水區的高山融雪、地下水出滲及河谷中的湧泉。例如蒙古共和國的烏吉湖（Ugii Nuur Lake），若沒有越域引水，其主要入流河川老鄂爾渾河（Old Orkhon River）的水量幾乎都是湧泉造成之基流量，其水中含有相當高的礦物質，總溶解固體濃度達 440 mgL^{-1}，幾乎是旁邊鄂爾渾河（Orkhon River）濃度 160 mgL^{-1} 的三倍（作者未發表資料）。

3.6 水庫水面蒸發

　　水庫水面的水分蒸發是水與空氣介面的水蒸氣質傳現象，其蒸發量受到水溫、氣溫、大氣相對濕度、水流速及風速等之影響。對於集水區內雨量豐沛、進流流量大的水庫，水面蒸發量占總通量很小一部分，甚至在水量平衡的計算時可以忽略不計。但是在乾旱的地區或季節，水面蒸發成為水最主要的去處（sink），甚至在湖水逐漸乾涸的情況下，成為湖水唯一的匯出通路。

　　水面蒸發量可以用蒸發皿方法來估計（A 型蒸發皿（Class A evaporation pan）實體如圖 3-2 所示）。但是蒸發皿得到的估計值，E_{pan}，常因溫度控制不好，或蒸發皿的金屬邊框過熱，而高估水庫水面的蒸發率約 30%（Jensen, 2010；Yu et al., 2017）。所以水庫水面蒸發量可以估計如下：

$$E_L = K_p \times E_{pan} \tag{3-9}$$

E_L：水庫水面的水分蒸發率，

K_p：蒸發皿係數（無單位，約 0.65 至 0.85），

E_{pan}：蒸發皿蒸發率。

當我們缺乏用蒸發皿實測得的蒸發量資料時，可以將氣象資料代入蒸發量的預測模式中求取每日平均蒸發量。蒸發量可以用蒸發損失的熱來表示：

$$H_e = f(W)(P_{vapor} - P_a) \tag{3-10}$$

其中

H_e：蒸發熱損失（W m^{-2}），

$f(W)$：蒸發風速函數（W m^{-2} mm Hg^{-1}），

P_{vapor}：水面飽和水蒸氣壓力（mm Hg），

P_a：大氣中水蒸氣壓力（mm Hg）。

圖 3-2　A 型蒸發皿（Bidgee, 2021, Wikimedia Commons, https://commons.wikimedia.org/w/index.php?curid=3910646.）

蒸發風速函數是與風速有關的許多經驗函數（參見水質模式 CE-QUAL-W2 之使用手冊（Cole and Wells, 2016）），其形式如下：

$$f(W) = a + bWc \qquad\qquad (3\text{-}11)$$

其中

a：經驗參數（$W\,m^{-2}\,mm\,Hg^{-1}$），

b：經驗參數，

c：經驗參數，

W：地面以上 2 m 的風速（$m\,s^{-1}$）。

Cole and Wells（2016）在水質模式 CE-QUAL-W2（4.0）中引用 Edinger et al.（1968）的研究結果，將 a, b 及 c 之預設值設為 9.2，0.46 及 2。

如果風速數據之取得不是位於地面以上 2m 處，則可以利用下式，將不同高度處之風速，轉換為 2m 處之風速。

$$\frac{W_{2m}}{W_z} = \frac{\ln\left(\dfrac{2}{z_0}\right)}{\ln\left(\dfrac{z}{z_0}\right)} \qquad\qquad (3\text{-}12)$$

其中

W_{2m}：水平高度 2 m 之風速（$m\,s^{-1}$），

Z：測量風速之高度（m），

W_z：高度 z 之風速（m s^{-1}），

z_0：風粗糙高度。風速小於 2.3 m s^{-1} 時為 0.001 m，風速大於 2.3 m s^{-1} 時為 0.005 m。

水面的飽和蒸氣壓，P_{vapor}，與表面緊接水面的空氣溫度有關。常用的經驗公式如下（Tetens, 1930）：

$$P_{vapor} = 4.596 \exp\left(\frac{17.27T}{237.3+T}\right) \quad 當\ T = 0\ 至\ 49.9 \tag{3-13}$$

$$P_{vapor} = 4.596 \exp\left(\frac{21.875T}{265.5+T}\right) \quad 當\ T = -14.9\ 至\ 0 \tag{3-14}$$

其中

P_{vapor}：水面飽和蒸氣壓（mm Hg），

T：緊接水面之空氣溫度（℃），

大氣中水蒸氣壓力，P_a，則是實測值，或是該溫度下之飽和蒸氣壓乘以相對濕度。最後將蒸發損失的熱，H_e（W m^{-2}），除以該溫度下之單位重量水分之蒸發潛熱（latent heat of vaporization）（例如在 20 ℃ 時為 681.5 Wh kg^{-1}），即可得水面水分蒸發率，E_s（kg m^{-2} h^{-1}）。

$$E_s = \frac{H_e}{\lambda} \tag{3-15}$$

其中

E_s：水面水分蒸發率（kg m^{-2} h^{-1}），

H_e：蒸發損失熱（W m^{-2}），

λ：水分蒸發潛熱（Wh kg^{-1}），

（註：水分蒸發潛熱與攝氏溫度的關係大致是 $\lambda = 694.7 - 0.656T$）。

3.7 越域引水、取水及生態基流量

引水與取水之時機與位置對於水庫水文水質都有很大的影響。離槽水庫的水就是越域引水而來，甚至在槽水庫也會引其他流域水體的水來補充水源。越域引水的水量甚至水質與水溫是比較可以人為控制的。例如水庫管理者在預期水源充足的情況下，可以避開暴雨洪峰的前鋒（first flush）比較汙染及混濁的水不抽取，待水質恢復清潔後再取水。當引水水體的水溫過高時，也可等夜間水溫較低時再引水。水溫高時進水可能刺激藻類生長，此問題後續將會進一步解說。

取水是水庫的用水單位將水引出供公共給水、發電、灌溉等之用。取水量是根據需水

量及水庫之存量來決定的。生態基流量是為了維持水庫下游河川中的生物生存及繁殖所需之最低流量而放出之水量。近年來很多水庫都被要求放出一定量之水量以維持下游河川之生態基流量，以免因為水庫將所有的水截留，使得原來河川中的生物死亡或遷移，或致原來可以洄游至上游的魚類無法洄游至上游，致無法完成其繁殖所必需的生命週期。環保署「開發行為環境影響評估作業準則」中規定，開發單位興建堰壩、其他攔水設施、水力發電或越域引水者，應將基流量納入評估。該署建議河川基流量可採用流量 3 CMS 及日流量延時法 Q97 兩者之低值。

3.8 換水率及停留時間以及水文特性對水質的影響

換水率（flushing rate）指的是單位時間內水庫的總水容量會被進流水替換幾次（或幾分之幾），可以用（3-16）式描述之。

$$\rho = \frac{Q}{V} \tag{3-16}$$

其中

ρ：換水率（d^{-1}），

Q：出流水量（$m^3 d^{-1}$），

V：水庫容積（m^3）。

另一個常用的表示方法是水的停留時間，可以用（3-17）式描述之。

$$\tau = \frac{V}{Q} \tag{3-17}$$

其中 τ 是停留時間（d）。

這兩個水庫的水文特性參數對於水庫的水質與生態有很大的影響。對於在水庫中會因自淨作用逐漸削減或沉降去除的物質，例如懸浮固體及總磷等，停留時間長，有助於水的自淨能力。對於藻類等由水中生成的物質，停留時間長有助於藻類的滋長。停留時間如果短於藻類的生長週期，則藻體被水帶走的速率快於生長速率，藻類濃度逐漸被稀釋至無（washing out）。

參考文獻

Allen, R. G., Pereira, L. S., Raes, D. and Smith, M., 1998, Crop evapotranspiration-guidelines for computing crop water requirements-FAO Irrigation and drainage paper 56, Natural Resources Management and Environment Department, Food and Agriculture Organization of the United

Nations (FAO). http://www.fao.org/3/X0490E/x0490e0b.htm#TopOfPage

Bidgee, 2021, Bureau of Meteorology Class A Evaporation pan and wind run anemometer, Wikimedia Commons, https://commons.wikimedia.org/w/index.php?curid=3910646.

Cole, T. M. and Well, S. A., 2016, CE-QUAL-W2: *A two-dimensional, laterally averaged, hydrodynamic and water quality model, User Manual*, version 4.0. Waterways Experiment Station, Hydraulics Laboratory, US Army Corps of Engineers, Mississippi.

Edinger, J. E., Duttweiler, D. W. and Geyer, J. C., 1968, The response of water temperatures to meteorological conditions, *Water Res. Resear.*, 4(5) 1137-1143.

Jensen, M. E., 2010, Estimating evaporation from water surfaces. In *Proceedings of the CSU/ARS Evapotranspiration Workshop*, Fort Collins, CO, USA, 15 March 2010.

Tetens, V. O., 1930, Uber einige meteotoligische. *Begriffe, Zeitschrift fur Geophysik*, 6: 297-309.

Yu, T. F., Si, J. H., Feng, Q., Xi, H. Y., Chu, Y. W. and Li, K., 2017, Simulation of pan evaporation and application to estimate the evaporation of Juyan Lake, northwest China under a hyper-arid climate, *Water*, 9, 952. doi:10.3390/w9120952.

行政院農業委員會，2020，水土保持技術規範，http://www.swcb.gov.tw/class2/index.asp?ct=laws&m1=10&m2=55&AutoID=91

吳健彰，2015，金門縣金沙與榮湖水庫營養鹽負荷與水質優養化控制策略分析，國立臺灣大學環境工程學研究所碩士論文，台北，台灣。

李振誥，陳尉平，2004，台灣地下水補注量評估與探討（上），永續發展簡訊，10。

施鈞程，2003，台灣森林集水區之蒸發量推估，國立中興大學水土保持學系碩士論文，台中市，台灣。

黃兆慧，2002，台灣的水庫，遠足文化事業股份有限公司，台北縣，台灣。

經濟部水利署，2020，中華民國 108 年臺灣水文年報，經濟部水利署 Water Resources Agency, Ministry of Economic Affairs。

經濟部水利署北區水資源局，2010，九十八年度年報。

葉信富，林宏奕，李振誥，2013，台灣地區蒸發散量及皿蒸發量時空分布之評估，農業工程學報 *Journal of Taiwan Agricultural Engineering*，59(3)，13-21。

譚志宏，2005，水庫集水區蒸發量及入滲量之分析研究，經濟部水利署，台北市，台灣。

4. 光與熱
Light and Heat

4.1 太陽光輻射是自然界能量與生命的來源

太陽光輻射（solar irradiance），是水庫中藻類生長的能量來源及水中熱能的主要來源，也控制了水中動植物的行為。日照強度對於水庫中不同生物物種的生長有不同的影響，也是篩出優勢生物的重要因子。例如 Ma 等人（2013）發現橈腳類浮游動物（copepods）在白晝時會趨避至陰影下的水中，且於晴朗天候時趨避之傾向更顯著。

強日照的環境有利於藍綠菌的繁殖及成為優勢藻。近年來研究者發現日週期日照變化及水下光度垂直分布的時間變化，影響浮游藻類（phytoplankton）垂直移動的行為，也是會移動之浮游藻類在水庫表水層中缺乏營養鹽時取得生長優勢之原因（簡鈺晴，2013）。

4.2 到達地面的太陽輻射

以涵蓋某一波長之儀器量測單位面積接收到從太陽發出之電磁輻射稱為太陽輻射（單位為 Wm^{-2}）。累積一段時間所接收之太陽輻射稱為日照強度（solar exposure, solar insolation 或 insolation）（單位為 $J\ m^{-2}$ 或 $kWh\ m^{-2}$ 或 $cal\ cm^{-2}$）。地面上的水平面接收到無遮擋之太陽輻射能量（日平均）強度隨緯度與季節而變化。

當晴空萬里時，太陽與地面的夾角，α，或者太陽與地面垂直線的夾角，太陽天頂角（solar zenith angle），θ_z，是影響單位面積的水平面接收入射光線強度的最主要因素。單位面積水平面上斜射太陽光線之強度，是垂直照射強度的 $\sin(\alpha)$ 倍或 $\cos(\theta_z)$ 倍，與季節及一天中的時間有關。要計算 $\sin(\alpha)$ 之值，首先要計算地球與地球繞日平面的傾斜角（Honsberg and Bowden, 2019）：

$$\delta = 23.45 \frac{\pi}{180} \sin\left[2\pi\left(\frac{284+n}{365}\right)\right] \tag{4-1}$$

其中

　　δ：地球傾斜度數（radian），

　　π：圓周率，

sin：正弦函數，

n：日曆天（day）（例如 1 月 1 日為 0.00 至 1.00），

或用下式計算地球傾斜角（Cole and Well, 2016）：

$$\delta = 0.006918 - 0.399912\cos(\tau_d) + 0.070257\sin(\tau_d) - 0.006758\cos(2\tau_d) + 0.000907\sin(2\tau_d)$$
$$- 0.0022697\cos(3\tau_d) + 0.001480(3\tau_d) \tag{4-2}$$

$$\tau_d = \frac{2\pi \times n}{365} \tag{4-3}$$

其中

δ：地球傾斜度數（radian），

π：圓周率，

sin：正弦函數，

cos：餘弦函數，

n：日曆天（day），

τ_d：週年角度（radian）。

水庫所在地在某一天內的時間角，ω，是（Cole and Well, 2016）：

$$\omega = (2 \times \pi/24) \times [H + (\lambda - \lambda_s) \times \frac{24}{360} + t_{cor} - 12] \tag{4-4}$$

其中

ω：當地時間角（radian），

H：時間（hour of the day），

λ：經度（degree）（註：東經度數取正值，西經度數取負值。例如台北的經度是 –121 度）。

λ_s：該時區之中央經度（degree），例如台北所在第 8 時區的中央經度為 –120 度，即 –121° – (–120°) = –1°；

t_{cor}：時間角修正值（hour）。

此時間角修正值，t_{cor}，為：

$$t_{cor} = 0.17 \times \sin\left[\frac{4\pi(n-80)}{373}\right] - 0.129 \times \sin\left[\frac{2\pi(n-8)}{355}\right] \tag{4-5}$$

於是太陽與水平面的夾角，α，為（Honsberg and Bowden, 2019）：

$$\alpha = \arcsin[\sin(\phi \times \pi/180)\sin(\delta) + \cos(\phi \times \pi/180)\cos(\delta)\cos(\omega)] \tag{4-6}$$

其中

arcsin：反正弦函數，

φ：緯度（degree）。

由於地球繞日軌道稍呈橢圓形，故若沒有大氣及雲霧的干擾，太陽直射垂直太陽光線的一塊板上的強度隨季節有些變化，如下（Honsberg and Bowden, 2019）：

$$I_S = I_{SC}\left[1 + 0.034 \times \cos\left(2\pi\frac{n}{365.25}\right)\right] \tag{4-7}$$

其中

I_S：光線垂直射在地球一平面上之光線強度（$W\,m^{-2}$），

I_{SC}：地球大氣外圍垂直於太陽光線之太陽光強度常數（solar constant），（1367 W m^{-2}），

n：日曆天（day）。

考慮太陽傾斜造成入射水平地面之光線強度（extraterrestrial irradiation on a horizontal plane），I_0，應為：

$$I_0 = I_{SC}\left[1 + 0.034 \times \cos\left(2\pi\frac{n}{365.25}\right)\right] \times \sin(\alpha) \tag{4-8}$$

其中

I_0：入射水平地面之光線強度（$W\,m^{-2}$）。

理論上地面上的水平面接收到無遮擋之日平均太陽輻射能量強度，即對著時間積分一天之 I_0，會隨緯度與季節而變化，如圖 4-1 所示。

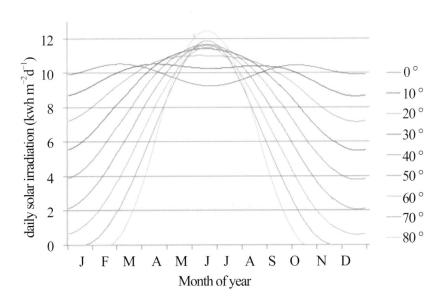

圖 4-1　地面上的水平面接收到無遮擋之日平均太陽輻射能量強度（y 軸）隨緯度（曲線）與季節（x 軸）的變化

4.3 大氣的吸收與散射及地面的反射

事實上由外太空入射太陽光會受到大氣中成分的吸收及散射之影響而減弱，但是也因為由天空散射而來的光線及附近地面反射而來的光線而略有增加。實測水平地面總光強度（Global Horizontal Irradiance (GHI)）I_w 與 I_0 之比例，稱爲晴度（clearness），K_T。

$$K_T = \frac{I_w}{I_0} \tag{4-9}$$

實測水面總光線強度，I_w，包含衰減後之直接太陽光、天空散射入射光及地面反射光，即

$$I_w = I_{BW} + I_D + I_R \tag{4-10}$$

其中

I_w：實測水面總光線強度（$W\,m^{-2}$），

I_{BW}：穿過大氣經大氣吸收及散射衰減後之直接太陽光（$W\,m^{-2}$），

I_D：天空散射入射光（$W\,m^{-2}$），

I_R：地面反射光（$W\,m^{-2}$），

而天空散射入射光強度，可用下式估計（Honsberg and Bowden, 2019）：

$$I_D = (1 - 1.13\,K_T)\,I_w \tag{4-11}$$

地面反射光，可用下式估計（Honsberg and Bowden, 2019）：

$$I_R = 0.5\,(1 - \cos(\beta))\,\rho\,I_w \tag{4-12}$$

其中

β：水面傾斜角（平靜之水面爲 0），

ρ：地面反射率（乾裸土 0.2，乾草地 0.3，沙漠 0.4，雪地 0.5～0.8，淺色土壤 0.3，深色土壤 0.1，水面 0.1，植物 0.2）。

將 I_D 及 I_R 代入 4-10：

$$I_{BW} = I_w - (1 - 1.13\,K_T)\,I_w + 0.5\,(1 - \cos(\beta))\,\rho\,I_w$$
$$= I_w \times (1.13\,K_T - 0.5\,(1 - \cos(\beta))\,\rho) \tag{4-13}$$

若水面傾斜角 $\beta = 0$, $\cos(\beta) = 1$，

$$I_{BW} = 1.13\,K_T\,I_w = 1.13\,K_T^2\,I_0 \tag{4-14}$$

晴度，K_T，受氣象狀態影響，例如影響最大的是雲層遮蓋天空的比例，所以當然與

地面總光強度有關，還有大氣濕度、溫度、風速、氣壓等（Colli et al., 2016）。由於 K_T 的值隨地理環境及瞬時氣象因子而變，目前沒有準確的預測經驗公式，但是可以用較長時間的實測資料（I_w/I_0），如月平均單日累積日照之晴度，或季平均等找出當地 K_T 的季節的規律性。在緯度 $\pm 55°$ 內，K_T 約在 0.3 至 0.8 之間（Honsberg and Bowden, 2019）。這個範圍相當大，因此若要預測短時間，例如一天或甚至一小時內之實際日照，目前還沒有精確的預測方法。

筆者分析外蒙古烏吉湖的實測日照與理論太陽光輻射的每小時數據，從 2006 年至今的 6 萬 3 千多筆數據歸納得知，K_T 的平均值為 0.61，標準差為 0.193。而 K_T 與雲遮蔽率（cloud cover (%)）之線性關係為

$$K_T = 0.69237 - 0.00217 \times C \tag{4-15}$$

其中

K_T：晴度（clearness）（無單位），

C：雲遮蔽率（cloud cover）（%）。

CE-QUAL-W2 手冊中預設 I_w 與 I_0 之比例與雲遮量，C，之關係為：

$$I_w = I_0(1 - 0.65C^2) \tag{4-16}$$

其中

C：雲遮量（0～1，無單位）。

受到雲遮及太陽角度的影響，日照能量會隨著時辰、緯度、季節、氣候等因素改變。每日平均到達地球表面的日照能量大約是 6 kWh m^{-2}d^{-1}（515.8 cal cm^{-2}d^{-1}）（Wikipedia, 2016b）。

4.4 水面的反射

水面日照光線強度不等於入射水面下之光線強度，尚須考慮受到不同日光入射角度影響而反射掉之光線量。也就是說水下之光線是水面日照光線減去反射的比率，R。

$$I_{wo} = I_w \times (1 - R) \tag{4-17}$$

其中

I_{wo}：緊接水面之水下光線強度，（W m^{-2}），

R：光線反射比率，（無單位）。

光線反射比率，R，可以根據 Fresnel's Law 計算得：

$$R = \frac{1}{2}\left[\frac{\sin^2(\theta_z - \theta_t)}{\sin^2(\theta_z + \theta_t)} + \frac{\tan^2(\theta_z - \theta_t)}{\tan^2(\theta_z + \theta_t)}\right] \qquad (4\text{-}18)$$

其中

θ_z：入射角，即太陽入射光線與水面垂直線之夾角（$= 90° - \alpha$），

θ_t：折射角，即太陽入射水中光線與水面垂直線之夾角。

又兩角度之關係如下：

$$n_z \sin\theta_z = n_w \sin\theta_t \qquad (4\text{-}19)$$

其中

$n_z =$ 空氣之折射率（1），

$n_w =$ 水之折射率（1.33）。

然而實測水面總光線，I_w，尚包含一部分天空各角度散射入射光及地面反射光，故入射角小時，會低估光線反射比率。反之，入射角很大時，會高估光線反射比率。

4.5 入射光線的波長

到達地面的最大太陽輻射強度（包括大氣間接輻射）大約是 1120 Wm^{-2}，因為經過大氣的吸收與散射，其光譜的組成與外太空太陽光譜已有所不同。其組成分以熱量來看是波長大於 700 nm 的紅外線占 52～55%，波長介於 400～700 nm 的可見光占 42～43% 及波長小於 400 nm 的紫外光占 3～5%（Wikipedia, 2016a）。

4.6 水下的光線強度

太陽光進入水面下之後，會因為水及水中成分之吸收與散射而衰減，其衰減的速率又因光的波長而有不同，可以下式表示：

$$I(z, \lambda) = I(0, \lambda)e^{-\eta z} \qquad (4\text{-}20)$$

其中

$I(z, \lambda)$：波長為 λ，深度為 z 時之總光線強度（W m^{-2} in a $\Delta\lambda$），

$I(0, \lambda)$：緊接水面下，波長為 λ，某一波長範圍之總光線強度（W m^{-2} in a $\Delta\lambda$），

λ：波長（nm），

η：光衰減係數（extinction coefficient）（m^{-1}），

z：水深（m）。

在水中能造成光線衰減的有三個主要成分，即水本身、懸浮粒子及溶解性有色物質。天然水中的溶解性有色物質主要是腐植物質及水生植物分泌的物質，可以籠統的用溶解性碳來表示。光衰減係數可以拆解為三個貢獻的部分：

$$\eta = \eta_w + \eta_p + \eta_c \tag{4-21}$$

其中

η_w：水本身造成之衰減係數（m^{-1}），

η_p：懸浮顆粒造成之衰減係數（m^{-1}），

η_c：溶解性有色物質造成之衰減係數（m^{-1}）。

以水為例，不同波長光線之衰減係數不同，波長越大，衰減係數越大。例如紅外線是 2.42 m^{-1}，紅光是 0.555 m^{-1}，橘光是 0.351 m^{-1}，黃光是 0.084 m^{-1}，綠光是 0.041 m^{-1}，藍光是 0.0208 m^{-1}（Wetzel, 2001; Rosa-Clot et al., 2017）。所以紅色光波段在水中很快就衰減了，而藍色光可以穿透較深。也因此在較深的水下，若有能吸收藍色及綠色光色素的藻類，仍有光合作用的能力，比較有競爭力。例如在 4 m 處光線已經衰減至 1% 以下的水體中，屬於產色菌科光合菌的板硫菌屬（*Thiopedia*）（吸收藍綠光）能在 3 m 處生長，屬綠硫菌科光合菌的格式氯桿菌屬（*Clathrochloris*）（吸收藍光）能在 4～5 m 處生長，細菌性葉綠色色素濃度也是在 4 m 處濃度最高（Wetzel, 2001）。

懸浮顆粒吸收光線的程度與波長較無關係，光線衰減率與顆粒濃度相關。水中溶解性有機物能有效吸收短波長的光線，例如某湖水水中的溶解性有機碳（dissolved organic carbon，DOC），單位濃度造成的衰減係數，對於 380 nm 的長波紫外光是 1.0 m^{-1}(mg-DOC L^{-1})$^{-1}$，對於光合作用有效光（photosynthetically active radiation, PAR）（大約 400 ～ 700 nm）是 0.22 m^{-1}(mg-DOC L^{-1})$^{-1}$（根據 Wetzel（2001）原始數據計算得到）。

4.7 水面熱的輸入與輸出

水的溫度影響水庫中的物質的傳輸、化學變化及生物的活性。要預測水庫水體的溫度分佈與變化，要先掌握熱的通量。

湖庫表面輸入與輸出的熱通量包括太陽短波輻射（如 4.3 節所述之水面總光線強度，I_w），太陽長波輻射，水分蒸發損失熱，水面熱交換，水面短波反射損失，水面長波反射損失及水面熱輻射損失（圖 4-2）。以上各熱通量之總和可用下式表示（Cole and Well, 2016）：

$$H_n = H_s + H_a + H_e + H_c - (H_{sr} + H_{ar} + H_{br}) \tag{4-22}$$

其中

H_n：水面淨熱交換通量（Wm^{-2}），

H_s = 來自太陽的短波輻射（包括紫外線及可見光波長之光能，即為日照 I_w 之熱能型態）（Wm^{-2}）；

$$H_s(z) = (1 - \beta)\, H_s e^{-\eta z} = \text{在水深度為 z 時之太陽短波輻射,} \tag{4-23}$$

β = 在水面被吸收的入射太陽光線分率（太陽輻射在水面至水面下 0.6 m 被水吸收大部分，太陽光譜的長波部分幾乎全被吸收）；

$$\beta = 0.265 \ln(\eta) + 0.614 \text{ 或 } \beta = 0.45, \tag{4-24}$$

η = 光衰減係數（extinction coefficient）（m^{-1}），

H_a = 來自太陽的長波輻射（即太陽光被空氣中氣體及微粒及地面吸收後，將物體加溫而釋放之紅外線輻射）（Wm^{-2}），

$$H_e = f(W)(P_{vapor} - P_a) = \text{水分蒸發損失的熱（見 3.6 節）} (Wm^{-2}), \tag{4-25}$$

$$f(W) = a + bW^c \text{ 蒸發的風速函數,} \tag{4-26}$$

P_{vapor} = 水表面飽和水蒸氣壓（saturated water vapor pressure on water surface）（mmHg），

P_a = 空氣中水蒸氣壓（water vapor pressure in air）（mmHg），

a = 經驗參數，預設值（9.2），

b = 經驗參數，預設值（0.46），

c = 經驗參數，預設值（2），

W = 水面 2 m 之風速，（$m\ s^{-1}$），

$$H_c = C_c f(W)(T_s - T_a) = \text{熱傳導通量} (Wm^{-2}), \tag{4-27}$$

C_c = Bowen's coefficient, 0.47（mm Hg°C），

T_a = 空氣溫度（°C），

H_{sr} = 短波長反射損失（即 $I_w \times R$）（Wm^{-2}），

H_{ar} = 長波長反射損失（即 $I_a \times R$）（Wm^{-2}），

$$H_{br} = \varepsilon \sigma^* (T_s + 273.15)^4 = \text{水面輻射損失} (Wm^{-2}), \tag{4-28}$$

ε = 水的放射率（emissivity of water）（0.97）

σ^* = Stephan-Boltzman 常數，$5.67 \times 10^{-8}\ Wm^{-2}K^{-4}$，

T_s = 水面水溫（°C）。

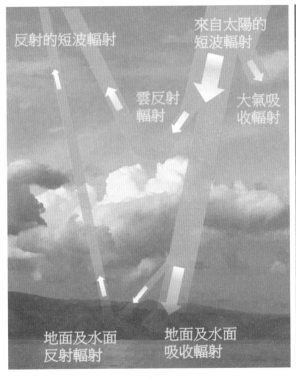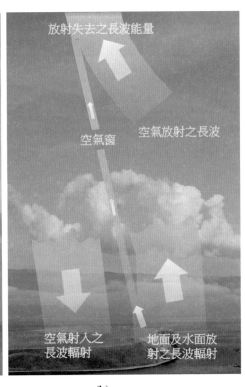

(a)　　　　　　　　　　　　　　(b)

圖 4-2　(a) 大氣中短波太陽輻射的通量，(b) 大氣長波輻射的通量

參考資料來源：NASA, 2021, https://science.navsa.gov/ems/13_radiationbudget

　　進入水面的太陽長波輻射，H_a，是來自空氣、水氣、雲層等發出之紅外線輻射，它的強度與空氣的溫度及空氣的蒸氣壓有關，可以用 Brunt 的經驗式來估算（Koberg, 1964）：

$$H_a = \sigma / T_a^4 (c + d\sqrt{e_a}) \tag{4-29}$$

其中

　　H_a：長波輻射（cal cm^{-2} day^{-1}），

　　σ：Stefan Boltzmann 常數，5.6697×10^{-5} erg cm^{-2} sec^{-1} K^{-4}，

　　T_a：空氣溫度（K），

　　c：常數，與空氣溫度及晴度有關

　　　　c = 0.85377 + 0.00524× 氣溫（℃）– 0.30246× 晴度〔根據 Koberg（1964）之
　　　　資料迴歸得〕， $\qquad$ (4-30)

　　d：常數，0.0263（Brunt, 1944），0.029～0.082（Anderson, 1954），

　　e_a：空氣的蒸氣壓（m bar），

水表面由熱傳導所獲得或損失能量通量，H_c，可由下式表示：

$$H_c = C_c\,f(W)(T_s - T_a) \qquad (4\text{-}31)$$

其中

H_c：表面熱傳導的熱量通量（$W\,m^{-2}$），

C_c：Bowen 係數，$0.47\ mm\ Hg°C^{-1}$，

$f(W)$：蒸發風速函數（$W\,m^{-2}\,mm\,Hg^{-1}$），

T_s：水面溫度（°C），

T_a：空氣溫度（°C）。

4.8 水中其他熱的來源

除了從水面來的熱交換之外，還有其他熱的來源與匯出。進流水、出流水、地下水之滲入及滲出、及直接水面降雨帶進來某一溫度的水，其所帶來的熱量（$cal\ hr^{-1}$）（$1\ W = 859.85\ cal\ hr^{-1}$）可以用入流的質量流（$kg\ hr^{-1}$）乘上流體溫度（°C），再乘上比熱得到。水之比熱為 $1\ cal\ g^{-1}°C^{-1}$ 或 $4128\ J\ kg^{-1}°C^{-1}$。

湖泊底部的溫度變動較小，大致在年平均氣溫上下，但是對於水庫深層水的溫度仍有影響，其熱交換通量可以用下式估計：

$$H_{sw} = -K_{sw}(T_w - T_s) \qquad (4\text{-}32)$$

其中

H_{sw}：底泥及湖水間的熱交換（$W\,m^{-2}$），

K_{sw}：底泥湖水熱交換係數（$W\,m^{-2}°C^{-1}$），

T_w：水溫（°C），

T_s：底泥溫度（°C）。

底泥與湖水間的熱交換係數很小，過去經驗得到的數值約 $0.3\ W\,m^{-2}\,°C^{-1}$。

4.9 水體中熱的傳輸

水體的熱會藉由輻射（radiation）、流動（advection）及擴散（diffusion or dispersion）、傳導（conduction）而由高溫往低溫傳送。熱量大小（E_h，單位為卡（cal）或焦耳（J））可以用溫度（$T, (K)$）、質量（$m\,(kg)$）與比熱（$C_p\,(J\,kg^{-1}\,K^{-1})$）的乘積來表示，所以對於某一完全混合的水體，熱的平衡可以表示如下：

$$V\rho C_p(dT/dt) = Q_{in}\rho C_p T_{in} - Q\rho C_p T + A_s J \tag{4-33}$$

其中

　　T：溫度（K），

　　V：體積（m^3），

　　ρ：水的密度（$kg\,m^{-3}$），

　　C_p：比熱（$J\,kg^{-1}\,K^{-1}$），

　　Q_{in}：流入水體之流量（$m^3\,d^{-1}$），

　　Q：流出水體之流量（$m^3\,d^{-1}$），

　　A_s：水體某一塊週界之面積（m^2），

　　J：週界面的熱通量，包含輻射、傳導及擴散（$J\,m^{-2}\,d^{-1}$）。

　　上式等號左邊爲水體累積熱量的時間變化，等號右邊第一及第二項爲進流水與出流水流動產生的熱通量，第三項爲傳導、輻射及擴散造成的熱通量。

　　水的熱傳導性很低，所以水體內部熱能主要靠流動及擴散來傳佈。而垂直的流動與水平流動相比是極其微小，所以眞正的湖泊中，水平方向的熱靠流動有效混合，使水平的溫度相當一致。而垂直流動極微，僅靠紊流擴散傳送熱，所以垂直方向的溫度平衡很慢，造成溫度差異。

　　在一個溫度分層的水庫中，必須考慮垂直方向之溫度梯度，及溫度梯度與熱通量大小之互相的影響。若忽略垂直方向的熱傳導（thermal conduction），也忽略平流（advection）熱通量，因爲水平的溫度很均勻，則垂直熱通量可以用擴散通量來描述：

$$J = E\frac{\partial(\rho C_p)T}{\partial z} + J_{sn} \tag{4-34}$$

其中

　　J：垂直熱通量（$J\,m^{-2}\,d^{-1}$），

　　J_{sn}：水面入射之淨太陽輻射（$J\,m^{-2}\,d^{-1}$），

　　$J_{sn}(z) = (1-\beta)J_{sn}e^{-\eta z}$ 在水深度爲 z 時之太陽熱輻射，參見（4-23）式　　　（4-35）

　　$E(z)$：垂直方向之紊流擴散係數（爲深度之函數）（$m^2\,d^{-1}$），

　　z：深度（m），

　　T：溫度（K），

　　ρ：水的密度（$kg\,m^{-3}$），

　　C_p：水的比熱（$J\,kg^{-1}\,K^{-1}$）。

而溫度的變化可用下式估算之：

$$\frac{\partial T}{\partial t} = \frac{\partial}{\partial z}E(z)\frac{\partial T}{\partial z} + \frac{J_{sn}(z)A_s}{\rho C_p} \tag{4-36}$$

其中

　　t：時間（d）。

水庫中，除了水面熱通量之大小外，影響溫度分布變化最大的就是紊流擴散係數，E(z)，
了。

4.10 溫度分層

　　水體的熱源主要來自水面的熱輻射及傳導熱，因此在北半球溫暖的春季來臨時，水
庫的水面先被加熱。若是水體上下混合的強度不能克服溫差產生的重力穩定度時，水體
開始形成上熱下冷的溫度分層現象（thermal stratification）。水面以下數公尺以內溫度較
高且很均勻的水層，稱為表水層（epilimnion）；底層溫度低，溫度變化也不大的深水層
（hypolimnion）；中間溫度隨深度快速下降的一段水層稱為斜溫層或變溫層（thermocline
or metalimnion）（圖 4-3）。

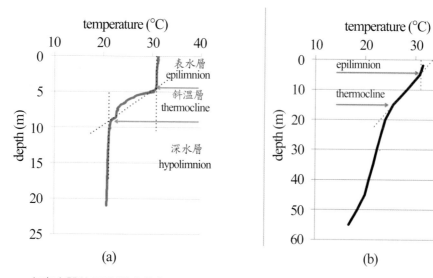

圖 4-3　水庫水體的垂直溫度分布 (a) Sinshan Reservoir（新山水庫）August 25, 2014，圖中虛線
　　　　為區分斜溫層邊界之輔助線；(b) Feitsei Reservoir（翡翠水庫）August 18, 2011，其水
　　　　深很深，故有時冬季翻轉（turnover）時之表面冷水重力不足，無法翻轉整個水層，
　　　　致無法發展出均勻的低溫深水層

　　圖 4-4 顯示一個典型的亞熱帶深水水庫其溫度分層的季節變化。冬季水溫上下均為
15°C，直到 3 月底 4 月初，表面水溫開始上升，表水層漸漸發展出來。春夏季水庫表層水
持續增溫，最高可達 32°C，但是深水層仍維持 15°C 至 18°C 的低溫，造成明顯的溫度梯

度及斜溫層。直到 9 月底以後，氣溫轉涼，較冷的表層水向下翻轉，水體開始垂直混合，底層水溫度上升，溫度梯度漸趨平緩。冬天寒流來襲，氣溫低於平均水溫，水庫水體完全翻轉，上下水溫又達到完全均勻的狀態，直到翌年 3、4 月氣溫回暖之後，水體分層才又逐漸形成。2005 年至 2011 年之新山水庫垂直水溫分布（圖 4-5）顯示每年冬季翻轉，春夏及秋季分層的週期變化。這種位於亞熱帶一年固定翻轉一次的水庫稱爲溫暖型單次翻轉湖（warm monomictic lake）。

　　寒帶的湖泊及水庫在冬季表面會被冰層覆蓋，這時候接近表面冰層之溫度爲 0°C，而最下層的則爲密度最大的 4°C 水，於是水體也形成溫度及密度分層。這種水庫會在夏天及冬天表面結冰時形成兩次分層，各次分層之間，分別在春季融冰之時及冬天來臨時完全翻轉，成爲兩次翻轉湖（dimictic lake）。水體因爲四季氣溫變化之差異，而有不同之溫度分層的行爲，茲分述如下：

　　(1) 冰覆湖（perennially ice-covered）：一年四季均被冰層覆蓋的水體；

　　(2) 寒帶一次翻轉湖（cold monomictic）：一年只有融冰時翻轉一次；

　　(3) 不完全翻轉湖（meromictic）：通常深水湖泊，表面翻轉的力道達不到下層，無法完全混合；

　　(4) 兩次翻轉湖（dimictic）：如前所述，冬季結冰的湖泊會在融冰季節及冬季來臨時共翻轉兩次；

　　(5) 溫暖型翻轉一次湖（warm monomictic）：一如前所述，亞熱帶不會結冰的湖泊水庫，在冬季達到完全翻轉一次，在春夏及秋天則形成分層；

　　(6) 罕翻轉湖（oligomictic）：偶而翻轉一次的湖泊；

　　(7) 多翻轉湖（polymictic）：分成 (a) 溫度經常小於 4°C 的湖，因爲溫度在 4°C 及 0°C 間變動而有多次翻轉現象，稱爲寒帶多翻轉湖（cold polymictic）；(b) 溫度經常大於 4°C 以上，水深不深，受到日夜氣溫變化及風力影響極易翻轉，但又因日照強，很快又形成表水層而分層再現，稱爲（warm polymictic）。

　　水溫分層不但會造成水中物質，例如氧氣及藻類生長所需的營養，傳輸的行爲改變，也大大影響水中生物的行爲。這些現象將在後續各章節中一一闡述。

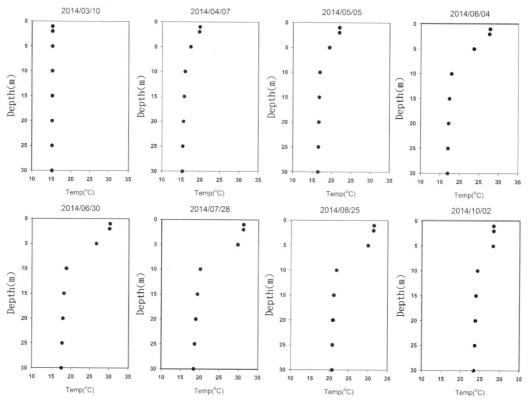

圖 4-4　新山水庫 2014 年 3 月至 10 月各月垂直水溫分布（唐雍翔，2015）

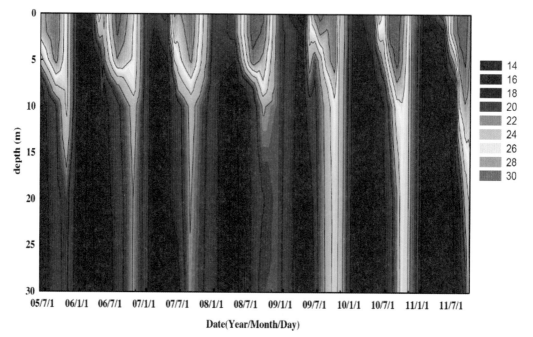

圖 4-5　2005 年至 2011 年之新山水庫垂直水溫分布（姚重愷，2013）

參考文獻

Anderson, E. R., 1954, *Energy-budget studies, in Water-loss investigations: Lake Hefner studies, technical report*, U.S. Geological Survey, Prof. Pater 269, 71-119.

Brunt, D., 1994, *Physical and dynamical meteorology*, Cambridge University Press, 105-122, 124-145.

Cole, T. M., and Wells, S. A. 2018, *CE-QUAL-W2: A two-dimensional, laterally averaged, hydrodynamic and water quality model,* version 4.1, Department of Civil and Environmental Engineering, Portland State University, Portland, OR.

Colli, A., Pavanello, D., Zaaiman, W. J., Heiser, J. and Smith, S., 2016, Statistical analysis of weather conditions based on the Clearness Index and correlation with meteorological variables, *International Journal of Sustainable Energy, 35(6): 523-536,* http://dx.doi.org/10.1080/14786451.2014.922975

Honsberg, C. B. and Bowden. S. G., 2019, Photovoltaics Education Website, www. pveducation.org

Koberg, G. E., 1964, Methods to compute long-wave radiation from the atmosphere and reflected solar radiation from a water surface, Geological Survey Professional Paper 272-F, United States Government Printing Office, Washington.

Ma, Z., Li, W. and Shen, A., 2013, Behavioral responses of zooplankton to solar radiation changes: in situ evidence, *Hydrobiologia*, 711:155-163.

NASA, 2021, The earth's radiation budget, https://science.nasa.gov/ems/13_radiationbudget

Rosa-Clot, M., Rosa-Clot, P. and Tina, G. M., 2017, Submerged PV solar panel for swimming pools: SP3, *Energy Procedia*, 134: 566-576.

Rouse, H., Yih, C. S. and Humphreys, H. W., 1952, Gravitational convection from a boundary source, *Tellus*, 4(3), 201-210, DOI: 10.3402/tellusa.v4i3.8688.

Wetzel, R. G., 2001, *Limnology, Lake and River Ecosystems*, 3rd ed., Academic Press, San Diego, CA 92101, USA.

Wikipedia, 2016a, Sunlight, https://en.wikipedia.org/wiki/Sunlight.

Wikipedia, 2016b, Solar irradiance, https://en.wikipedia.org/wiki/Solar_irradiance.

姚重愷，2013，底層曝氣及入流水溫對新山水庫優養化水質改善之研究，國立臺灣大學環境工程學研究所碩士論文，台北，台灣。

唐雍翔，2015，氣象變化及入流水溫對新山水庫優養化之影響，國立臺灣大學環境工程學研究所碩士論文，台北，台灣。

簡鈺晴，2013，亞熱帶離槽水庫微囊藻取得優勢之機制分析及利用軌跡模式建立動態消長
模式之研究，國立臺灣大學環境工程學研究所博士論文，台北，台灣。

5. 流動與混合
Flow and Mixing

5.1 水庫內水的流動與物質傳輸

其實湖泊及水庫的水體並非如表面那樣看似平靜，進流河川及出流水道的水流、水面風的吹動、人工取水及注水的水流、地下水及湧泉滲入、因風力與重力形成的水中假潮（seiching），都會攪動水體。而水庫底部的地形，使得水流狀況益形複雜。

物質靠著水流動而傳輸，一種是平流傳輸（advection），隨著水團移動而移動；另一種是擴散傳輸，方向不定，可分為分子擴散（molecular diffusion）及紊流擴散（turbulent dispersion）。紊流擴散亦稱為渦流擴散（eddy dispersion）。水中物質的分子擴散係數大約是 10^{-6} 至 10^{-5} cm^2 s^{-1}，而湖泊中觀察到的擴散係數都至少有 10^{-3} cm^2 s^{-1} 以上，所以在一般水體的尺度，分子擴散是可以忽略的。

湖泊因為受到水流及風力的影響，水平方向的流動比垂直流動大很多，是產生紊流擴散主要的動力。在溫度及密度分層的湖泊，水的重力會壓抑水流動產生的紊流，所以水流動的動能要達到一定程度，才會形成紊流。一般當 Richardson Number 小於 0.25 時，水流從層流（laminar flow）轉變為紊流（turbulent flow）。Richardson Number 是密度梯度（重力抵抗力）與剪力動量梯度的比值：

$$R_i = \frac{\dfrac{(d\rho/dz)}{\rho}}{\dfrac{(du/dz)^2}{g}} \tag{5-1}$$

其中

R$_i$：Richardson Number（無因次），

ρ：密度（kg m^{-3}），

z：深度（m），

u：水平流速（m s^{-1}），

g：重力加速度（9.8 m s^{-2}）。

除了流動傳輸，一般地面水體都是以紊流擴散為物質的主要傳輸機制。

5.2 紊流延散通量及紊流擴散係數

水中物質有濃度差存在時，就會產生擴散通量，$F_{turb,x}$。若只有一個方向有濃度梯度時，擴散通量可以表示為：

$$F_{trub,x} = -E_x \frac{\partial C}{\partial x}$$　　　　　　　（5-2）

其中

　　$F_{turb,x}$：紊流擴散通量（$kg\,m^{-2}\,s^{-1}$），

　　E_x：x 方向之擴散係數（$m^2\,s^{-1}$），

　　C：物質之濃度（$kg\,m^{-3}$），

　　x：距離（m）。

表 5-1 列出一些文獻中的湖泊紊流擴散係數。大致上垂直擴散係數比水平擴散係數小 4 至 6 個數量級，深水層的擴散係數比表水層小 3 個數量級，斜溫層的擴散係數又比深水層小一個數量級。

表 5-1　一些湖泊中的擴散係數

水體名稱	位置	方向	數值（$cm^2\,s^{-1}$）	出處
一般湖泊	表水層	垂直	$0.1\sim10^4$	Schwarzenbach et al., (2017)
	深水層	水平	$10^1\sim10^7$	
		垂直	$10^{-3}\sim10^{-1}$	
Castle Lake（小冰河湖）	斜溫層	垂直	10^{-2}	Jassby and Powell (1975)
	深水層	垂直	$2\times10^{-2}\sim6\times10^{-2}$	
翡翠水庫	深水層	水平	$1.88\times10^3\sim4.93\times10^3$	陳怡靜（2004）
	深水層	垂直	1.1×10^{-1}	

(1) 用水體穩定度估計擴散係數

湖水中的擴散係數與水的流速及水的穩定度有關。垂直溫度梯度越大的水體，穩定度越大。可以用穩定性頻率（又稱 Brunt-Väisälä 頻率）來表示穩定性（Schwarzenbach et al., 2003）：

$$N = \left[\frac{g}{\rho}\frac{d\rho}{dz}\right]^{1/2} \quad or \quad N = \left[-g\alpha\frac{dT}{dz}\right]^{1/2}$$　　　　　　　（5-3）

其中

N：Brunt-Väisälä 頻率（s^{-1}），

g：重力加速度（$m\,s^{-2}$），

ρ：水的密度（$kg\,m^{-3}$），

T：水的溫度（°C），

α：水的熱膨脹係數（$= -(1/\rho)(d\rho/dT)$）。

擴散係數與 Brunt-Väisälä 頻率的關係為：

$$E_z = a(N^2)^{-q} \tag{5-4}$$

其中

E_z：垂直紊流擴散係數（$cm^2\,s^{-1}$），

a：與輸入動能有關的常數，

q：與能量轉變為擾動的機制有關的常數。

由風及水流剪力產生的紊流時，q 之值為 0.5（一般為 0.5 至 0.7）。大尺度移動推衍出之能量產生時，q 之值為 1。實測瑞士 Urnersee 湖（最大深度 196 m，一般範圍 10～100 m，典型風力造成之底層水混合）之 E_z 值為 2×10^{-2} 至 $8 \times 10^{-1}\,cm^2\,s^{-1}$，（5-4）式中 a 之校正值為 3.2×10^{-4}，q 為 0.5。另一實測瑞士 Zugersee 湖（最大深度 198 m，一般範圍 10～70 m，為期兩天暴風雨造成之底層水混合）之 E_z 值為 60 至 1000 $cm^2\,s^{-1}$，（5-4）式中 a 之校正值為 1.3×10^{-2}，q 為 0.67。

(2) 從混合長度、縱向流速及 Richardson Number 估計擴散係數

水質模式 CE-QUAL-W2 推薦了幾種方法來估計垂直擴散係數，其中之一從水平流速、風剪力及 Richardson Number 估計擴散係數之方法如下（Cole and Well, 2016）：

$$E_z = \kappa \left(\frac{l_m^2}{2}\right)\left[\left(\frac{\partial U}{\partial z}\right)^2 + \left(\frac{\tau_{wy}e^{-2kz} + \tau_{y,\,tributary}}{\rho E_z}\right)^2\right]^{0.5} \exp(-CR_i) \tag{5-5}$$

其中

E_z：垂直擴散係數（$m^2\,s^{-1}$），

κ：von Karman constant（$= 0.4$），

l_m：混合長度 $= \Delta z_{max} = $ 最大格高（m），

U：縱向流速（$m\,s^{-1}$），

z：垂直座標（m），

τ_{wy}：表面橫方向風剪力（$kg\,m^{-1}\,s^{-2}$）

$$\cong C_D \rho_a W_h^2 \sin(\theta_1 - \theta_2) \tag{5-6}$$

C_D：拖曳係數（drag coefficient）（無單位）。有許多經驗公式可估計拖曳係

數（Cole and Well, 2016），例如：

$$C_D = 0.004\,W_{10}^{-1.15},\ W_{10} < 5\ m\ s^{-1} \tag{5-7}$$
$$C_D = \{K^{-1}\ln[10g/C_D W_{10}^{2}]+11.3\}^{-2},\ W_{10} > 5\ m\ s^{-1}$$

K：Karman constant（= 0.41），

ρ_a：空氣密度（kg m^3），

W_h：在 h 高度量得的風速（m s^{-1}）。通常拖曳係數是以 10 m 高之風速實驗
得到，故風速亦須校正至 10 m 之風速：

θ_1：風向角，以北方為 0（radians），

θ_2：河道角，以北方為 0（radians），

$$k：\text{wave number}\ (= 4\pi^2/(gT_w^2)), \tag{5-8}$$

g：gravity acceleration（m s^{-2}）

$$T_w：\text{wind wave period}\ (= 6.95\times10^{-2}\times F^{0.233}|W|^{0.534}), \tag{5-9}$$

F：受風距離（fetch length）（與風向同方向之水面寬）（m），

W：wind velocity (m s^{-1})，

$\tau_{y,\text{tributary}}$：支流橫向流入剪力（kg m^{-1} s^{-2}），

C：constant，預設為 0.15，

R_i：Richardson Number = g(dρ/dz)/{ρ(dU/dz)^2}，

ρ：density of water（kg m^{-3}）。

(3) 由從風速及 Richardson Number 估計擴散係數

Chapra（1997）建議了一類經驗法來估計擴散係數，其通式如下：

$$E_z = E_0 / (1 + aR_i)^{3/2} \tag{5-10}$$

其中

E_0：中性穩定之擴散係數（m^2 s^{-1}），

a：一個常數，

R_i：Richardson Number $(= - (g/\rho)(d\rho/dz)/\{w_0/(z_s - z)\}^2)$， $\tag{5-11}$

w_0：湖水表面流速（m），

z_s：水面高程（m），

z：所在高程（m），

$$E_0 = c\omega_\theta, \tag{5-12}$$

c：經驗常數，

ω_θ：風剪力速度（$= (\tau_s / \rho_w)^{0.5}$）（$m\,s^{-1}$），

ρ_w：水的密度（$kg\,m^{-3}$），

τ_s：空氣與水表面界面之剪力（$= \rho_{air}\,C_d\,U_w^2$）（$kg\,m^{-1}\,s^{-2}$），

ρ_{air}：空氣密度（$kg\,m^{-3}$），

C_d：拖曳係數（$= 0.00052\,U_w^{0.44}$），

U_w：風速（$m\,s^{-1}$）。

以上三類以經驗公式估計擴散係數之方法會因水體特性而有些差異，也各有其適用範圍，使用時可再評估選用最適合者。

5.3 由實測水溫估算紊流擴散係數

若有連續水庫實測垂直水溫分布之數據，也可以估計該段時間內水體各層之擴散係數（Schwarzenbach et al., 2003）。

首先可以從不同時間之溫度分布，計算在深度 z 公尺以下至底部，總熱量之累積變化率，Δ：

$$\Delta = \frac{\partial}{\partial t}(heat) = c_p\rho \int_z^{z_B} A(z')\frac{\partial T(z')}{\partial t}dz' = c_p\rho \int_z^{z_B} A(z')\frac{\partial T}{\partial t}\bigg|_{z'}dz' \tag{5-13}$$

其中

Δ：總熱量之變化率（$J\,d^{-1}$），

t：時間（d），

c_p：水之比熱（$J\,kg^{-1}\,K^{-1}$），

ρ：水之密度（$kg\,m^{-3}$），

z：深度（m），

z_B：底部深度（m），

$\frac{\partial T}{\partial t}\big|_{z'}$ z' 深度水溫之時間變化率（$K\,d^{-1}$）。

而由 z 深度切面之溫度梯度可以算出某一時間點之熱量通量，flux：

$$flux = c_p\rho A(z)E_z\frac{\partial T}{\partial z}\bigg|_z \tag{5-14}$$

其中

flux：通過 z 深度切面之熱量通量（$J\,d^{-1}$），

E_z：z 深度之擴散係數（$m^2\,s^{-1}$），

$\dfrac{\partial T}{\partial z}\Big|_z$ z 深度水溫之垂直梯度（$K\,m^{-1}$）。

若知道 flux 則可以估出擴散係數，E_z：

$$E_z = -\frac{\text{flux}}{c_p\rho A(z)\dfrac{\partial T}{\partial z}\Big|_z} \tag{5-15}$$

而此 flux 應等於測得之總熱量變化率，Δ。

$$E_z = -\frac{c_p\rho\displaystyle\int_z^{z_B} A(z')\frac{\partial T}{\partial t}\Big|_{z'} dz'}{c_p\rho A(z)\dfrac{\partial T}{\partial z}\Big|_z} = -\frac{\displaystyle\int_z^{z_B} A(z')\frac{\partial T}{\partial t}\Big|_{z'} dz'}{A(z)\dfrac{\partial T}{\partial z}\Big|_z} \tag{5-16}$$

若水溫分布是不連續的數據，可用數值積分得到累積熱量變化而估計 z 深度之擴散係數（在此假設水庫垂直方向截面積變化不大，可視為定值）：

$$E_z = \frac{\displaystyle\sum_i \frac{\Delta T_{i,\,t_1-t_2}}{\Delta t}\Delta z_i\Big|_z^{z_B}}{\dfrac{\partial T}{\partial z}\Big|_z} \tag{5-17}$$

用此方法得到之擴散係數可用來校正其他預測方法之參數值，但不適合用於預測模式中。此方法不能用於估計有溫度翻轉之深度之熱通量，因為有向下之溫度梯度時，就會有向上之熱通量，而抵銷向下通量之估計值，使通量之估算值偏低。例如在接近水面之水層，亞熱帶地區常有日夜週期的水溫小翻轉，就不能用此方法估算擴散係數。

5.4 利用釋放示蹤劑估算紊流擴散係數

利用釋放示蹤劑，或利用入流口流入之濁度或溫差，追蹤水團增大之變化，也可以實測水體位於該位置之擴散係數。例如在水中某一深度注入一團示蹤劑，然後在不同時間觀察汙染團中段之可辨識邊界寬度，或濃度達 1 個標準差濃度之左右邊界間寬度，當做水團的尺度（圖 5-1）。再以水團尺度平方的時間變化，估計擴散係數〔（5-18）式〕：

$$E = \frac{\sigma_2^2 - \sigma_1^2}{2(t_2 - t_1)} \tag{5-18}$$

其中

E：擴散係數（$m^2\,s^{-1}$），

σ_1：t_1 示蹤劑濃度標準差區間範圍，

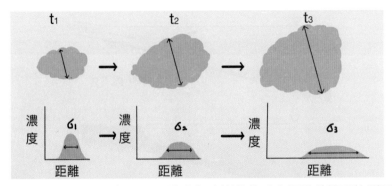

圖 5-1　示蹤劑汙染水團隨時間增長及用濃度為高斯分佈時之標準差範圍估測汙染團大小示意圖

σ_2：t_2 示蹤劑濃度標準差區間範圍，

筆者之研究團隊曾在翡翠水庫 85 m 深處，用示蹤劑測得擴散係數為 $0.3 \sim 2.5 \ m^2 \ s^{-1}$（陳怡靜，2004）。

5.5 入流河川水的行為

入流河川因其密度與進流位置水庫水體之密度的差異，而產生不同的融入過程（圖 5-2）。當河水沿著河道進入河與水庫的漸變區，水流的斷面積逐漸加大，流速逐漸變慢。當水流的動能敵不過密度差產生之浮力及重力時，若河水密度比水庫水小，則離開河底床，浮在庫水表面前進，形成表面流（overflow）（見圖 5-2(a)）。若河水密度比水庫大，則離開水表面，沿著庫底前進，形成底部流（underflow）（見圖 5-2(b)）。底部流向下潛入水庫底層，逐漸與周邊庫水混合而擴大水流截面積。到了水庫水密度與底部流相同時，底部流跳脫庫底，沿著水體中某一高程前進，形成中間流（interflow）（見圖 5-2(c)）。

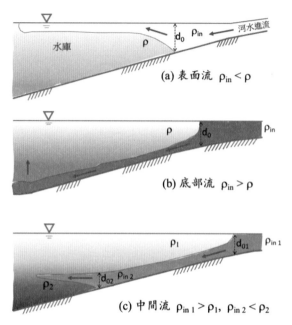

圖 5-2　入流河川水進入有水溫分層的水庫時，因其密度差而有不同行為：(a) 表面流，(b) 底部流，(c) 中間流（參考來源：Wunderlich, 1971）

5.5.1 河水浮上與潛入庫水

　　進流河水大約是在其內部 Froude Number（等於河水之 Froude Number）小於 1 時，跳脫水面下沉，或跳脫底床而上浮。Froude Number 可以用河水流量及密度差來求得：

$$F_i = \frac{Q/A_0}{(g(\Delta\rho/\rho)d_0)^{0.5}} = \frac{u_0}{(g(\Delta\rho/\rho)d_0)^{0.5}} \qquad (5\text{-}19)$$

其中

　　F_i：Froude Number（無因次），

　　Q：河川流量（$m^3 \, s^{-1}$），

　　A_0：臨界點之河流截面積（m^2），

　　ρ：庫水之密度（$kg \, m^{-3}$），

　　$\Delta\rho$：密度差（$= |\rho_{in} - \rho|$），

　　ρ_{in}：入流河水之密度（$kg \, m^{-3}$），

　　g：重力加速度（$9.8 \, m \, s^{-2}$），

　　d_0：臨界點入流的水力深度（hydraulic depth）（m）。

在亞熱帶地區，多季水庫遇寒冷天氣，水溫偏低，且因水體翻轉，沒有分層。故在

三、四月春天來臨時，河水水溫率先隨氣溫提升，故河水進入水庫多數上浮在表面，因而為水庫表水層帶來豐富的營養鹽，及春季的藻華。反之在多季水庫翻轉後，上下溫度很平均、沒有梯度，當連續寒冷天氣使河水變冷時，河水容易潛入水庫下層。

5.5.2 底部流與中間流

通過臨界點後潛入庫底之高密度河水形成底部流（見圖 5-2(b)），此底部流會因捲入庫水而逐漸降低密度及流速。其流量，Q(x)，隨潛入距離，x，而加大。

$$Q(x) = Q_0 \left(\frac{h_u}{h_{u0}} \right)^{\frac{5}{3}} \qquad (5\text{-}20)$$

其中

Q(x)：在距離臨界點（潛入點）x 位置之高密度底部流流量（$m^3\ s^{-1}$），

Q_0：臨界點（潛入點）之高密度流量（$m^3\ s^{-1}$），

h_u：高密度底部流之深度（m），

h_{u0}：高密度水流在臨界點（潛入點）之深度（m）。

而底部流的厚度，h_u，為

$$h_u = 1.2\ Ex + h_{u0} \qquad (5\text{-}21)$$

其中 x 為潛入之距離（m），E 為捲入係數（entrainment coefficient）。

$$E = 0.5\ C_k C_d^{3/2} F_p^{\ 2} \qquad (5\text{-}22)$$

其中

C_k：邊界紊流動力係數（～1.9 (Hebbert et al., 1979)），

C_d：底部拖曳係數（bottom drag coefficient）（= $(f_b + f_i)/4$），

f_b：底床摩擦係數（bottom bed friction coefficient），

f_i：接觸面摩擦係數（contact surface friction coefficient），

F_p：潛入點之 Froude Number。

底部流可以一直沿著庫床底部往下流動，一直到達庫底，或是在密度相等的水層形成中間流（見圖 5-2(c)）。底部流若密度夠高（或夠冷）就會潛入水庫最深層，而將水質很不好，甚至厭氧狀態的水庫底層水抬升，造成水庫中層的水質惡化。2021 年 1 月，台灣北部寒流來襲，從 1 月 7 日至 1 月 12 日連續低於 13°C 的氣溫，導致上游北勢溪河水溫度低於 17°C，河水進入水庫底層，將厭氧及含有高濃度溶解性鐵與錳之底層水抬升至出水口之高度。由於淨水場無檢測及處理溶解性錳之程序，導致原水中高濃度的錳進入配水系

統,許多用戶端出現黃水的現象。

　　中間流也會在前進中捲入庫水,使流速漸慢,最後與密度相同的庫水融合。2001 年 9 月翡翠水庫集水區的一次暴雨造成含有大量細泥沙的河水進入有溫度分層的水庫。高濁度的河水比水庫表層水的密度大,在進入水庫後形成中間流(圖 5-3)(陳怡靜,2004)。水庫當局發覺該情形後,採取蓄清排濁的策略,選擇中間流所在水層高度的放水口放水。終於在約兩個月後,水庫當局將高濁度之水排除乾淨。

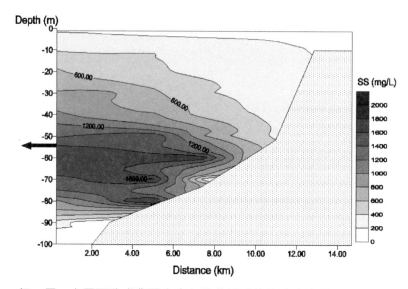

圖 5-3　2001 年 9 月一次暴雨造成翡翠水庫上游北勢溪的河水含高量泥沙。此含高濁度河水進入水庫後,形成中間流。圖中顯示暴雨過後一星期水庫中沿著水庫水流軸向的懸浮固體(SS)垂直濃度分布。x 軸為距離大壩取水口的距離,圖中箭頭表示水庫放水口位置。等濃度曲線上的數字表示懸浮固體濃度(mg L^{-1})(陳怡靜,2004)

5.6 入流水形成浮力噴射流及融入位置

　　離槽水庫引入越域河川水時,其形成之射流(jet),也會與上一節河川水流入一樣,因本身溫度之變化,而有不同之行為。由於引入水通常含有較高之營養鹽濃度,其水團最後停駐之水深影響水庫之水質狀況及藻類之生長(圖 5-4)。

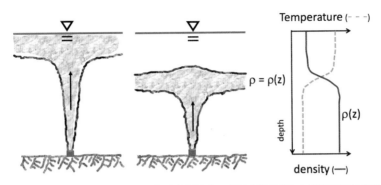

圖 5-4 由輸水管線引入水庫之水流形成噴射浮流，因其密度及水體溫度分布狀態而可能最
後停滯於分層水體中與其最終密度相同之某一高度，或浮昇至最表面之水層

　　由高處或由幫浦泵送進入水庫之水形成一股噴射流（jet）。當水體有垂直密度梯度
時，此股射流會因水流動力而往前衝，且因捲入周邊之庫水（entrainment），使其與庫水
之密度差逐漸變小、截面積變大、流速降低。射流行經一距離，由其射流—浮流臨界尺度
參數，L_M，大於 5 m 的射流逐漸變爲 L_M 小於 1 m 的的浮昇水團（buoyant plume）（圖5-5）
（Koh, 1983）。

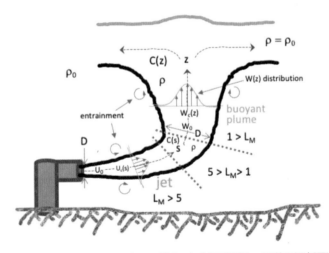

圖 5-5 水庫進水形成之射流（L_M >5 m）因捲入庫水而稀釋，平均流速逐漸降低，漸漸變成
浮昇水團（L_M < 1 m），最高浮昇高度停留在密度（ρ）與庫水密度（$ρ_0$）相同之深度，
繼續擴散與庫水完全混合

　　至 L_M 小於 1 m 時，由密度差所造成的浮力通量遠大於速度差所造成的動能通量，完
全已是浮流狀態。此一關鍵之距離參數，L_M，與初始流速動量，M_0，及浮昇勢能，B_0，
之比值有關，即

$$L_M = \frac{M_0^{3/4}}{B_0^{1/2}} \tag{5-23}$$

其中

$$M_0 = \pi D^2 U_0^2 / 4 \tag{5-24}$$

$$B_0 = Q_0 \Delta \rho g / \rho_0 \tag{5-25}$$

D：噴射流出口之直徑（m），

U_0：初始噴射流速度（m s^{-1}），

Q_0：浮流初始流量（m^3 s^{-1}）（$= \pi D^2 w_0 / 4$），

w_0：浮流初始流速（m s^{-1}），

g：重力加速度（9.8 m s^{-2}），

$\Delta \rho$：進流水與周邊流體之密度差（g cm^{-3}），

ρ_0：周邊流體密度（g cm^{-3}）。

噴射流從出口噴出，行經一段距離，s，之後，其中心水流速度為 U_c（s）：

$$U_c(s) = \frac{U_0}{\sqrt{2}\beta} \frac{D}{s} \tag{5-26}$$

平均稀釋率，S_m，是：

$$S_m = \frac{C_0}{C(s)} = \frac{Q(s)}{Q_0} = 2\sqrt{2}\beta \frac{s}{D} \tag{5-27}$$

其中

S_m：稀釋率，

C_0：噴射流之平均濃度，

C(s)：噴射流達到 s 距離時之平均濃度，

Q_0：初始流量（m^3 s^{-1}）（$= \pi D^2 U_0 / 4$），

Q(s)：距離為 s 時之流量（m^3 s^{-1}）（$= \pi U_c \delta^2(s)$），

β：散佈係數（spreading coefficient）（$= 0.114$）（射流之半幅寬度 $\delta(s) = \beta s$），

s：射流行經距離（m），

D：射流口直徑（m）。

至於無橫向流或橫向流動已經很小時，浮流會因密度差而往上浮昇，其中心線之浮升速度為：

$$w_c = \lambda_1 \left(\frac{B_0}{z}\right)^{\frac{1}{3}} \tag{5-28}$$

其中

　　w_c：浮升速度（$m\ s^{-1}$），

　　B_0：浮升勢能（$=Q_0\Delta\rho g/\rho_0$）（$m^4\ s^{-3}$），

　　z：與起點之距離（m），

　　λ_1：係數（$=4.7$（Rouse, 1952））。

而浮流之平均稀釋率為

$$S_m=\frac{C_0}{C(z)}=\frac{Q(z)}{Q_0}=\frac{\lambda_2 B_0^{1/3}z^{5/3}}{\frac{\pi D^2}{4}w_0}$$（5-29）

其中

　　S_m：稀釋率，

　　C_0：浮流之平均濃度，

　　$C(z)$：浮流達到 z 距離時之平均濃度，

　　Q_0：浮流初始流量（$m^3\ s^{-1}$），

　　$Q(z)$：距離為 z 時之流量（$m^3\ s^{-1}$）（$=\lambda_2 B_0^{1/3}z^{5/3}$），

　　λ_2：係數（$=0.15$（Rouse, 1952）），

　　B_0：浮升勢能（$=Q_0\Delta\rho g/\rho_0$）（$m^4\ s^{-3}$），

　　z：浮流行經之距離（m），

　　D：浮流初始直徑（m），

　　w_0：浮流初始流速（$m\ s^{-1}$）。

由以上公式可以推算出射流行進到何位置成為浮流，然後浮流行進至何高度其密度與周邊水體相同而不再浮升。

　　離槽水庫的進水口位置及取水的河川的水溫，影響進流水最後在水庫中的停駐及融合點。所以在夏季水體分層，且上層水質良好時，可由底層進水，讓進流河水儘量留在深水層，讓進入之營養鹽與日光隔絕，避免藻類利用營養鹽而形成藻華。但是河水水溫高過庫水溫度時，進流水在下層水中雖有捲入稀釋降溫的效果，但仍很有可能因上浮力道強而衝過斜溫層進入表水混合層，提供表水層大量的營養鹽，造成藻華。若進水時機可以有彈性，則選擇於河水水溫低的時機進水，例如晚上進水，也是可以避免進流水上浮到水庫表水層的一個方法。

參考文獻

Chapra, S. C., 1997, *Surface Water-Quality Modeling*, McGraw-Hill Co. Inc.

Cole, T. M., and Wells, S. A., 2018, *CE-QUAL-W2: A two-dimensional, laterally averaged, hydro-dynamic and water quality model,* version 4.1, Department of Civil and Environmental Engineering, Portland State University, Portland, OR.

Hebbert, B., Imberger, J., Loh, I. and Patterson J., 1979, Collie River underflow into the Wellington Reservoir, *J. Hydraul. Div., ASCE*, 105(5), 533-545.

Jassby, A. and Powell, T., 1975, Patterns of eddy diffusion during stratification in Castle Lake, California. *Limnology and Oceanography*, 20, 530-543.

Koh, R. C-Y., 1983, Delivery systems and initial dilution. In: Myers, E. P. editor, *Ocean Disposal of Municipal Wastewater: Impacts on the Coastal Environment*, MIT Sea Grant College Program report, Vol. 1, pp. 131-175, Cambridge, Massachusetts.

Rouse, H., Yih, C. S. and Humphreys, H. W., 1952, Gravitational convection from a boundary source, *Tellus*, 4(3), 201-210, DOI: 10.3402/tellusa.v4i3.8688.

Schwarzenbach, R. P., Gschwend, P. M. and Imboden, D. M., 2003, *Environmental Organic Chemistry*, Second edition, John Wiley & Sons, Hoboken, New Jersey, USA.

Schwarzenbach, R. P., Gschwend, P. M. and Imboden, D. M., 2017, *Environmental Organic Chemistry*, Third edition, John Wiley & Sons, Hoboken, New Jersey, USA.

Wunderlich, W. O., 1971, The dynamics of density-stratified reservoirs. In: Hall, G. E. ed., *Reservoir Fisheries and Limnology*, American Fisheries Society, Washington, D.C.,

陳怡靜，2004，水文變化、生物地質化學作用及集水區人為活動對水庫磷質量平衡及藻類消長之影響─以台灣亞熱帶深水水庫為例，國立臺灣大學環境工程學研究所博士學位論文，台灣。

第三部分　水庫化學及微量元素之宿命
Part 3. Chemistry of Reservoirs and the Fate of Trace Elements

　　水庫水及底泥中化學物質的含量、傳輸擴散及化學轉化，都受到水中生物之影響，也相對影響水中生物之生長。除了自然存在的成分，人的活動增加了汙染物質及營養鹽進入水庫的量，超過了水庫的自淨能力，使水質惡化或是優養化，成了當前水庫最普遍存在的問題。我們必須了解這些水中化學物質的變化，才能預測及選擇適當方法來控制水庫的水質。

6. 酸鹼度、碳酸鹽、有機物及溶氧
   pH, Carbonate, Organic Matter and Oxygen

7. 氮、磷、鐵、錳及其他成分
   Nitrogen, Phosphorus, Iron, Manganese and Other Elements

6. 酸鹼度、碳酸鹽、有機物及溶氧
pH, Carbonate, Organic Matter and Oxygen

6.1 酸鹼度

酸鹼度（pH）是影響生物生長及生存的水質因子之一，同時也影響水中許多成分的解離狀態及溶解度、移動與揮發性、及生物有效性與毒性。一般天然水體的 pH 約在 6 至 8.5 之間，是適合生物生長的範圍。水體中影響 pH 變化的最主要因子是外來的酸與鹼，而主要緩衝酸鹼之衝擊、維持 pH 在生物適存範圍的成分是碳酸鹽類。

6.2 與大氣平衡的碳酸系統

空氣中的二氧化碳（carbon dioxide, CO_2），及岩石風化後隨地面水流入水中的碳酸鹽類所組成的緩衝系統，維持了水中穩定的 pH。水庫中與空氣接觸的水面或混合效率極佳的上層水可視爲與大氣隨時達到平衡的一個開放系統，其水中的二氧化碳濃度與大氣中二氧化碳濃度的關係可以用亨利定律來描述，即：

$$[H_2CO_3^*] = \frac{P_{CO_2}}{K_H} \tag{6-1}$$

其中

$[H_2CO_3^*]$：水中溶解的氣體型態 CO_2 及水和型態碳酸濃度的總和（M），

P_{CO_2}：大氣中 CO_2 濃度（atm），

K_H：亨利定律常數（Henry's Law constant）（29.76 atm M^{-1} at 25℃），

或以 CO_2 溶解於水中的反應常數來描述：

$$CO_{2(g)} + H_2O = H_2CO_3^* \qquad K_{dis} = 10^{-1.46} \text{ M atm}^{-1} \tag{6-2}$$

其中 K_{dis} 是二氧化碳溶於水中之平衡常數，亦即 Henry's Law constant 之倒數。水中的碳酸會解離成爲碳酸氫根及碳酸根，其酸鹼平衡反應式如下：

$$H_2CO_3^* = HCO_3^- + H^+ \qquad K_{a1} = 10^{-6.3} \text{ M} \tag{6-3}$$

$$HCO_3^- = CO_3^{2-} + H^+ \qquad K_{a2} = 10^{-10.3} \text{ M} \tag{6-4}$$

其中 K_{a1} 及 K_{a2} 分別表示碳酸的第一個氫原子的解離反應平衡常數及第二個氫解離常數。

由於大氣中二氧化碳濃度約為 400 ppm，在開放於大氣的水體系統，水中碳酸的濃度大約是

$$[H_2CO_3^*] = P_{CO_2} \times K_{dis} = 4.0 \times 10^{-4} \text{ atm} \times 10^{-1.46} \text{ atm M}^{-1} = 1.39 \times 10^{-5} \text{ M} \qquad (6\text{-}5)$$

碳酸的濃度不隨水中 pH 的改變而變化，但是碳酸氫根與碳酸根的濃度則會隨 pH 上升而增加（圖 6-1）：

$$[HCO_3^-] = P_{CO_2} \times K_{dis} \times K_{a1} / [H^+] \qquad (6\text{-}6)$$

$$[CO_3^{2-}] = P_{CO_2} \times K_{dis} \times K_{a1} \times K_{a2} / [H^+]^2 \qquad (6\text{-}7)$$

而碳酸、碳酸氫根與碳酸根也是水中可中和外來酸與鹼的鹼度與酸度之最主要來源。

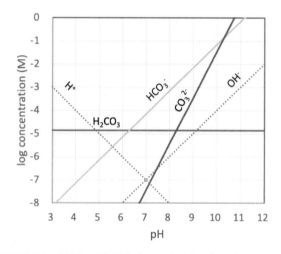

圖 6-1 氫離子、氫氧根離子、碳酸、碳酸氫根及碳酸根濃度在開放系統（與大氣平衡）中與 pH 值之關係。大氣中 CO_2 濃度為 430 ppm

6.3 酸度、鹼度

水中的鹼度（alkalinity, Alk）即為水體中和酸的能力。若以僅有二氧化碳的純水的 pH（約為 5.6）為滴定終點，水中的鹼度可以定義為加入此水中的強鹼，也可用水中的氫氧根離子（hydroxide ion）及所有弱酸根之和減去氫離子濃度而得。

$$Alk = - [H^+] + [OH^-] + [HCO_3^-] + 2 [CO_3^{2-}] \text{ (eq L}^{-1}) \qquad (6\text{-}8)$$

以與大氣平衡之表層水為例，其鹼度為 P_{CO_2} 與 pH 之函數：

$$Alk = -10^{-pH} + K_w/10^{-pH} + P_{CO_2} \times K_{dis} \times K_{a1}/10^{-pH} + 2 \times P_{CO_2} \times K_{dis} \times K_{a1} \times K_{a2}/(10^{-pH})^2$$

$$(6\text{-}9)$$

其中 K_w 是以下水解離反應之解離平衡常數。

$$H_2O = H^+ + OH^- \qquad K_w = 10^{-14} \qquad (6\text{-}10)$$

鹼度式子（6-9）等號右邊第三項為與大氣 CO_2 平衡之 HCO_3^- 濃度。第四項為 CO_3^{2-} 濃度的兩倍，因為碳酸根中和酸之當量濃度為摩爾濃度之 2 倍（即以碳酸為基準，1 摩爾碳酸根帶有兩摩爾氫離子缺額）。大氣中二氧化碳濃度（400 ppm）變化不大時，鹼度僅為 pH 之函數：

$$Alk = -10^{-pH} + 10^{pH-14} + 10^{pH-11.16} + 10^{2xpH-21.16} \qquad (6\text{-}11)$$

例如 pH 8 時，鹼度為 6.96×10^{-4} eq L^{-1}。若有外來的酸進入水體，平衡後 pH 降至 7 時，鹼度為 6.92×10^{-5} eq L^{-1}。

其實反過來說，是因為有此鹼度存在，才會使得 pH 維持在 8 或 7。若有外來的酸或鹼進入水體，碳酸系統負起酸鹼中和的緩衝任務。上例表示水體可以中和掉 6.3×10^{-4} eq L^{-1} 的酸，讓 pH 從 8 降至 7。反之從 pH7 升至 pH8 則要加入 6.3×10^{-4} eq L^{-1} 的鹼。

6.4 瞬間酸鹼反應或封閉系統的 pH 變化

如前文所述，水庫水體達到平衡之時間尺度除了化學反應之速度（時間之倒數，可以 s^{-1} 之單位表示）之外，還要看物質混合擴散之速率（可以用擴散係數除以空間大小之平方表示，單位也是 s^{-1}）。例如突然有含有高鹼度的廢水，或是大量酸雨進入水庫，水庫的 pH 會迅速改變，而未能與大氣中的 CO_2 濃度達成平衡。尤其是水庫水表面氣體的交換及垂直水柱中物質的擴散均要依靠水體的紊流擴散，所以有時候是很慢的。這時候水體就比較接近一個封閉系統，即沒有氣體交換或沉澱與溶解發生，其水中主要緩衝系統，即碳酸鹽系統的變化如圖 6-2 所示。

封閉系統的總無機碳濃度（C_T）是固定的，所以總碳酸鹽濃度可以表示為：

$$Total\ CO_3 = [H_2CO_3^*] + [HCO_3^-] + [CO_3^{2-}] = C_T \qquad (6\text{-}12)$$

其各物種與氫離子濃度之關係如下

$$[H_2CO_3^*] = \frac{C_T}{\left\{1 + \frac{K_{a1}}{[H^+]} + \frac{K_{a1}K_{a2}}{[H^+]^2}\right\}} = \alpha_0 C_T \qquad (6\text{-}13)$$

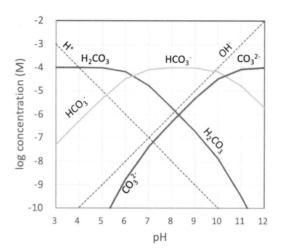

圖 6-2　氫離子、氫氧根離子、碳酸、碳酸氫根及碳酸根濃度在封閉系統中與 pH 值之關係。系統中總無機碳濃度（C_T）為 10^{-4} M

$$[HCO_3^-] = \frac{C_T}{\left\{\frac{[H^+]}{K_{a1}} + 1 + \frac{K_{a2}}{[H^+]}\right\}} = \alpha_1 C_T \qquad (6\text{-}14)$$

$$[CO_3^{2-}] = \frac{C_T}{\left\{\frac{[H^+]^2}{K_{a1}K_{a2}} + \frac{[H^+]}{K_{a2}} + 1\right\}} = \alpha_2 C_T \qquad (6\text{-}15)$$

此時可中和酸之鹼度爲

$$\begin{aligned} Alk &= -[H^+] + [OH^-] + [HCO_3^-] + 2[CO_3^{2-}] \qquad (6\text{-}16) \\ &= -10^{-pH} + 10^{pH-14} + \alpha_1 \times C_T + 2 \times \alpha_2 \times C_T \end{aligned}$$

若以典型淡水湖泊之無機碳濃度（C_T）10^{-3} M 來估計，在 pH 爲 8 時，以上式計算可得到鹼度爲 9.86×10^{-4} eq L^{-1}。若有外來的酸進入水體，平衡後 pH 降至 7 時，鹼度爲 8.34×10^{-4} eq L^{-1}。也就是說，此水體在維持 pH 不低於 7 之酸鹼度下，能承受之酸爲 1.52×10^{-4} eq L^{-1}。此封閉系統的緩衝能力顯然較開放系統的 6.3×10^{-4} eq L^{-1} 小很多。所以在評估 pH 受到酸鹼度增減之影響時，要考量在瞬間的影響是屬於封閉系統，水體的緩衝能力較小，pH 變化較大。

6.5 異常酸度與鹼度之衝擊

　　除了酸性的廢汙水入侵之外，水庫也有可能受到一些自然因素的影響而偏酸性。例如水庫如在火山地質的區域，會受到凝結在地面水中的硫化氫、硫氧化物等進入水庫而偏

酸性。靠近礦區的水庫，也可能有酸礦水流入而呈現偏酸的現象。空氣汙染形成的酸雨落在集水區，也會使庫水 pH 降低，甚至影響生物的生長（Schindler, 1988; Likens and Butler, 2021）。例如有一 C_T 為 10^{-4} M，pH 為 7 的水塘，若流入相同湖水體積、pH 為 4 的酸雨，則在雨水進入的幾日內，水體未能與大氣達到平衡，故可視為一完全混合的封閉水體，估計其 pH 值可以降到 4.98，對於許多植物及動物都可能造成危害的。

有機物的分解或是一些無機性物質氧化，例如硫化物、氨及銨離子、亞鐵離子及錳離子的氧化，也會降低 pH。這些氧化作用多數需要微生物的幫忙，否則非常慢。在分層的水庫中，底層水因有底泥提供了有機物質和一些還原物質，在水庫分層的季節，經生物氧化作用之後，pH 值會略低。此底層水 pH 偏低之現象可見表 6-1 中新山水庫在 6 月及 7 月、9 至 11 月的底層水，pH 都在 7 左右，甚至低於 7。

至於水庫的 pH 偏高，外來汙染或是集水區土壤及岩石偏鹼性為主要影響因素。而在 pH7 以上的庫水中藻類光合作用反應會消耗水中的氫離子，也會使 pH 上升，其反應式如下：

$$6 \, HCO_3^- + 6 \, H^+ \rightarrow C_6H_{12}O_6 + 6 \, O_2 \qquad (6\text{-}17)$$

假設水中 C_T 為 10^{-3} M，pH 為 8，某日照充足之白天時間，水表面的藻華行光合作用耗用了 5 mg L^{-1} 之碳及 0.42 mmol L^{-1} 的氫離子。估算其 pH 值應該上升至 10.37（計算過程見附錄 6-1）。

如此偏高的 pH 值常見於優養化的水庫中（Grochowska, 2020）。檢視新山水庫 2011 年 4 月至 2012 年 3 月各月份採樣日水中各深度之 pH 值（表 6-1），可見春夏季 4 月至 9 月表層水之 pH 受到白天光合作用之影響都偏高。尤其是 7 月及 8 月表層 3 m 內的 pH 都達到 10 左右。在此高 pH 的水質環境，不論是動物或植物都會受到危害甚至死亡。超優養的水體在夏秋之際日照極強的日子，常見死掉的成團的浮游藻類浮在水面，皆因光合作用太旺盛，導致 pH 值超出藻類生長範圍而死亡，或藻體太密集，晚間溶氧被呼吸作用耗盡，致窒息而死亡。

表 6-1 新山水庫 2011 年 4 月至 2012 年 3 月各垂直深度之 pH 值

深度(m) \ 時間	2011									2012		
	4/28	5/30	6/28	7/26	8/24	9/22	10/20	11/16	12/22	1/12	2/20	3/15
0	9.33	8.66	8.83	10.01	9.99	8.65	6.01	6.15	6.25	6.19	6.32	6.06
1				10.02	9.98	8.75		7.15				7.06
2	8.09	8.36	8.51	10.0	9.92	8.76	7.01	7.13	7.25	7.22	7.31	7.07
3				9.98	9.78	8.77						7.07
4				9.25	8.87	8.75						7.06
5	7.49	7.24	6.85	7.9	7.72	8.74	7.01	7.09	7.26	7.21	7.31	7.06
6				7.41	7.73	8.75						
7				7.09	7.22	8.74						
8	7.52	6.94	6.68	7.03	7.12	8.73	7.01	7.09	7.25	7.21	7.31	7.04
9				6.99	7.08	8.69						
10	7.56	7.01	6.88	6.96	7.08	8.65	7.00	7.08	7.26	7.22	7.31	7.05
11					7.1	8.5						
12					7.09	7.7						
13					7.13	6.94						
14					7.15	6.87						
15	7.58	7.11	6.93	6.89	7.2	6.91	6.99	7.09	7.27	7.23	7.32	7.03
20	7.73	7.23	7.07	7.00	7.27	7.04	6.98	7.09	7.29	7.23	7.23	7.01
25	7.83	7.35	7.16	7.07	7.37	7.13	6.95	7.09	7.32	7.24	7.33	7.00
30	8.04	7.79	7.3	7.17	7.5	7.3	6.83	7.09	7.41	7.26	7.33	7.02

註:1. 資料來源:吳先琪等,2012,新山水庫藻類優養指標與水庫水質相關性之研究,期末報告,台灣自來水公司研究計畫。2. pH 值係用自動水質監測儀測定,測定位置為靠近大壩進水口附近,測定時間多在上午 10 時至 12 時之間。

6.6 有機物

　　水庫水中的有機物可分爲溶解性的有機物及懸浮顆粒狀的有機物，依其生物分解之難易，又可以分爲易分解及難分解的有機物。此二屬性之分類皆受分析之操作方法所定義，故分類時要考慮應用之目的而採用不同之定義方法。例如溶解性有機物，可以定義爲通過 0.45 μm 開孔濾膜之濾液中的有機物，也可以是以 1000 g 重力下離心 30 分鐘下，上部澄清液中之有機物。至於可分解性之分類方法，也可能用生化需氧量代表易分解有機物（分解的時間尺度是 5 天），而將化學需氧量減去生化需氧量之部分代表難分解有機物。

　　有機物是許多動物、異營性微生物（heterotrophic microorganisms）及屑食性生物（detritivores）的食物，且經生物消化或微生物分解之後，會釋放氮及磷等微量營養素，係維持水域生態循環的重要成分。

6.6.1 外部輸入之有機物

　　上游河川及水庫附近的地面逕流是有機物主要的外部來源。這些有機物來自集水區中動植物的落葉、殘骸、排泄物、分泌物、土壤顆粒上黏附的有機物，以及集水區中生活汙水及事業廢水等點汙染源的排放。水庫的自淨作用會將這些有機物分解、代謝、絮聚及沉降，大部分成爲溶解性的無機鹽類；一部分成爲溶解性的有機物，如腐植酸等；還有一些難溶解的有機物則累積在水庫的底泥中。

　　水中有機物之含量有不同之定義。水中總固體重量（某體積水樣本以 105°C 蒸乾所殘留下的固體重量）中能在 550°C 下 20 分鐘後氧化消失之物質重量可視爲水中有機物之重量。也可以用有機碳分析儀測量水中之有機碳，用以代表有機物之含量。一般有機碳約爲有機物重量之一半。如果以有機物氧化之需氧量來代表有機物則可分爲容易生物分解的生化需氧量（Biochemical Oxygen Demand, BOD）及包含易分解與難分解有機物之化學需氧量（Chemical Oxygen Demand, COD）。

6.6.2 內部產生之有機物

　　植物光合作用是水庫內部最主要的有機物來源。依水庫中優養程度，其平均淨基礎生產量從小於 50 mg C m^{-2} day^{-1} 至大於 1000 mg C m^{-2} day^{-1}（表 6-2），與藻類及葉綠素濃度，水質，光照強度及環境因子有關。新山水庫於 2006 年 10 月單位面積淨基礎生產量曾達到 2330 mg C m^{-2} day^{-1}（表 6-3）。

表 6-2 湖泊不同優養狀態之特性與浮游植物種類及基礎生產量之大小範圍（內容摘取自 Wetzel (2001)）

優養層級	平均基礎生產量 (mg C m^{-2} day^{-1})	浮游藻類密度 (cm^3 m^{-3})	浮游藻類生質 (mg C m^{-3})	葉綠素 a (mg m^{-3})	光衰減係數 (m^{-1})	總有機碳 (mg L^{-1})	總磷 (μg L^{-1})	總氮 (μg L^{-1})	優勢藻種
超貧養	<50	<1	<50	0.01-0.5	0.03-0.8		<1-5	<1-250	
貧養	50-300		20-100	0.3-3	0.05-1	<1-3			Chrysophyceae Chryptophyceae
中養	250-1000	1-3	100-300	2-15	0.1-2.0	<1-5	5-10	250-600	Dinophyceae Bacillariophyceae
優養	>1000	3-5	>300	10-500	0.5-4.0	5-30	10-30	500-1100	Bacillariophyceae Cyanobacteria
超優養		>10					30->5000	500->15000	Chlorophyceae Euglenophyceae

表 6-3 新山水庫 2006 年正午 3 小時基礎生產量及各項參數值（吳俊宗等，2006）

各項參數	單位	4 月 20 日	7 月 12 日	10 月 20 日
生物量	g L^{-1}	0.0020	0.0017	0.0015
0 公尺葉綠素濃度	μg L^{-1}	9.52	3.31	5.83
0～2 公尺葉綠素濃度	μg L^{-1}	10.32	3.22	7.13
3 小時單位面積產氧量	g m^{-2}	2.363	1.225	1.688
3 小時單位面積產碳量	g-C m^{-2}	0.886	0.459	0.633
3 小時期間總日照量	Whr m^{-2}	587	923	893
當日全天日照量	Whr m^{-2}	1315	3393	3289
當日總產碳量	gC m^{-2}d^{-1}	1.99	1.69	2.33

　　白天植物產生的有機物在晚上會因呼吸作用又被代謝成爲 CO_2 與水。平均淨生產量大部分成爲浮游動物及魚蝦等消費者之食物，極少部分死亡的藻體，與動物的糞便及屍體在水體中被微生物分解，成爲 CO_2、無機性鹽類及一些溶解性難分解有機物，如腐植酸等，最後有一些粒狀有機物碎屑就沉降到底泥累積起來。

　　這些累積在底泥的有機物，仍然會緩慢地分解，經由底泥孔隙釋放出溶解的有機物及無機成分，同時也將底泥中之氧氣耗盡，使底泥成爲厭氧狀態。底泥釋放有機物之速率大約 –50～130 mg-C m^{-2}d^{-1}（Lee and Oh, 2018 在韓國淺的農田水利湖），及 8.4～44.4 mg-C m^{-2}d^{-1}（Peter et al., 2017 在瑞典寒帶湖）不等。

6.6.3 有機物之去處

　　水中有機物的去處包括被浮游動物及魚類攝食、微生物分解成為無機物、隨排水而移除、及沉降累積於底泥等。筆者之研究發現，在優養的水庫，若排除進水中含有懸浮固體之干擾，有非常大比例的水中有機物甚至營養鹽是沉降而去除。

　　以較不受進流干擾的新山水庫峽灣區及翡翠水庫靠近大壩的深水區為例，其底泥沉降率（用沉降捕集器收集所得）分別為 8.0 g m^{-2} d^{-1} 及 4.9 g m^{-2} d^{-1}，新山水庫收集之沉降物之有機碳含量為 3.35%，相當於碳的沉降通量為 270 mg C m^{-2} d^{-1}，約為淨基礎生產量之10%（表 6-4 及表 6-3）。此沉降通量包括了內部生產有機物的殘屑，也包括進流水帶來河川中的有機懸浮碎屑。

　　沉降的底泥會逐漸水解礦化壓縮，大部分成為溶解性的無機碳及有機碳擴散回到水體，如前小節所述，一小部分就逐漸被後來沉降的底泥掩埋成為岩石，稱為成岩作用（diagenesis）。Serruya（1971）發現以色列 Lake Kinneret 中，只有總生產碳量的 4% 被永久掩埋。全球湖泊的碳沉降掩埋率大約是介於 12 至 38 mg-C m^{-2} d^{-1}（Tranvik et al., 2009），也是全球碳的一個重要去處（匯）。

　　在水中有機物有不同的來源、分子構造與溶解度，其互相轉換及被微生物分解代謝礦化成為無機物，如二氧化碳、磷酸鹽、氨及銨鹽、硝酸鹽、硫酸根及硫化物等之速率各有不同（圖 6-3）。為了預測有機物在水中之動態，會將有機物依其變化速率分成大類別，例如以轉化速率分為易分解與難分解，並各別給予不同之轉化反應速率係數；以沉降速率或過濾行為分為顆粒性與溶解性。對於某一類有機物之消長，可以用下式來描素：

$$\dot{C} = \sum_i^a k_{di}[B_i] + \sum_i^b k_{ej}[C_j] - \sum_k^c k_{ek}[C] - k_r[C] - k_s[C] \qquad (6\text{-}18)$$

其中

　　$\dot{C}$：某一類有機物之濃度變化率，即源與匯（sink and source）（mole L^{-1} s^{-1} 或 mg L^{-1} s^{-1} 等）；

　　k_{di}：第 i 種生物因死亡、分泌或生長產生該有機物之速率係數（s^{-1}），

　　$[B_i]$：第 i 種生物之濃度（mole L^{-1} s^{-1} 或 mg L^{-1} s^{-1} 等），

　　k_{ej}：第 j 類有機物轉化為該有機物速率係數（s^{-1}），

　　$[C_j]$：第 j 類有機物之濃度（mole L^{-1} s^{-1} 或 mg L^{-1} s^{-1} 等），

　　k_{ek}：該有機物轉化為第 k 類有機物之速率係數（s^{-1}），

表6-4 亞熱帶水庫底泥沉降量及碳與磷之沉降通量實例

現場沉降捕集測量參數	新山水庫（壩區）[1]	新山水庫（峽灣區）[1]	石門水庫（壩區）[1]	翡翠水庫（壩區）[2]	澄清湖[3]	德基水庫28斷面[3]	德基水庫39斷面[3]	Lake Baldegg[5]
水庫型態	離槽水庫	離槽水庫	在槽水庫	在槽水庫	離槽水庫	在槽水庫	在槽水庫	
捕集器深度（m）	30	20	56	85	3	32	19	66 max
捕集時間	2006/12/18~2007/2/8	2006/11/23~2007/3/22	2006/11/23~2007/3/22	1994/4/22~1994/6/4	1990/10/10~1991/2/4	1990/11/5~1991/2/5	1990/11/5~1991/2/5	2018 biweekly
沉降物通量（g m^{-2} day^{-1}）	17.0	8.0	123	4.9[6]	23.2	14.1	25.4	
底泥沉降率（cm y^{-1}）	0.56	0.27	4.1	0.2	0.37	0.18	0.32	0.33
沉降物有機碳含量（%）	2.68	3.35	<0.5	3[4]	4.8	2.0	1.5	
有機碳沉降通量（g-C m^{-2} day^{-1}）	0.45	0.27	<0.9	0.15	1.12	0.28	0.39	

參考文獻：

1. 楊智閎，2007。
2. 李佳芳，1994。
3. 駱尚廉等，1992。
4. 翡翠水庫沉降物中有機碳含量3%為推估值。
5. Steinsberger et al., 2019。
6. 最下層捕集器之時間平均。

a, b, c：爲物質之類別數。

k_r：該有機物呼吸礦化成無機物之速率係數（s^{-1}），

k_s：該有機物之沉降消失係數（s^{-1}），在完全混合的一層水體，$k_s = v/d$，其中 v 是顆粒的沉降速度（$m\,s^{-1}$），d 是水層厚度（m）。

其實控制有機物動態變化之速率都受到環境因子的影響。尤其是微生物分解反應，其反應生成或消失率未必如 6-18 式中皆與濃度爲線性關係。實際上各速率係數，k，爲溫度、光線、pH、反應物濃度、溶氧濃度等的函數。而爲了模擬濃度變化時計算方便，當環境因子爲穩定態時（steady state），將所有因子匯集於一個固定的速率係數，k，內，來模擬濃度變化。

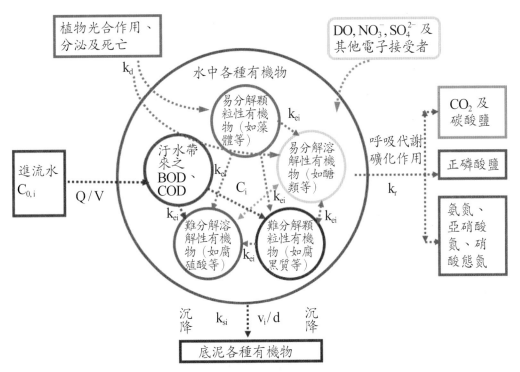

圖 6-3　水中不同種類有機物之來源、轉換及代謝示意圖。爲了模擬預測有機物之衰減率、耗氧率及無機性營養鹽之循環再生率等，吾等常將顆粒性有機物及溶解性有機物依其分解速率之快慢，分爲易分解及難分解兩種，或甚至分爲更多不同等級之有機物，以不同之分解速率常數 k 來界定其類別

6.6.4 有機物過多之問題

由於有機物分解時會消耗氧氣，當有機物進入水體的量或水體的基礎生產量，使高濃度有機物的耗氧速率大於溶解氧（dissolved oxygen, DO）的供應量，將使水體缺氧甚至

呈厭氧狀態。此現象又稱爲水體的缺氧狀態（hypoxia），會造成缺氧區的生物死亡，及產生還原性的毒性物質，如氨及硫化物等，是最急迫需要解決的水質惡化問題（Nürnberg, 2002）。

此外有機物會形成水中色度與臭度的來源。色度與臭度的成分常常是一些親水性的腐植物質，在淨水程序中極難去除，造成自來水處理上的困擾。然而水中有機物會因爲淨水程序中的加氯消毒程序，形成致癌性的三鹵甲烷等消毒副產物，才是水庫水中有機物濃度高所造成最令人擔憂的問題。

台灣《飲用水水源水質標準》規定做爲公共給水之水源中，總有機碳（total organic carbon, TOC）濃度不得超過 4 mg L^{-1}，化學需氧量（chemical oxygen demand, COD）不得超過 25 mg L^{-1}。台灣很多優養的水庫，尤其是金門地區的主要水庫，其水中 TOC 及 COD 濃度均已超過《飲用水水源水質標準》之規範，且其淨水中消毒副產物三鹵甲烷之濃度也多次超過《飲用水水質標準》濃度，80 μg L^{-1}（駱尚廉等，2013）（圖 1-3），無法做爲自來水之水源。降低水中有機物濃度的方法，除了削減入流中的有機物濃度之外，更要降低水體中的植物生長速率，減少內部有機物的生成，也就是降低優養的程度。

6.7 溶氧

6.7.1 缺氧狀態與氧的補充

除少數厭氧細菌之外，水生生物皆需一定濃度以上之溶氧才能生存。與空氣平衡的水含有約 8 至 10 mg L^{-1} 的溶氧（dissolved oxygen, DO），隨水溫而有一些差異。若是水中有過量之可分解之有機物，或還原性物質如氨、硫化物、亞鐵離子及錳離子等，溶氧可被消耗殆盡，而使水體呈現缺氧狀態（Hypoxia）。

氧氣的主要來源，可以說只有水面空氣中的氧氣。直接暴露於空氣中的水面薄膜，因爲快速的質傳速度，可以假設其中之溶氧濃度與大氣平衡，這是一個定值，例如在 25°C 時是 8.26 mg L^{-1}，20°C 時爲 9.09 mg L^{-1}，15°C 時爲 10.08 mg L^{-1}，5°C 時爲 12.77 mg L^{-1}。

未平衡時水面氧氣的通量可以用下式描述：

$$F_{water-air} = v_{water-air}\left([O_2] - \frac{P_{O_2}}{K_H}\right)(10 \text{ Lcm}^{-1}\text{m}^{-2}) \qquad (6\text{-}19)$$

其中

$\quad$ $F_{water-air}$：氧氣由水往大氣之傳輸通量（mole m^{-2} s^{-1}），

$\quad$ $v_{water-air}$：氧氣在水面薄膜中之傳輸速度（cm s^{-1}），

$\quad$ $[O_2]$：水面薄膜中之溶氧濃度（mole L^{-1}），

P_{O2}：空氣中之氧氣分壓（atm），

K_H：氧氣在空氣與水間之平衡分配係數（即Henry's Law constant）（atm (mole L^{-1})$^{-1}$），

$10\ Lcm^{-1}m^{-2}$：為單位校正因子。

假設空氣邊之傳輸極快致無濃度梯度，用此式可求出氧氣溶入或逸出水面的通量。

在湖泊中氧氣傳輸速度係數 v 與水面風速有密切關係。許多研究得出一些經驗公式，通常具有以下的形式（Cole and Well, 2016）：

$$v_{water-air} = a + bW_{10}^c \qquad\qquad (6\text{-}20)$$

其中

$v_{water-air}$：氧氣在水面之傳輸速度（m d^{-1}），

W_{10}：水面上 10 m 處的風速（m s^{-1}），

a, b 及 c：均為經驗參數。

例如 Smith（1978）建議 a = 0.64，b = 0.128 及 c = 2（in Cole and Well, 2016）。或考慮水的分子擴散與黏滯係數（McGillis et al., 2001, in Schwarzenbach et al. (2017)）：

$$v_{water-air} = (9 \times 10^{-4} + 7.2 \times 10^{-6}W_{10}^3)\left(\frac{Sc_w}{660}\right)^{-1/2} \qquad (6\text{-}21)$$

其中

$v_{water-air}$：氧氣在水面之傳輸速度（cm s^{-1}），

W_{10}：水面上 10 m 處的風速（m s^{-1}），

Sc_w：水之 Schmidt Number（$Sc_w = v/D_w$），

v：水之 kinematic viscosity，

D_w：水之分子擴散係數。

水表面以下的氧氣傳輸主要受到紊流擴散所控制，其任何一點之通量，可以用質量擴散模式來描述，可參見 5.2 節之討論。

固然水表面的氧氣通量影響了水中溶氧的濃度，但是若水中耗氧速率不是非常高時，由於表水層（epilimnion）受到風力及晝夜溫差之變化，具有相當好的混合效果，其中溶氧濃度大致均勻且接近飽和溶氧濃度。斜溫層及底層水距離水面較遠，風力之混合力無法達到，加上春夏秋季強日照產生的水溫梯度，形成極其穩定的斜溫層，具有極小的紊流混合，成為溶氧向下傳輸的瓶頸，是深水層缺氧的主要原因。

另一個重要的氧氣的來源是藻類光合作用產生的氧氣。產氧的速率端視光合作用的速率而定。2006 年台灣新山水庫曾以光瓶及暗瓶法，測定浮游藻類的淨溶氧產生量（吳俊宗等，2006）：2006年4月3小時內水面2 m平均淨產氧量（已扣除呼吸消耗之氧氣）為1.2 mg L^{-1}，7月為 0.6 mg L^{-1}，10月為 0.8 mg L^{-1}。平均約為 0.3 mg L^{-1} hr^{-1}。若累積一整個白

天可以使溶氧上升 2～3 mg L^{-1}，因此優養水庫的表層水有時候是氧氣過飽和的。翡翠水庫在 2020 年 5 至 7 月表層水 5 至 10 m 的光合作用旺盛，溶氧常超過 10 mg L^{-1}（圖 6-4(a)）

　　但是受限於溶氧在水中之傳輸只能靠擴散作用，水中某些局部區域中溶氧的傳輸供應率低於水中有機物分解或生物呼吸作用之耗氧率，就會形成低溶氧的水域。最典型的例子就是當優養水庫的水體有垂直密度分層時，斜溫層的穩定密度梯度，壓低了紊流擴散及溶氧的向下擴散通量（參見見第 4 章與第 5 章），造成深水層缺氧。圖 6-4 為一亞熱帶中養水庫及一寒帶中養湖泊夏季溶氧垂直分布之情形。

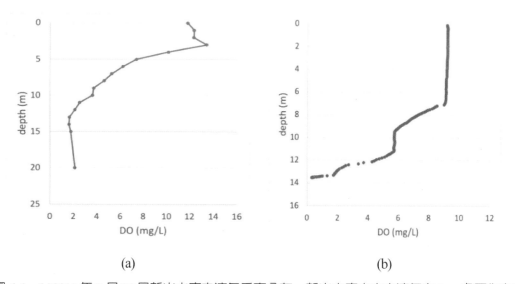

(a)   (b)

圖 6-4　(a)2011 年 7 月 26 日新山水庫之溶氧垂直分布。新山水庫水中之溶氧在 3 m 處因為有旺盛之光合作用，有一最大值，比與大氣平衡之水表面還要高，又稱為斜溫層溶氧高峰（metalimnetic oxygen maximum），隨之往下急速下降，顯示呼吸作用旺盛，消耗氧氣，且因斜溫層阻擋，上層氧氣無法傳輸至下層水。下層略為回升，是因為該水庫為離槽水庫，外部河水由底層進入，帶來含溶氧之水，使底部維持一些溶氧。
　　　　(b)2016 年 7 月 14 日蒙古 Ugii Lake 之溶氧垂直分布。在溫帶大陸型氣候下，夏季仍有分層現象，但因為地形平坦，風力混合力強，且日夜溫差大，夜間表面水冷卻下沉，混合層達到 7 m，使混合層溶氧與大氣氧濃度完全平衡，但是越靠近底層溶氧越低，到湖底時已近於零

　　圖 6-5 顯示一個亞熱帶深水水庫翡翠水庫垂直溶氧分布隨時間變化的情形。翡翠水庫接近大壩的水深有約 100 m，上層水紊流擴散及溫度變化影響不到深度 80 m 以下的下層水，所以 80 m 以下的溶氧濃度經常都在 2 mg L^{-1} 以下，其實也差不多沒有溶氧了，因為現場 0 mg L^{-1} 溶氧濃度不容易測定。當從 5 月開始，水溫分層阻斷氧氣向下擴散，15 m

以下的溶氧開始降低，而無氧的範圍從 80 m 往上擴張，至 6 月大約 70 m 以下，9 月及 10 月甚至 15 m 以下都是缺氧的狀態。一直到 12 月底氣溫下降，冷空氣充足，使水體翻轉力能達到下層水，加上上游的冷河水進入底層，無氧的狀況才被打破，恢復 80 m 以上均勻有高溶氧的情況。

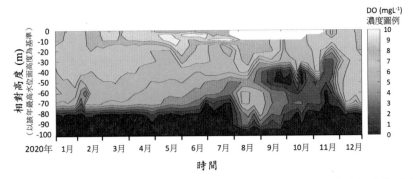

圖 6-5　2020 年 1 月 7 日至 12 月 29 日每週所測得翡翠水庫大壩監測站溶氧濃度垂直分布變化

　　上游或外來的越域進流水有時候會帶來氧氣充足的水，含高溶氧的冷水會進入水庫中層或底層，將厭氧的水抬升。2020 年翡翠水庫上游在 7 月 1 日及 2 日，及 25 日都有約 100 mm 的暴雨，雨水衝進水庫，形成中間流（參見 5.5 節），造成一部分低溶氧的水被抬升，而中層水溶氧反而較高。這事件持續至 9 月中（圖 6-5）。12 月上旬又逢連著 10 天大雨，相同地含高濃度溶氧的水從深水層進入大壩區，形成底部流，將厭氧水層抬升。

6.7.2 主要的氧化還原反應

　　溶氧是水中最充沛最有力的氧化物，硝酸鹽、硫酸鹽、氧化鐵是較次要的氧化物，它們都會與水中的還原物質，例如最普遍存在的有機物質，其次如氨、硫化物等反應。氧化還原的反應進行與否，可以用表 6-5 的氧化還原半反應的標準氧化還原電位或電子活性來評估。表中半反應按氧化物在 pH 7 的水中之氧化力（pe^0_w）排序，即排序在上的氧化物（在等號左邊）可以與排序在下的還原物（在等號右邊）反應。

　　當水中氧氣充足時，微生物以呼吸作用將所有易分解的有機物代謝爲二氧化碳，以硝化作用（nitrification）將氨態氮氧化成亞硝酸鹽及最終的硝酸鹽，將硫化物完全氧化成硫酸鹽（參見附錄 6-2 的例子）。所以健康有溶氧的水庫，不會累積氨或硫化物，連易分解的有機物也慢慢轉變爲穩定的難分解有機物而減少了。

　　若是水中有機物的量很多時，微生物先利用溶氧爲呼吸作用的電子接受者，將有機物氧化成二氧化碳。待水中溶氧耗盡而仍有有機物存在時，微生物可利用硝酸鹽及亞硝酸鹽

爲電子接收者，將硝酸鹽類還原成氮氣而移出水體，稱爲脫氮作用（denitrification）。在氧化鐵或氫氧化鐵中的三價鐵也可以做爲電子接受者而被微生物還原成二價的亞鐵離子。最後連硫酸根都被利用於代謝作用而還原產生有惡臭的硫化氫等硫化物。

　　氧化還原反應的化學平衡常常很極端（參見附錄 6-2 的例子），理論上有充足氧氣的水體，不會有氨及硫化物。同理，有機質汙染量高時，氧氣及硝酸鹽會消耗殆盡。但是氧化還原的速率卻未必很快，且需要催化劑才能順利反應。而上述的主要氧化還原反應都是微生物催化的反應。

表 6-5　天然水中一些主要的氧化還原半反應及其標準狀態電子活性與氧化還原電位

氧化還原半反應	pe^0	pe^0_w	E^0_H (V)
$1/4\ O_2(g) + H^+ + e^- = 1/2\ H_2O$	20.75	13.75	1.22
$1/5\ NO_3^- + 6/5\ H^+ + e^- = 1/10\ N_2(g) + 3/5\ H_2O$	21.05	12.65	1.24
$1/2\ MnO_2(s) + 2\ H^+ + e^- = 1/2\ Mn^{2+} + H_2O$	20.8	9.8	1.23
$1/2\ NO_3^- + H^+ + e^- = 1/2\ NO_2^- + 1/2\ H_2O$	14.15	7.15	0.83
$1/8\ NO_3^- + 5/4\ H^+ + e^- = 1/8\ NH_4^+ + 3/8\ H_2O$	14.9	6.15	0.88
$1/6\ NO_2^- + 4/3\ H^+ + e^- = 1/6\ NH_4^+ + 1/3\ H_2O$	15.2	5.8	0.90
$Fe(OH)_3(am) + 3\ H^+ + e^- = Fe^{2+} + 3\ H_2O$	16.0	1.0	0.94
$1/6\ SO_4^{2-} + 4/3\ H^+ + e^- = 1/48\ S_8(col) + 2/3\ H_2O$	5.9	-3.4	0.35
$1/8\ SO_4^{2-} + 5/4\ H^+ + e^- = 1/8\ H_2S(g) + 1/2\ H_2O$	5.25	-3.5	0.31
$1/8\ SO_4^{2-} + 9/8\ H^+ + e^- = 1/8\ HS^- + 1/2\ H_2O$	4.25	-3.6	0.25
$1/8\ HCO_3^- + 9/8\ H^+ + e^- = 1/8\ CH_4(g) + 3/8\ H_2O$	3.8	-4.0	0.22
$1/8\ CO_2(g) + 9/8\ H^+ + e^- = 1/8\ CH_4(g) + 1/4\ H_2O$	2.9	-4.1	0.17
$1/16\ S_8(col) + H^+ + e^- = 1/2\ H_2S(g)$	3.2	-3.8	0.19
$1/16\ S_8(col) + 1/2\ H^+ + e^- = 1/2\ HS^-$	-0.8	-4.3	-0.05
$1/6\ N_2(g) + 4/3\ H^+ + e^- = 1/3\ NH_4^+$	+4.65	-4.7	0.27
$H^+ + e^- = 1/2\ H_2(g)$	0	-7.0	0.00
$1/4\ HCO_3^- + 5/4\ H^+ + e^- = 1/4\ \text{"}CH_2O\text{"} + 1/2\ H_2O$	+1.8	-7.0	0.11
$1/4\ CO_2(g) + H^+ + e^- = 1/4\ \text{"}CH_2O\text{"} + 1/4\ H_2O$	-0.2	-7.2	-0.01

（資料取自：Morel and Hering, 1993）

6.7.3 水體的耗氧率

水中的生物會利用溶氧為電子接受者進行呼吸作用，將有機物或氨氮、硫化物、亞鐵離子、甲烷等還原物質當做基質，以氧化代謝之而獲取能量。所以水體中的耗氧率高低端視水中之有機物等還原物質之種類、濃度，及生物代謝的環境條件如何。

假設基質飽和不會在水庫中發生，耗氧率大致與各種還原性基質濃度成正比，則水中溶氧的平衡可以表示如下：

$$\frac{dC_{O_2}}{dt} = \Sigma(k_{pi} - k_{ri})\delta_i C_i + \Sigma\frac{A_i}{V}v(C'_{O_2} - C_{O_2}) \qquad (6\text{-}22)$$

其中

C_{O2}：溶氧濃度（$mg\,L^{-1}$ 或 M），

t：時間（s），

k_{pi}：第 i 種藻類、水生植物等之單位質量之光合作用速率係數，是光線強度、溫度、二氧化碳濃度及營養元素之函數（s^{-1}），例如夜晚時或為無生命之有機物質時，k_{pi} 為 0；

k_{ri}：第 i 種生物或有機物質好氧呼吸或代謝分解速率係數，是溫度、微生物濃度、溶氧濃度、甚至有機物自身濃度等之函數（s^{-1}）；

δ_i：光合作用或呼吸作用之化學計量轉換數，

C_i：水中水生植物、動物、易分解有機物（溶解或懸浮態）、難分解有機物（溶解或懸浮態）、氨氮、亞硝酸、硫化物等可被呼吸代謝之有機物濃度（$mg\,L^{-1}$ 或 M），

A_i：包圍一水體積之水界面之一（cm^2），

V：水之體積（cm^3），

v：界面之氧氣質傳速度（$cm\,s^{-1}$），

C'_{O2}：界面外邊界之溶氧濃度（$mg\,L^{-1}$ 或 M），或與氣相氧氣分壓平衡之溶氧濃度。

各類有機物及還原物質有不同之呼吸及代謝耗氧率，綜和起來就是水體的耗氧率（參見圖 6-3）。此耗氧率若大於氧氣的補充率，則水體之溶氧被耗盡，變成厭氧的水體。因此對耗氧率最敏感的環境是水體分層時的深水層。

在沒有光合作用且較為封閉的深水層，6-22 式中的有機物質好氧呼吸或代謝分解速率 $-k_{ri}\,\delta_i\,C_i$，就是水體的耗氧率。耗氧率除了與有機物濃度，C_i，有關，當溶氧濃度低於 2 至 3 $mg\,L^{-1}$ 時，耗氧率隨溶氧濃度下降而減緩（Burns, 1995; Wetzel, 2001），甚至也隨溫度升降而變大及變小，也即是：呼吸代謝分解速率係數，k_{ri}，其實是溫度與氧濃度的函數。表 6-6 列出一些湖泊水體的零階耗氧率，其值從 0.002 到 0.7 $g\,m^{-3}\,d^{-1}$，而且可以看出：越是優養的湖庫，其值越大；夏季之值也比全年平均值要高。

表 6-6　湖庫水體呼吸代謝耗氧率案例

水體名稱	國家或地區	呼吸代謝耗氧率 (g-O$_2$ m^{-3} d^{-1})	Type/season	Reference
Lake Rotokakahi	New Zealand	0.145±0.034	Mesotrophic/hypolimnetic/summer	Burns, 1995
Lake Rotorua, Lake Hamilton	New Zealand	0.49±0.03, 0.7±0.06	Eutrophic/hypolimnetic/summer and fall	Burns et al., 1996
4 lakes	Ireland	0.244±0.0174	Eutrophic/hypolimnetic/April to June	Rippey and McSorley, 2009
36 lakes	Europe	0.032 (0.002～0.112)	Hypolimnetic/year-round	Muller et al., 2019

6.7.4 底泥的耗氧率

　　除了水中有機物等產生的耗氧率，底泥也會消耗氧氣。底泥有兩種方式耗用水中的溶氧：其一，底泥中微生物等利用氧進行代謝，使孔隙中溶氧耗盡，造成底泥與底泥表面溶氧的濃度梯度，於是溶氧從水體擴散進入底泥而降低其濃度；其二，底泥有機物及還原物質，例如 CH_4、NH_4^+、Mn(II)、Fe(II) 及 S(-II)，由孔隙中釋出至底泥表面之水體，在水中代謝分解而降低溶氧量。但是目前發展出來用以測量底泥耗氧率的方法，係測量一段時間內，底泥上部一密閉圍體內溶氧濃度的降低量，不易分辨上述兩種不同的底泥耗氧機制。Steinsberger et al.（2019）認為後者可占淺水水庫底層水需氧量的 80% 以上。

　　底泥耗氧率與與底泥中有機含量、有機物沉降通量、底層水溶氧濃度等有關。水庫越是優養，沉降至底泥表面的新鮮有機物越多，有機物分解造成的耗氧量也越大。典型的底泥耗氧率介於 0.1 至 1.0 gO$_2$ m^{-2} d^{-1} 之間（Cole and Well, 2016）。底泥耗氧率之案例可參見表 6-7。

表 6-7　底泥耗氧率案例

水體名稱	國家或地區	底泥耗氧率 (gO$_2$ m^{-2} d^{-1})	type	Reference
Lake Rotokakahi	New Zealand	0.02		Burns, 1995
11 lakes	Europe	0.25～0.34	Sediment uptake	Steinsberger et al., 2020
"	"	0.019～0.12	The flux of reduced compounds from the sediment	Steinsberger et al., 2020

水體名稱	國家或地區	底泥耗氧率 $(gO_2\,m^{-2}\,d^{-1})$	type	Reference
Cayuga Lake	New York State, USA	0.3〜1.0		Cole and Well, 2016
Lake Sammamish	WA, USA	1.0		Cole and Well, 2016
Lake Lyndon	TX, USA	1.7〜5.8		Cole and Well, 2016
Cannonsville Reservoir	New York State, USA	0.66〜1.67	respirometric approach in lab in July and August	Erickson and Auer, 1998
10魚池	中國	0.76 to1.09		張敬旺等，2012
Lake Erie	USA	0.28	By oxygen profiles in sediment cores	Matisoff and Neeson, 2005
Lake Baldegg	Swiss	0.36	By sediment analyses and modeling	Steinsberger, et al., 2019

　　由於底泥耗氧也是生物的綜合反應結果，包括微生物代謝反應、底棲動物的呼吸作用、甚至底棲植物的呼吸作用，因此它是氧氣濃度的函數，可以用下式來表示。

$$S'([O_2]) = \frac{[O_2]}{K_{SO} + [O_2]} S'_B \qquad (6\text{-}23)$$

其中

S'([O_2])：底泥耗氧率（為溶氧濃度之函數）（$g\,m^{-2}\,d^{-1}$），

[O_2]：溶氧濃度（$mg\,L^{-1}$），

K_{SO}：氧濃度對底泥耗氧率之半飽和值（$mg\,L^{-1}$），

S'_B：溶氧濃度飽和時之底泥耗氧率（$g\,m^{-2}\,d^{-1}$）。

研究顯示 K_{SO} 為 1.4 $mg\,L^{-1}$（Lam et al., 1984 in Bowie et al., 1985）及 0.7 $mg\,L^{-1}$（Thomann and Mueller, 1987）不等。

　　至於溫度對於底泥耗氧率的影響可以用下式來模擬（Chapra, 1977）。

$$S'_B = S'_{B,20}\,\theta^{T-20} \qquad (6\text{-}24)$$

其中

S'_B：單位面積底泥耗氧率（$g\,m^{-2}\,d^{-1}$），

$S'_{B,20}$：20℃ 時單位面積底泥耗氧率（$g\,m^{-2}\,d^{-1}$），

θ：溫度係數（1.065（1.04〜1.13）），

T：溫度（°C）。

其實很多生物催化的反應都可以用上述兩種模式來描述基質濃度或溫度對於反應速率的影響。不過其中的參數值 K_{SO}，θ 等，最好是用實測的數據去進一步校正，才會更適合用於該水體的實際情況。

參考文獻

Bowie, G. L., Mills, W. B., Porcella, D. B., Campbell, C. L., Pagenkopf, J. R., Rupp, G. L., Johnson, K. M., Chan, P. W. H., Gherini, S. A. and Chamberlin, C. E., 1985, *Rates, Constants, and Kinetic Formulations in Surface Water Quality Modeling.* U. S. Environmental Protection Agency, ORD, Athens, GA, ERL, EPA/600/3-85/040.

Burns, N. M., 1995, Using hypolimnetic dissolved oxygen depletion rates for monitoring lakes, *New Zealand Journal of Marine and Freshwater Research*, 29(1), 1-11, DOI:10.1080/0028833 0.1995.9516634.

Burns, N. M., Gibbs, M. M. and Hickman, M. L., 1996, Measurement of oxygen production and demand in lake waters, *New Zealand Journal of Marine and Freshwater Research*, 30(1), 127-133, DOI: 10.1080/00288330.1996.9516702

Chapra, S. C., 1977, *Surface water quality modeling*, McGraw-Hill Book Co. Singapore.

Cole, T. M., and Wells, S. A., 2018, *CE-QUAL-W2: A two-dimensional, laterally averaged, hydro-dynamic and water quality model,* version 4.1, Department of Civil and Environmental Engineering, Portland State University, Portland, OR.

Erickson, M. J. and Auer, M. T., 1998, Chemical exchange at the sediment-water interface of Cannonsville Reservoir, *J. Lake and Reservoir Management* 14(2-3), 256-277.

Grochowska, J., 2020, Assessment of water buffer capacity of two morphometrically different, degraded, urban lakes, *Water*, 12, 1512, dos:10.3390/w12051512.

Hiroki, M., Tomioka, N., Murata, T., Imai, A., Jutagate, T., Preecha, C., Avakul, P., Phomikong, P. and Fukushima, M., 2020, Primary production estimated for large lakes and reservoirs in the Mekong River Basin, *Science of the Total Environment*, 747, 141133.

Lam, D. C. L., Schertzer, W. M. and Fraser, A. S., 1984, Modeling the effects of sediment oxygen demand in Lake Erie water quality conditions under the influence of pollution control and weather variations, in Bowie et al., 1985, *Rates, Constants, and Kinetic Formulations in Surface Water Quality Modeling.* U. S. Environmental Protection Agency, ORD, Athens, GA, ERL, EPA/600/3-85/040.

Lee, J-K. and Oh, J-M., 2018, A study on the characteristics of organic matter and nutrients released from sediments into agricultural reservoirs, *Water*, 2018, 10, 980; doi:3390/w10080980.

Likens, G. E. and Butler, T. J., 2021, *Acid Rain*, Encyclopædia Britannica, Inc. https://www.britannica.com/science/acid-rain/Chemistry-of-acid-deposition

Matisoff, G. and Neeson, T. M., 2005, Oxygen concentration and demand in Lake Erie sediments, *J. Great Lakes Res.* 31(Suppler. 2), 284-295.

McGillis, W. R., Edson, J. B., Hare, J. E., Fairall, C. W., 2001, Direct covariance air-sea CO_2 fluxes. *J. Geophys. Res.*, 106(C8), 16729-16745.

Morel, F. M. M. and Hering, J. G., 1993, *Principles and Applications of Aquatic Chemistry*, John Wiley & Sons, Inc.

Nürnberg, G. K., 2002, Quantification of oxygen depletion in lakes and reservoirs with the hypoxic factor, *Lake and Reservoir Management*, 18(4), 299-306.

Peter, S; Agstam, O. and Sobek, S., 2017, Widespread release of dissolved organic carbon from anoxic boreal lake sediments, *Inland Waters*, 7(2) 151-163.

Rippey, B. and McSorley, C., 2009, Oxygen depletion in lake hypolimnia, *Limnology and Oceanography*, 54(3), 905-916.

Schindler, D. W., 1988, Effects of acid rain on freshwater ecosystems, *Science, 239(4836), 149-157.*

Schwarzenbach, R. P., Gschwend, P. M. and Imboden, D. M., 2017, *Environmental Organic Chemistry*, Third edition, John Wiley & Sons, Hoboken, New Jersey, USA.

Serruya, C., 1971, Lake Kinneret: The nutrient chemistry of the sediments, *Limnology and Oceanography*, 16(3) 510-521.

Smith, D. J., 1978, *WQRRS-Generalized computer program for river-reservoir systems*, USACE Hydrologic Engineering Center HEC, Davis, California. User's Manual 401-100, 100A, 210 pp.

Steinsberger, T., Muller, B., Gerber C., Shafei B. and Schmid, M., 2019, Modeling sediment oxygen demand in a highly productive lake under various trophic scenarios. *PLoS ONE* 14(10): e0222318. https://doi.org/10.1371/journal.pone.0222318

Steinsberger, T., Schwefel, R., Wuest, A. and Muller, B., 2020, Hypolimnetic oxygen depletion rates in deep lakes: Effects of trophic state and organic matter accumulation, *Limnol. Oceanogr.* 65, 3128-3138.

Thomann, R. V. and Mueller, J. A., 1987, *Principle of Surface Water Quality Modeling and Control*, Harper & Row, New York.

Tranvik, L. J., Downing, J. A., Cotner, J. B., Loiselle, S. A., Striegl, R. G., Ballatore, T. J., Dillon, P.,

Finlay, K., Fortino, K., Knoll, L. B., Kortelainen, P. L., Tiit Kutser, T., Larsen, S., Laurion, I., Leech, D. M., McCallister, S. L., McKnight, D. M., Melack, J. M., Overholt, E., Porter, J. A., Prairie, Y., Renwick, W. H., Roland, F., Sherman, B. S., Schindler, D.W., Sobek, S., Tremblay, A., Vanni, M. J., Verschoor, A. M., von Wachenfeldt, E., Weyhenmeyer, G. A., 2009, Lakes and reservoirs as regulators of carbon cycling and climate, *Limnol. Ocenaogr.*, 54(6, part 2), 2298-2314.

Wetzel, R. G., 2001, *Limnology, Lake and River Ecosystems*, 3rd de. Academic Press, San Diego.

吳先琪，吳俊宗，張美玲，簡鈺晴，王永昇，徐彥斌，周傳鈴，高麗珠，藍秋月，張晏禎，莊鎮維，周展鵬，陳俊嘉，楊格，柯雅婷，劉枋霖，姚重愷，謝政達，2012，新山水庫藻類優養指標與水庫水質相關性之研究期末報告，台灣自來水公司研究計畫，計畫編碼：100TWC05。

吳俊宗，陳弘成，郭振泰，吳先琪，2006，以生態工法淨化水庫水質控制優養化研究計畫 (2)—以生物鏈方式淨化水庫水質，行政院環境保護署委託，國立臺灣大學執行，EPA-95-U1G1-02-102。

李佳芳，1994，水庫水體中磷濃度的一維模式，國立臺灣大學環境工程學研究所碩士論文，台北，台灣。

楊智閔，2007，水庫底泥磷通量之研究—以新山水庫、石門水庫爲例，國立臺灣大學環境工程學研究所碩士論文，台北，台灣。

駱尚廉，楊萬發，於幼華，曾四恭，郭振泰，張尊國，許銘熙，范正成，吳先琪，吳俊宗，1992，湖泊水庫水質改善及優養化評估方法之建立和調查（第三年），行政院環保署委託，國立臺灣大學環境工程學研究所執行，EPA-81-E3G1-09-05。

駱尚廉，劉聰貴，蔣本基，吳先琪，林正芳，王根樹，林郁眞，童心欣，闕蓓德，黃志彬，林志高，林財富，李志源，林鎮洋，2013，金門水資源與水質改善整合計畫—金門水資源及水質改善計畫（1/3），102年度「國科會災害防救應用科技方案」年度報告。

張敬旺，謝駿，李志斐，余德光，王廣軍，龔望寶，王海英，郁二蒙，2012，家魚池塘底泥耗氧率与理化因子的相關性分析，淡水漁業，3，3-9。

附錄

附錄 6-1　光合作用固定 5 mg L^{-1} 的碳，對水庫水體（總無機碳濃度為 12 mg L^{-1}，pH 為 8）pH 值之影響。（計算方法可參考 Morel and Hering, 1993）

固定碳量的估計

平均單位葉綠素之基礎生產量：5～10 mg C mg chl^{-1} h^{-1}（Hiroki et al., 2020）

優養水質之葉綠素濃度：以新山水庫上層水爲例可達 64 μg L^{-1}（吳先琪，2012）

日照 8 小時之固定碳量：約 5 mg L^{-1}

水中之化學反應

水之解離	$H_2O = H^+ + OH^-$	$K_w = 10^{-14}$ M	（I-6-1-1）
碳酸解離	$H_2CO_3 = HCO_3^- + H^+$	$K_{a1} = 10^{-6.3}$ M	（I-6-1-2）
碳酸氫根解離	$HCO_3^- = CO_3^{2-} + H^+$	$K_{a2} = 10^{-10.3}$ M	（I-6-1-3）
光合作用	$6\,HCO_3^- + 6\,H^+ \rightarrow C_6H_{12}O_6 + 6\,O_2$		（I-6-1-4）

原水庫水之化學成分：

總無機碳　　$C_T = [H_2CO_3] + [HCO_3^-] + [CO_3^{2-}] = 1 \times 10^{-3}$ M

氫離子濃度　　$[H^+] = 10^{-8}$ M

碳酸物種之濃度　　$[H_2CO_3] = C_T/(1 + K_{a1}/[H^+] + / K_{a1} K_{a2}/[H^+]^2)$

$\qquad\qquad\qquad = 1.95 \times 10^{-5}$ M

$\qquad\qquad [HCO_3^-] = C_T/([H^+]/ K_{a1} + 1 + [H^+]/K_{a2})$

$\qquad\qquad\qquad = 9.76 \times 10^{-4}$ M

$\qquad\qquad [CO_3^{2-}] = C_T/([H^+]^2/ K_{a1} K_{a2} + [H^+]/K_{a2} + 1)$

$\qquad\qquad\qquad = 4.89 \times 10^{-6}$ M

鹼度　　$Alk = -[H^+] + [OH^-] + [HCO_3^-] + 2\,[CO_3^{2-}]$

$\qquad\qquad = 9.85 \times 10^{-4}$ eq L^{-1}

光合作用造成之變化

$\Delta C_T = -4.17 \times 10^{-4}$ M

$\Delta Alk = 0$

光合作用後水中化學平衡

$C_T = [H_2CO_3] + [HCO_3^-] + [CO_3^{2-}] = 1 \times 10^{-3} - 4.17 \times 10^{-4} = 5.83 \times 10^{-4}$ M

$Alk = -[H^+] + [OH^-] + [HCO_3^-] + 2\,[CO_3^{2-}] = 9.85 \times 10^{-4}$ eq L^{-1}

忽略 $[H^+]$ 及 $[H_2CO_3]$：

$$[OH^-] + [CO_3^{2-}] = 4.02 \times 10^{-4}$$

或　$10^{-14}/[H^+] + 5.83 \times 10^{-4} \times 10^{-10.3}/([H^+] + 10^{-10.3}) = 4.02 \times 10^{-4}$

解出 $[H^+]$

$$[H^+] = 4.26 \times 10^{-11} \text{ M}$$

$$pH = 10.37$$

附錄 6-2　利用 Nernst Equation 及電子活性評估氧化還原反應是否進行及計算平衡狀態下的濃度

1. 對於一個氧化還原半反應

$$Ox_1 + ne^- = Red_1 \tag{I-6-2-1}$$

其產生之還原電動勢（reduction potential）與反應物活性之關係可以用 Nernst Equation 或電子活性來表示：

$$E_{H1} = E_{H1}^0 - \frac{RT}{nF}\ln Q_1 \tag{I-6-2-2}$$

或

$$pe_1 = pe_1^0 - \frac{1}{n}\log\frac{\{Red\}}{\{Ox\}} \tag{I-6-2-3}$$

其中

E_H：半反應之還原電位（Volt），

E_H^0：半反應在標準狀態下之還原電位（Volt），

R：氣體常數（8.314 J mol^{-1} K^{-1}），

T：絕對溫度（K），

n：轉移電子數，

F：Faraday's constant（9.649×10^4 C mol^{-1}），

e：電子活性（M），

pe：$-\log\{e\} = E_H F/2.3RT$，

pe^0：標準狀態下之 pe，

Q：反應商數（reaction quotient），在此為 {Red}/{Ox}，

{}：表示水中活性（activity）（M）。

2. e 代表電子活性，pe 為 $-\log(e)$，可以看做是半反應中氧化劑的氧化力。pe^0 為半反應在標準狀態（所有濃度皆 = 1 M）的電子活性，pe^0_w 為納入 pH 7 時（$[H^+] = 10^{-7}$ M）氫離

子濃度於 pe^0 中的電子活性（無單位）。

pe 與 E_H 之關係為

$$pe = \frac{F}{2.3RT}E_H \qquad (I\text{-}6\text{-}2\text{-}4)$$

E_H^0 為標準狀態的氧化還原電位（單位 volt）。pe^0 與 E_H^0 的關係為：

$$pe^0 = \frac{F}{2.3RT}E_H^0 = \frac{1}{n}\log K = 16.9E_H^0 \text{ (at 25°C)} \qquad (I\text{-}6\text{-}2\text{-}5)$$

3. 欲知氧化還原反應是否會進行，及平衡時之濃度比，可以用兩個半反應之電子活性 pe 來比較即知。例如在 pH 7 之水中有溶氧分壓為 $10^{-0.7}$ atm（約為 8.04 mg L^{-1} 之溶氧），則氧氣的還原半反應

$$1/4\ O_2(g) + H^+ + e^- = 1/2\ H_2O \qquad pe_1^0 = 20.75 \qquad (I\text{-}6\text{-}2\text{-}6)$$

之 pe_1 值為

$$pe_1 = pe_1^0 - \log\frac{1}{P_{O_2}^{1/4}[H^+]}$$
$$= 13.58$$

E_H 值為

$$E_H = E_H^0 - \frac{2.3RT}{nF}\log\frac{1}{P_{O_2}^{1/4}[H^+]}$$
$$= 1.23\ V - 0.059\ V \times 7.17$$
$$= 0.81\ V$$

此時若有硫化物存在，假設水中 pH 為 7，$[HS^-]$ 為 10^{-4} M，$[SO_4^{2-}]$ 為 10^{-3} M，則 SO_4^{2-} 的還原半反應（或可視為 HS^- 的氧化半反應之逆反應）

$$1/8\ SO_4^{2-} + 9/8\ H^+ + e^- = 1/8\ HS^- + 1/2\ H_2O \quad pe_2^0 = 4.25 \qquad (I\text{-}6\text{-}2\text{-}7)$$

之 pe_2 值為

$$pe_2 = pe_2^0 - \log\frac{[HS^-]^{1/8}}{[SO_4^{2-}]^{1/8}[H^+]^{9/8}} \qquad (I\text{-}6\text{-}2\text{-}8)$$
$$= -3.5$$

由於對於氧氣氧化硫氫根（HS^-）的全反應

$$1/4\ O_2(g) + 1/8\ HS^- = 1/8\ SO_4^{2-} + 1/8\ H^+ \qquad (I\text{-}6\text{-}2\text{-}9)$$

之自由能為

$$\Delta G = 2.3\ nRT(pe_2 - pe_1) = nF(E_{H2} - E_{H1})\ （參見 Morel and Hering, 1993） \qquad (I\text{-}6\text{-}2\text{-}10)$$

故

$$pe_1 - pe_2 = 13.58 - (-3.5) = 17.08 > 0$$

表示自由能爲負值，反應會自發反應。

4. 若在好氧的水域，氧氣供應源源不絕，保持 8.04 mg L^{-1} 之溶氧濃度，則假以時日，硫化物將被耗盡。即

$$pe_2 = pe_2^0 - \log\frac{[HS^-]^{1/8}}{[SO_4^{2-}]^{1/8}[H^+]^{9/8}} \quad （I-6-2-11）$$

$$= 13.58 （被氧化半反應固定住了）$$

可得 $[HS^-] = 3.8 \times 10^{-99}$ M

這表示硫化物完全不存在了，也表示氧化還原反應常常是反應到極致，直到氧化物或還原物有一方耗盡爲止。而殘留的物質就是系統中的氧化還原主控物質，如溶氧在好氧的水體中。

5. 溶氧濃度與氧化還原電位之關係

飽和溶氧濃度與溫度有關（要查表），20°C 時爲 9.1 mg L^{-1}。參見上式，溶氧濃度與氧化還原電位之關係爲：

$$DO(mgL^{-1}) = (9.1 \text{ mg L}^{-1}/0.21 \text{ atm}) \times 10^{4xpH} \times 10^{4x(EH-1.23)/0.059} \quad （I-6-2-12）$$

如果有現場實測 ORP 之值，則式中的 E_H 爲 ORP 加上參考電極之電位差。例如若用普通 Ag/AgCl（1M KCl）參考電極，則

$$Eh = ORP(mV) + 236 \text{ mV} \quad （I-6-2-13）$$

表附錄 6-1-1　氧化還原電位，E_H，與溶氧濃度，DO，之關係

E_H (Volt)	DO (mg L^{-1})
0.8067 (= 806.7 mV)	8.58
0.805	6.58
0.803	4.82
0.8	3.02
0.79	0.63
0.75	0.001 幾乎無氧了
0.7	5.0098E-07
0.6	8.3207E-14

但是，ORP 的測定無法非常精準，且水中有很多雜質及離子干擾。一般來說，ORP 低於 600 mV 應該是沒有氧氣了。

7. 氮、磷、鐵、錳及其他成分
Nitrogen, Phosphorus, Iron, Manganese and Other elements

　　水庫水中氮、磷、鐵、錳、硫化物及其他微量元素的濃度大約都在每公升數個毫克（mg L⁻¹）甚至微克（μg L⁻¹）以下，但是因為都是生物生長所需的要素，或是對生物生長有抑制的作用，也可能嚴重影響水的品質，所以水庫水質管理者，必須有能力掌握及預測這些微量元素在水庫中的分布及變化。

7.1 氮的生化循環

　　氮是生物生長必要的元素。水中的氨（NH_3）、銨鹽（NH_4^+）、亞硝酸鹽（NO_2^-）及硝酸鹽（NO_3^-）等無機性氮，及含氮的有機物可視為生物可利用氮，或籠統稱為總氮（total nitrogen, TN）。藻類及微生物會攝取這些生物可利用性氮，轉換為體內之氨基酸、蛋白質、核酸等含氮有機物而成長。藻類及微生物被消費者食入後，有機氮轉換成消費者的有機氮。由於生物代謝、死亡、排泄及分泌胞外有機物時，會釋放含氮有機物回到水中，經微生物分解後，又成為無機性氮而再度被生物循環利用（見圖 7-1）。

　　水庫水中總氮除了來自集水區的進流河水，及來自空氣及乾濕沉降中之氮氧化物及氨〔全球年均量約為 0.5 至 2 g-N $m^{-2}y^{-1}$（Bobbink, 2010; Ellermann, et al., 2018; Wu et al., 2020）〕之外，最大的來源是水中固氮性生物，如固氮細菌、固氮藻類等，將溶於水中的氮氣（分子式為 N_2）還原轉化成為生物體中的有機氮或氨態氮（氨、銨離子及銨之鹽類之總稱）。總氮除了以氨氣的形態揮發至空氣中，還會在底泥等還原性的環境中，經硝酸鹽及亞硝酸鹽的脫氮作用變成氮氣，而從水庫中被移除（見圖 7-1）。

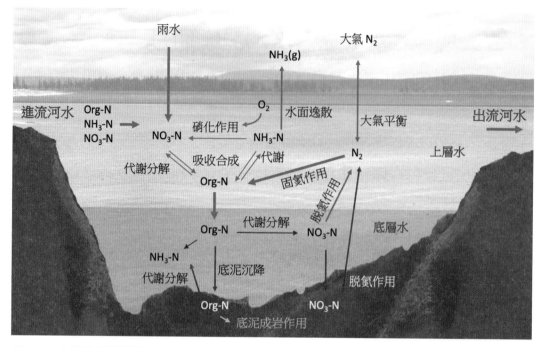

圖 7-1　水庫中氮的循環。圖中符號代表意義如下：Org-N：顆粒性含氮有機物（包含活的生物體、動物屍體、糞便）及溶解性含氮有機物之總稱；NH₃-N：氨及銨鹽；NO₃-N：在此包括硝酸鹽、亞硝酸鹽及氮之氧化物；N₂：大氣中及溶解於水中的氮氣

7.2 藻類與細菌的固氮作用

　　經固氮作用進入水體有效氮庫存的通量有時候是所有入庫氮通量主要部分，最高可達82%（葉琳琳等，2014）。有不少的細菌及藻種，尤其是藍綠菌，在總磷濃度達門檻時，有能力固定水中溶解的氮氣，成為有機氮或其他含氮物，支持藻類在缺氮的環境下生長。

　　從化學反應來看，固氮反應是耗能的還原反應，如下式（Prescott et al., 2005）。

$$N_2 + 8H^+ + 8e^- + 16\,ATP \rightarrow 2NH_3 + H_2 + 16ADP + 16P_i \tag{7-1}$$

其中 e^- 代表一個電子，ATP 是三磷酸腺苷（adenosine triphosphate, ATP），ADP 是二磷酸腺苷（adenosine diphosphate, ADP），P_i 代表一個磷酸。反應需要電子，還需要 ATP，所以固氮性藍綠菌在水中形成優勢，或是說水體中固氮作用量顯著，必須是氮磷比偏低，例如 TN/TP 小於 20，溶解性無機氮濃度要小於 100 mgL^{-1}，以壓抑非固氮藻的生長。此外正磷酸鹽濃度要大於 10 mgL^{-1} 以利藍綠菌生長，以及適當之光照或溶解性有機物提供能量。固氮生物也需要適當微量元素，如鐵及鉬，用以合成固氮酵素（葉琳琳等，2014）。

　　缺氧或厭氧的底層水及水庫底泥中，是細菌性固氮的生長環境，但是若缺少光線，藍

綠菌無法大量生長，就缺少藻類光合性的固氮作用。在光線足夠的上層水，藍綠菌會發展出特別的細胞稱為異形細胞（heterocyst），其中只有光合系統 I（photosystem I），沒有光合系統 II（photosystem II），所以可產生 ATP 但是不產生氧氣，可避免破壞對氧氣非常敏感的固氮酵素（Prescott et al., 2005）。在濕地或淺水塘，底部附著生長的藻類、藻毯或附生的光合細菌，都會利用充足的有機物及足夠的光線，進行代謝及固氮的作用，其對於總氮的貢獻比率不容忽視（Howarth et al., 1988）。

湖泊及水庫中藍綠菌仍然是最主要的固氮者（Howarth et al., 1988）。所以貧養的湖泊的固氮率一般小於 0.0003 g N m^{-2} y^{-1}。但是若湖泊幾乎沒有外來的氮源時，如美國內華達州的鹹水貧養湖 Pyramid Lake，可以有 2 g N m^{-2} y^{-1} 的年均固氮率。中養湖泊的固氮率大約在 0.013 至 0.094 g N m^{-2} y^{-1} 之間；優養湖則可以達到 0.2 至 9.2 g N m^{-2} y^{-1}（Howarth et al., 1988）（表 7-1）。也有研究直接測量 Estonia 的湖及美國的 Lake Erie 中單位體積之固氮率（Tõnno et al., 2005; Tõnno and Nõges, 2003; Howarth et al., 1988），範圍在 5.1×10^{-9} mol L^{-1}h^{-1} 至 8.9×10^{-9} mol L^{-1}h^{-1} 之間（表 7-1）。

固定氮量與總氮的輸入比例最高可達到 82%（Howarth et al., 1988；葉琳琳等，2014））（表 7-1），但是顯著的比例都發生於優養湖泊。對於寡養或中養的湖庫，實際進行水質及優養預測時，大致上可以忽略固氮所輸入的總氮。而對於優養的且適合藍綠菌生長的水質，固氮的比率雖然會很顯著，且此時藻類生長的限制因素就常常不是總氮，而是總磷、光線及溫度等其他因素了。

7.3 水庫中的脫氮作用及蒸發

水中的硝酸鹽（NO_3^-）及亞硝酸鹽（NO_2^-）在無氧的環境下，會被微生物當作有機物代謝的電子接受者，催化還原成為氮氣，其還原半反應式如下。

$$2 NO_3^- + 10 e^- + 12 H^+ \rightarrow N_2 + 6 H_2O \qquad (7\text{-}2)$$
$$及 \quad 2 NO_2^- + 6 e^- + 8 H^+ \rightarrow N_2 + 4 H_2O \qquad (7\text{-}3)$$

脫氮作用需要有適當濃度的有機物做能量來源與電子供給者，也需要異營性微生物才能進行。如果水中有比硝酸鹽更強的電子接受者，例如氧氣存在，會優先與電子反應，而抑制了硝酸鹽與電子的脫氮反應。所以水庫中脫氮作用顯著的環境是水庫缺氧的底層水及水庫底泥層。當然還要有足夠的氮源及氧氣，先將有機氮及氨氮轉化成硝酸鹽。所以可以推論單位體積湖水脫氮速率最高的位置，應該是湖水或底泥—水界面，有氧與無氧的過渡區（transition zone）。

另一能將氮轉變為氮氣的反應是厭氧氨氧化作用（anaerobic ammonium oxidation,

表 7-1 湖庫固氮率及其營養狀態

湖庫種類名稱	營養狀況	優勢藻	固氮率			固氮臨界溫度	固氮臨界 TP 濃度	固氮量占總氮輸入比例	資料來源
			對葉綠素之比固氮率 $m\,g\text{-}N\;m\,g\text{-}Chl\text{-}a^{-1}\,h^{-1}$	溶液中之單位體積速率 $mol\,L^{-1}h^{-1}$	湖庫平面負荷率 $g\,N\,m^{-2}\,y^{-1}$	°C	$\mu g\text{-}P\,L^{-1}$	%	
Brazilian tropical reservoirs	中養	藍綠藻	143×10^{-4} (max)			≥ 22	≥ 20.5		Moutinho et al., 2021
Lake Verevi, Estonia	超優養			8.9×10^{-9} (max)					Tõnno et al., 2005
large shallow Lake Võrtsjärv, Estonia	優養	藍綠藻		7.7×10^{-9} (max)					Tõnno and Nõges, 2003
Lake Erie				5.1×10^{-9} (max)					Howarth et al., 1988
many lakes	貧氧				<0.0003			<1	Howarth et al 1988
many lakes	中養				0.013-0.094			<1	Howarth et al 1988
many lakes	優養				0.20-9.20			6-82	Howarth et al 1988

ANAMMOX），其反應式如下。

$$NH_4^+ + NO_2^- \rightarrow N_2 + 2H_2O \qquad (7\text{-}4)$$

此反應為嗜高溫的自營性微生物催化反應，需要有足夠的氨為基質（電子供給者），及相當量的亞硝酸鹽或硝酸鹽為電子接受者。此種細菌之生長很慢，需要較高的溫度，及較高濃度的氨，所以必須要有足夠有機氮分解產生的氨。但是太高濃度的有機物會使異營微生物大量生長形成優勢，消耗其他的營養鹽及電子接受者，也將硝酸鹽消耗近盡，抑制厭氧氨氧化作用。一般水體中厭氧氨氧化作用貢獻的脫氮比例不高，最大僅有不到 20% 之比率（趙鋒等，2021）。但是在已較穩定的老年底泥中，有機物多已分解，若底泥的擾動很低，銨鹽有相當累積，而底層水沒有厭氧情形下，底泥層因底層水中硝酸鹽的持續擴散補充，可有相當比率之脫氮是由厭氧氨氧化作用貢獻（Crowe, 2017）。

　　不同湖泊水體的單位面積脫氮率變化很大（表 7-2），它包含在深水層中的脫氮及從水體擴散進入底泥中，最後在底泥中的脫氮。大致上隨優養之趨勢上升，最大單位湖面積的年脫氮量可達 41 g-N m^{-2} y^{-1}。從脫氮之反應特性及實際觀察紀錄可知，水體總單位面積脫氮率應該會與與底層水硝酸鹽濃度成正比，也與總氮的負荷量成正比（Müller et al., 2021; Liu et al., 2018）。Müller et al.（2021）所觀察瑞士之一次翻轉優養湖 1986 年至 2019 年總氮去除率與水體總氮負荷，及其與硝酸鹽濃度之關係如下：

$$\text{TN removal rate (g-N } m^{-2} y^{-1}) = 0.63 \times \text{N loading (g-N } m^{-2} y^{-1}) \quad R^2 = 0.77 \qquad (7\text{-}5)$$

$$\text{TN removal rate (g-N } m^{-2} y^{-1}) = 19.4 \times [NO_3^-] \text{ (mg-N } L^{-1}) - 0.6 \quad R^2 = 0.50 \qquad (7\text{-}6)$$

表 7-2　湖庫脫氮率

湖庫種類名稱	營養狀態	脫氮率			占年均總氮負荷 %	參考文獻
		全水域	底層水	底泥		
		g-N m^{-2} y^{-1}	mg L^{-1} d^{-1}	g-N m^{-2} y^{-1}		
Lake Okeechobee, Florida USA, 大型淺水	中養	0.5-1.3		0.24-3.1	9-23	Messer and Brezonik, 1983
Several lakes in Spain, dimictic	寡養	0.37 ± 0.39 (SD) (max at 2.2)				Palacin-Lizarbe et al., 2020
several lakes	寡養 - 中養			0.6 -6.9		Seitzinger, 1988
	中度優養		0.0028-0.027	0.25-3.0	1 - 36	
	優養			5.2-21.0		

湖庫種類名稱	營養狀態	脫氮率			占年均總氮負荷	參考文獻
		全水域	底層水	底泥	%	
		g-N m^{-2} y^{-1}	mg L^{-1} d^{-1}	g-N m^{-2} y^{-1}		
太湖 大型淺水	優養	春（湖區）3.4-17[a] 夏（竺山灣）20[a]，（湖區）3-5[a]				趙鋒等，2021
Lake Baldegg, Swiss, monomictic	優養	20 ± 6.6			66	Müller et al., 2021
Lake Sarnen, Swiss, monomictic	寡養	3.2 ± 4.2			33	Müller et al., 2021
太湖 大型淺水	優養	5.1 (average in spring and summer), 29 (max in June)				Liu et al., 2018

a：該作者在太湖同時測量了脫氮速率及厭氧氨氧化（ANAMMOX）的速率。此數據僅列出脫氮速率。總脫氮速率尚須包括由厭氧氨氧化所貢獻之脫氮速率：春（湖區）0.58 – 4.4，夏（竺山灣）8.2，（湖區）0.65 – 1.46 g-N m^{-2} y^{-1}。厭氧氨氧化約貢獻太湖水域 7%-17% 之總脫氮速率（趙鋒等，2021）。

　　至於水體中單位體積之脫氮速率則與其位置、硝酸鹽濃度、溫度、氧氣濃度皆有關。若假設脫氮速率為硝酸鹽濃度之一階反應，可以在不同狀況下，用不同的一階衰減速率常數，來描述硝酸鹽消失的速率（表 7-3）。表 7-3 之數值除了假設脫氮速率是硝酸鹽的一階反應之外，也顯示底泥中脫氮速率較水體中之脫氮速率高很多，所以底泥去除氮之限制因素是硝化作用所需之氧氣，及底泥與上覆水界面之硝酸鹽擴散速度。實地環境條件影響脫氮速率至鉅，所以運用一階反應係數於水質模擬預測時，尚須以實際數據校正之。

表 7-3　脫氮速率常數之估計值

名稱	單位	脫氮速率常數值	底泥上覆水溶氧條件	溫度條件（℃）	來源
底泥中硝酸鹽移除率（一階速率常數）	d^{-1}	1.8		22	Messer and Brezonik, 1983，實驗室中
水柱中脫氮率／硝酸鹽移除率（一階速率常數）	d^{-1}	0.03	無氧		CE-QUAL-W2 之預設值
硝酸鹽向底泥擴散速度	m d^{-1}	0.001			CE-QUAL-W2 之預設值

名稱	單位	脫氮速率常數值	底泥上覆水溶氧條件	溫度條件（℃）	來源
底泥好氧層中脫氮通量速度	$m\,d^{-1}$	0.01^a	$DO < 2\,mgL^{-1}$		CE-QUAL-W2 之預設值
底泥好氧層中脫氮通量速度	$m\,d^{-1}$	0.05^b	$DO > 2\,mgL^{-1}$		CE-QUAL-W2 之預設值
底泥厭氧層中脫氮通量速度	$m\,d^{-1}$	0.25	無氧		CE-QUAL-W2 之預設值

a. CE-QUAL-W2 設定之預設值，但是實際 INPUT DATA FILE 範例採用了 0.1
b. CE-QUAL-W2 設定之預設值，但是實際 INPUT DATA FILE 採用了 0.25

7.4 硝化作用

　　氨態氮包含氨及銨鹽會在有溶氧的情況下，經硝化細菌氧化成為亞硝酸鹽，繼而最終氧化成硝酸鹽，其反應如下。

$$2\,NH_4^+ + 3\,O_2 \rightarrow 2\,NO_2^- + 4\,H^+ + 2\,H_2O \qquad (7\text{-}7)$$

$$2\,NO_2^- + O_2 \rightarrow 2\,NO_3^- \qquad (7\text{-}8)$$

其中第一個反應是氨氧化反應，由自營性細菌 *Nitrosomonas* sp. 及 *Comammox* sp. 等催化產生亞硝酸鹽。第二個反應是亞硝酸鹽氧化反應，由自營性細菌 *Nitrobacter* sp., *Nitrospira* sp. 及 *Comammox* sp. 等催化產生硝酸鹽。這兩個次第反應都需要氧氣做為電子接受者。

　　由化學反應之原理可知，硝化作用發生在有相當氨氮濃度，又有溶氧存在，但是有機物濃度不太高的環境。有機物濃度高時，大量生長的異營細菌會壓抑自營性的硝化菌。所以水庫中若有密度分層時，密度梯度劇變之處，或是好氧水層與無氧水層交界之處，即是硝化作用率最高之處（Carini and Joye, 2008）。

　　湖庫單位面積的硝化率從 0 至 2 g-N m^{-2} y^{-1} 不等，在優養之湖庫為略高（表 7-4）。氨氮硝化變成硝酸鹽之轉化通量不高，因氨氮主要由底泥中之有機物分解產生，再擴散至好氧之混合層，通量有限，且藻類攝取會與硝化菌競爭氨氮，先一步將氨氮轉變為藻體的蛋白質了。

表 7-4　湖庫硝化速率

湖庫種類名稱	營養狀態	翻轉狀態	硝化率			參考文獻
			全水域	水中	一階反應常數	
			$g\text{-}N\ m^{-2}\ y^{-1}$	$mg\ L^{-1}\ d^{-1}$	d^{-1}	
Lake Superior, USA	貧養			2.5×10^{-4}- 4.8×10^{-4}		Small et al., 2013
Taihu Lake, China	優養		0-0.14 (2.18 in algae-area)			Liu et al., 2018
Mono Lake, California, USA	優養、高鹽、鹼性	鹽度密度分層，一次或不翻轉	0.007-0.027	6.7×10^{-3} (max)		Carini and Joye, 2008
Taihu Lake, China	優養		約 0.08-0.4	0.0028-0.014		Hampel et al., 2018
Grasmerer Lake, UK, in hypolimnion	中養				0.001-0.013	Hall, 1982

7.5 溫度對生化反應的影響

　　本章所介紹的固氮、脫氮及硝化及第 6 章所提到的光合作用及有機物分解等反應，及第 8 章的藻類生長都是由生物催化的化學變化。因此這些生化反應的速率，受到相對應的生物的數量及活性所控制，也連帶地密切受到環境因子所影響，其中包括光線、溶氧、pH、鹽度、溫度、有機物濃度及許多生物生長的營養物質等。生化反應速率與這些環境因子的強度的關係，通常可以從強度不足到適量，到過量而有害，如圖 7-2 所示。

　　以溫度對生化反應（也是生物生長速率）的影響為例，圖 7-2 中速率曲線的 A 點到 B 點的溫度範圍中，反應速率是隨溫度增加而上升。B 點到 C 點的溫度範圍是反應的最適溫度範圍，速率與最大反應速率相差不大。從 C 點到 D 點的溫度範圍，高溫已經對生物活性產生負面影響，以致溫度越高，反應速率越低。至於 A 點及 D 點以外的溫度範圍，生物活性已經很低，生化反應速率已接近零了。

　　許多經驗公式可用來描述生化反應與溫度的關係。

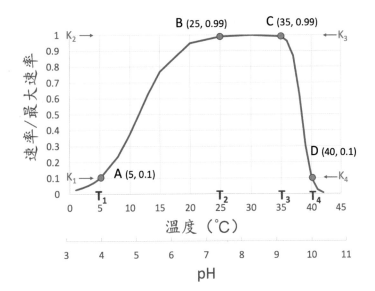

圖 7-2 生物生長及生化反應之速率與溫度及 pH 等環境因子之關係—模擬示意圖。溫度在 T1 以下及 T4 以上，生物生長及生化反應速率都接近零；溫度由 T1 升至 T2 之間，生長及反應速率攀升；溫度在 T2 至 T3 間，生長及反應速率保持在最大速率附近；溫度大於 T3 之後，生物生長及生化反應受到抑制，速率隨溫度上升而下降至速率接近零

7.5.1 溫度係數法

在 A 點到 B 點的溫度範圍，用下列的溫度指數函數可以表示反應速率隨溫度增加，且溫度越高增加越快的現象。

$$k_T = k_{20}\theta^{(T-20)} \tag{7-9}$$

其中

k_T：溫度為 T（℃）時之一階反應速率常數（first-order reaction rate coefficient）或基質飽和之最大速率（maximum rate at substrate saturation），

k_{20}：溫度為 20℃ 時之一階反應速率常數或基質飽和之最大速率，

θ：溫度係數（temperature coefficient），

T：溫度（℃）。

此方法只需要一個溫度係數，θ，的校正值，即可描述許多反應速率與溫度的關係，例如 BOD 的分解、硝化反應、脫氮反應、有機氮與有機磷的分解等（表 7-5）。但是此方法不能描述環境條件已經超過最適範圍，或甚至已抑制及危害到生物及其催化的反應。例如圖 7-2 的 B 點以後的範圍，這個模式是不適用的。

表 7-5 藻類生長與生化反應之溫度函數經驗模式

生化反應名稱	經驗公式及參數值	參考文獻
一、溫度係數指數函數法（Temperature coefficient method） $$k_T = k_{20}\theta^{(T-20)}$$ k_T：溫度為 T（℃）時之一階反應常數 k_{20}：溫度為 20℃ 時之一階反應常數 T：溫度（℃） θ：溫度係數		
	θ	
generic BOD decay	1.01 to 1.03[a]	Cole and Well, 2016
porewater diffusion	1.08[a]	同上
nitrification in diagenesis region	1.123[a]	同上
denitrification and sulfide oxidation in diagenesis region	1.08[a]	同上
denitrification in sediment	1.10 to 1.13	Overbeek, 2011
methane oxidation in diagenesis region	1.079[a]	Cole and Well, 2016
various type of particulate organic carbon, nitrogen and phosphorus	1.1 to 1.17[a]	同上
二、溫度速率乘數法（Temperature rate multiplier method） $$rate_T = \lambda_T \times rate_{maximum}$$ temperature rate multiplier $$\lambda_T = \frac{K_1 e^{\gamma_{ar}(T-T_1)}}{1 + K_1 e^{\gamma_{ar}(T-T_1)} - K_1} \frac{K_4 e^{\gamma_{af}(T_4-T)}}{1 + K_4 e^{\gamma_{af}(T_4-T)} - K_4}$$		Thornton, and Lessem, 1978
specific rate coefficients of rising $\quad \gamma_{ar} = \dfrac{1}{T_2 - T_1} \ln \dfrac{K_2(1-K_1)}{K_1(1-K_2)}$ falling $\quad \gamma_{af} = \dfrac{1}{T_4 - T_3} \ln \dfrac{K_3(1-K_4)}{K_4(1-K_3)}$		
T_1：低溫極限（temperature of lower threshold）（℃）， T_2：最適溫低限（maximum lower）（℃）， T_3：最適溫高限（maximum higher）（℃）， T_4：高溫極限（higher threshold）（℃）， K_1：T_1 下之速率分率（rate-to-maximum-rate ratio）（unitless from 0 to 1）， K_2：T_2 下之速率分率（unitless from 0 to 1）， K_3：T_3 下之速率分率（unitless from 0 to 1）， K_4：T_4 下之速率分率（unitless from 0 to 1）		

生化反應名稱	經驗公式及參數值	參考文獻
	T_1，T_2，T_3，T_4，K_1, K_2, K_3, K_4	
Algal growth	5, 25, 35, 40, 0.1, 0.99, 0.99, 0.1[a]	Cole and Well, 2016
ammonia decay, nitrate decay (denitrification)	5, 25, -, -, 0.1, 0.99, -, -[a]	同上
organic matter decay	4, 25, -, -, 0.1, 0.99, -, -[a]	同上
三、活化能法（Arrhenius Equation） $$\mu_{max} = A e^{\frac{-E}{RT}}$$ 或 $$\mu_{max} = A e^{\frac{-b}{T}}$$ μ_{max}：基質飽和下之最大比生長速度（或一階反應速率常數，k）（d^{-1}）， A：常數（d^{-1}）， E：活化能（$J\,mol^{-1}$）， R：氣體常數（$8.314\,J\,mol^{-1}\,K^{-1}$）， T：絕對溫度（K） b：常數（K）		
	A，E，b	
Maximum specific growth rate of marine and freshwater algae	1.8×10^{10}, -, 6842	Goldman and Carpenter, 1974
底泥中間流（hyporheic zone）呼吸作用（respiration）	-, 60000, -	Zheng et al., 2016
底泥中間流（hyporheic zone）硝化作用	-, 162000, -	同上

註：

a. 參數值爲水質模式 CE-QUAL-W2 中之預設值，未註明用於何種水體，套用於模擬預測時，要再用實測數據校正（Cole and Well, 2016）。部分生化反應速率只適用此模式速率隨溫度上升而上升段，隨溫度上升而下降段沒有模擬參數可用。

7.5.2 溫度速率乘數法（Temperature rate multiplier method）

　　爲了描述過高的溫度反而造成藻類生長速率或生化反應速率的下降甚至完全被抑制，由速率之實測值找出溫度影響生化反應速率的四個強度門檻（如圖 7-2 中的 T_1，T_2，T_3 及 T_4 四個溫度）就可以用下式表示的方法來描述生物生長、捕食及生化反應對溫度或環境因子的感受性（Thornton and Lessem, 1978）。

$$\text{rate}_T = \lambda_T \times \text{rate}_{opt} \tag{7-10}$$

$$\lambda_T = \frac{K_1 e^{\gamma_{ar}(T-T_1)}}{1 + K_1 e^{\gamma_{ar}(T-T_1)} - K_1} \frac{K_4 e^{\gamma_{af}(T_4-T)}}{1 + K_4 e^{\gamma_{af}(T_4-T)} - K_4} \tag{7-11}$$

$$\gamma_{ar} = \frac{1}{T_2 - T_1} \ln \frac{K_2(1-K_1)}{K_1(1-K_2)} \tag{7-12}$$

$$\gamma_{af} = \frac{1}{T_4 - T_3} \ln \frac{K_3(1-K_4)}{K_4(1-K_3)} \tag{7-13}$$

其中

　　rate_T：溫度為 T 時之速率，

　　rate_{opt}：最適溫度下之速率（最高反應速率），

　　λ_T：總溫度速率乘數（temperature rate multiplier），

　　K_1、K_2、K_3、K_4：四個溫度門檻的速率分率〔fraction of rate，速率與最大速率之比值（對一階反應即等於反應速率係數的比值：k/k_{max}）〕，一般常取 0.1，0.99，0.99 及 0.1（無單位）；

　　T_1, T_2, T_3, T_4：四個溫度門檻，分別為低溫極限（lower temperature for algal growth）、最適溫低限（lower temperature for maximum algal growth）、最適溫高限（upper temperature for maximum algal growth）及高溫極限（upper temperature for algal growth）（°C）；

　　γ_{ar}：增溫加速區間之速率係數（rising limb temperature multiplier）（$°C^{-1}$），

　　γ_{af}：增溫減速區間之速率係數（falling limb temperature multiplier）（$°C^{-1}$）。

　　例如藻類在最適溫度範圍的最大比生長速率是 0.3 d^{-1}，在 15°C 時的比生長速率可以從表 7-5 的模式預設值（即 T_1、T_2、T_3、T_4、K_1、K_2、K_3 及 K_4 分別為 5、25、35、40、0.1、0.99、0.99、0.1）得到溫度速率乘數，λ_T，為 0.77，及比生長速率為 0.23 d^{-1}。

　　藻類生長速率受到其他一些環境因子，例如 pH 及光線的影響，也會有類似的最適合、受抑制及致死等的不同範圍（Wetzel, 2001）。因此此溫度速率乘數方法可以運用在其他非生物影響因子（allogenic factors），例如 pH 對藻類生長的模擬。

7.5.3 Arrhenius Equation 法

　　以活化能（activation energy）的概念描述溫度對於化學反應的方法也被用來描述溫度對藻類生長及生化反應的影響，其數學模式如下（Goldman and Carpenter, 1974）。

$$\mu_{max} = A e^{\frac{-E}{RT}} \tag{7-14}$$

其中

　　μ_{max}：基質飽和下之最大比生長速度（若描述生化反應時則是一階反應速率常數，k）

（d^{-1}），

　　A：常數（d^{-1}），

　　E：活化能（$J\,mol^{-1}$），

　　R：氣體常數（$8.314\,J\,mol^{-1}\,K^{-1}$），

　　T：絕對溫度（K）。

　　若活化能在應用的溫度範圍內不變，且生化反應可用一階反應表示，此模式也可以簡化為

$$k_T = Ae^{\frac{-b}{T}} \tag{7-15}$$

其中 k_T 為溫度為 T 時之一階反應係數，A 及 b 皆為常數。

　　當知道活化能時，也可以從已知某溫度下的反應速率，估計另一溫度之反應速率。

$$k(T_1) = k(T_2)e^{-\frac{E}{R}\left(\frac{1}{T_1} - \frac{1}{T_2}\right)} \tag{7-16}$$

　　此方法與溫度係數法相同，不能描述溫度範圍太大或已經超過最適範圍，或甚至已抑制及危害到生物生長的範圍。例如圖 7-2 的 B 點以後的範圍，這個模式是不適用的。

7.6 磷的形態及生化循環

　　淡水水庫中的磷常常是藻類生長的限制營養素，其主要來源是集水區中岩石風化溶出，以及地面逕流帶來的動植物屍體與排泄物。人類的活動增加了水庫中磷的負荷，例如生活廢水中的糞尿及清潔劑裡含磷的添加物，隨著廢水排放而進入河川及水庫。磷在水體中的型態很多，會互相轉換，但是除了隨水流出及永久掩埋入底泥層之外，不會自然分解而消失，所以也容易累積於水庫中（圖 7-3）。

　　水中磷的型態很多，可以根據化學分析的程序將總磷（total phosphorus）依其可否通過 0.45 μm 開孔之濾紙，分為溶解性總磷（dissolved total phosphorus）及懸浮性總磷（suspended total phosphorus）。兩者又都可以根據樣品前處理的方法再細分為反應性磷（reactive phosphorus）（樣品直接呈色反應後用比色法定量所得）、酸水解磷（acid-hydrolyzable phosphorus）（樣品經過酸水解後分析定量所得再減去反應性磷）、總磷（用強酸及氧化劑將水樣消化後分析定量所得）及有機磷（將總磷減去反應性磷及酸水解磷）（APHA, 2017）。

　　磷的型態影響其在水體中的宿命，也對水庫水質造成不同的衝擊。例如懸浮性磷會沉降，從水中被移除，而累積到底泥層。溶解性或懸浮性的反應性磷，是在呈色反應中可以與呈色劑反應的磷，主要是正磷酸鹽（orthophosphate，分子式為 PO_4^{3-}），但是也可能包

括一些小分子不穩定的無機磷及有機磷，及吸附於膠體上之磷酸鹽，一般均視爲容易被植物攝取的磷（Carlson and Simpson, 1996）（圖 7-3）。

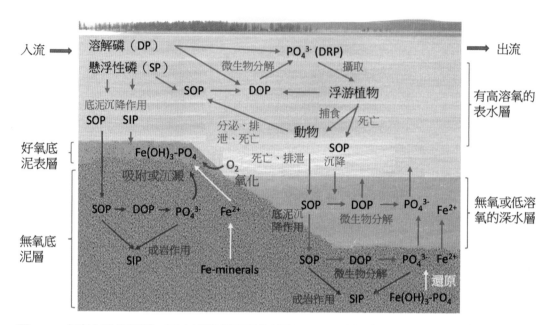

圖 7-3　水庫中磷的循環。圖中符號代表意義如下：DP：溶解磷；SP：懸浮（顆粒性）磷；
　　　　PO_4^{3-}：正磷酸鹽（在此圖中包含所有溶解的反應性磷，DRP）；SOP：懸浮性有機
　　　　磷；SIP：懸浮性無機磷；DOP：溶解性有機磷；Fe^{2+}：亞鐵離子；Fe-minerals：底泥
　　　　中含鐵的礦物；$Fe(OH)_3-PO_4$：亞鐵離子擴散至好氧底泥表層被氧化成爲氫氧化鐵，
　　　　然後吸附磷酸根或形成三價鐵之磷酸鹽沉澱，停留於底泥中

　　溶解性的酸水解磷與有機磷實際包含一些能穿過濾紙的膠體粒子，其成分與濃度比例與過濾所用的濾紙孔隙口徑有關係。溶解性的酸水解磷與有機磷，或沉降至底泥的酸水解磷與有機磷，雖不能立即爲浮游植物所攝取，但是經過一段時間之後，酸水解磷與有機磷則會經過水中微生物的分解而成爲磷酸鹽，再度釋放至水中成爲浮游植物之營養（圖7-3）。

　　以上述化學分析之操作方法來定義，藻類與浮游動物中所含的磷也是屬於懸浮性的磷。表水層中一但有相當濃度的反應性磷，很快就被藻類攝取，形成懸浮性的藻體。藻類又被浮游動物捕食，成爲浮游動物。這些有生命或無生命的懸浮有機顆粒經由代謝、死亡、被動物捕食、動物排泄以及微生物的分解，再度將磷以溶解性有機磷（dissolved organic phosphorus, DOP）、酸水解磷或正磷酸鹽的形式釋出於水中，這四者在水中的轉換非常迅速，一個循環僅數小時。而且懸浮性有機磷的比例占總磷的一半以上，甚至大於

總磷的 95%（Wetzel, 2001）。

在實際評估水庫藻類之生長潛勢或是用水質模式模擬水質變化及藻類生長時，若磷的物種濃度的細節不清楚時，用總磷濃度就可以大致描述藻類可利用的磷了。但是在上游集水區的河水中懸浮泥沙多時，懸浮無機性磷占的比例很高，要歸類爲藻類不可利用的磷，此時不可用總磷代表優養潛勢，或用於判定優養等級。

7.7 入流水的磷負荷

水庫水中磷的來源主要是入流水帶來的磷及底泥釋出的磷。要估計入流水的磷負荷量及其種類，必須要連續監測水流量及水中磷的物種。某一時段磷物種濃度乘上流量，即是該時段的平均負荷率。不同的物種在水中有不同的傳輸方向及轉化速率，從而影響光照層（euphotic zone）中對植物生長有效的磷濃度。

台灣大甲溪上游德基水庫爲一在槽水庫，其集水區內的數條支流七個測站水中長期監測水質的結果，顯示懸浮態有機磷及結合磷平均占 48%，懸浮態反應性磷占 10%，溶解態反應性磷占 4%，溶解態有機磷占 38%。其高於 80% 的有機性磷比例是集水區果園及菜園大量施用之有機堆肥分解及隨土壤流失造成。除了懸浮固體濃度極低的 G-1 武陵橋與 G-1A 七家灣溪（萬壽橋），及 G-3 合歡溪三站之外，總磷濃度與懸浮固體濃度有很強的相關性（表 7-6）。而且除了沿溪遍佈菜園的 G-1B 有勝溪（千祥橋）之外，各溪水之反應性磷濃度很接近，範圍在 2.47 至 4.62 μgL^{-1} 之間。

表 7-6　德基水庫集水區各支流測站長期磷與懸浮固體濃度之關係

測站名	長期平均值			總磷 (y) 與懸浮固體 (x) 線性迴歸		
	總磷 TP($\mu g/L$)	反應性磷 RP($\mu g/L$)	懸浮固體 SS(mg/L)	y = Bx + A	判定係數 R^2	樣本數
G-1 武陵橋	12.5	2.47	2.98	y = 0.212x + 11.79	0.002	90
G-1A 七家灣溪（萬壽橋）	13.7	3.63	2.42	y = 1.13x + 10.37	0.118	73
G-1B 有勝溪（千祥橋）	27.5	12.7	6.90	y = 1.54x + 16.27	0.743	52
G-2 南湖溪	20.1	4.62	9.86	y = 0.786x + 8.93	0.600	91
G-3 合歡溪	25.5	2.61	12.5	y = 0.647x + 16.34	0.111	91
G-4 四季朗	24.7	2.74	20.1	y = 0.980x + 10.24	0.777	90
G-5 松茂	28.4	4.27	17.5	y = 0.650x + 11.48	0.623	92

註：原始資料來源：經濟部水資局，德基水庫集水區水質監測計畫，1983 年 2 月～1998 年 5 月

　　台灣翡翠水庫也是一座在槽水庫，但是集水區管理得較嚴格，河流中懸浮固體濃度不高。長期平均水質顯示懸浮態有機磷及結合磷平均占 23%，懸浮態反應性磷占 42%，溶解態反應性磷占 20%，溶解態有機磷占 15%。反應性磷占 60% 以上，遠大於有機磷，反應出良好的水土保持及嚴格管制的農業行為。所以如前述 G-1 武陵橋與 G-1A 七家灣溪（萬壽橋）之例子，總磷濃度與懸浮固體相關性較低（表 7-7），但是仍可看出各集水區支流水中的反應性磷濃度相當固定，約在 6.41 至 9.29 μgL^{-1} 之間，較德基水庫之反應性磷濃度高一倍多。

表 7-7　翡翠水庫集水區各支流測站長期磷與懸浮固體濃度之關係

測站名	長期平均值			總磷 (y) 與懸浮固體 (x) 線性迴歸		
	總磷 TP (μg/L)	反應性磷 RP (μg/L)	懸浮固體 SS (mg/L)	y = Bx + A	判定係數 R^2	樣本數
北勢溪（坪林）	24.2	9.29	7.97	y = 0.0754x + 1.75	0.171	166
鰱魚崛溪	19.7	8.78	5.05	y = 0.201x + 17.3	0.019	165
金瓜寮溪	20.2	9.10	6.09	y = 0.514x + 16.2	0.083	165
後坑子溪	16.7	6.41	3.73	y = 0.524x + 14.8	0.035	147
火燒樟溪	14.6	6.60	4.30	y = 0.218x + 5.91	0.059	147

註：原始資料來源：台北翡翠水庫管理局，翡翠水庫操作年報，1987~2000 年

　　長期入流磷濃度的監測顯示磷的負荷來源可分為兩方面，其一是經過地表溶出及入滲之土壤中間流溶出的溶解性磷，濃度變動不大；另一是因地面逕流沖刷帶來吸附或包含在泥沙與有機物顆粒中的懸浮性磷，隨時間變動較大。總磷濃度可以用下式來估計。

$$TP = DP + f_p \times SS \tag{7-17}$$

其中

　　TP：集水區河流中總磷濃度（μgL^{-1}），

　　DP：溶解性磷（包含反應性磷、酸水解磷及有機磷）濃度（μgL^{-1}），

　　SS：懸浮固體濃度（mgL^{-1}），也有研究者用濁度來代替懸浮固體濃度（Villa et al., 2019），

　　f$_p$：懸浮固體中之磷含量（千分比）（μg mg^{-1} 或 mg g^{-1}）。

　　由前述兩個水庫的例子可知，若沒有外來的點汙染源，溶解性磷濃度與各集水區的地質、土壤、植被等之性質有關，隨水庫而異，可由長期的水質監測資料得到其值，例如表 7-7 德基水庫總磷與懸浮固體線性迴歸式之截距，其平均值約為 11.5 μgL^{-1}，而翡翠水庫溶

解性磷的濃度約爲 11.2 μgL^{-1}。全球河川平均的反應性磷濃度約爲 10 μgL^{-1}，總溶解磷濃度約爲 25 μgL^{-1}（Wetzel, 2001）。

　　總磷中懸浮性磷的部分，隨懸浮固體濃度變化。其中懸浮固體中磷的含量，以德基水庫主河川匯入點松茂站爲例，1983 至 1988 年 5 年的監測數據得到懸浮固體中磷的平均含量爲 650 μg-P/g SS（R^2 = 0.82），2000 年時仍爲 650μg-P/g-SS（R^2 = 0.62），相當穩定。Savenko（1999）發現世界上重要河川懸浮固體中平均的磷含量是 1000 μg-P/g SS。此值呈對數常態（log-normal）分布，雖隨集水區的土壤、植被等之性質而異，絕大部分落在 250 μg-P/g SS 至 4000 μg-P/g SS 之間，但是在同一集水區卻是相當穩定。

　　以河水總磷濃度乘以河水流量的估計方法，通常因爲採樣頻率捕捉不到暴雨期間的高流量及高總磷濃度組合的高磷通量，所以低估總磷的通量（Villa et al., 2019）。美國 Wisconsin 州 23 個集水區的年總磷輸入量，有 50% 集中於其中 14 天（Danz et al., 2010）。以上述之方法利用連續監測的懸浮固體濃度或濁度估計總磷之輸入量，雖然有些誤差，但是卻可以補救上述低估磷負荷量的缺點。

7.8 有機物與營養鹽的沉降通量

　　除了隨出流水或取水排出之外，以吸附於或包含在懸浮固體顆粒中因重力而沉降到底泥，是水庫中氮、磷、金屬及許多微量元素從水中移除的重要機制。靠近進流口或是沖排率（flushing rate）高的水庫，沉降的顆粒多數是集水區沖刷進入河川，由河川攜入的原生懸浮微粒，其性質與成分已如前節所述。至於停留時間（residence time）較長的庫中央水體，其沉降的顆粒常常都是次生懸浮顆粒，是水體中物質沉澱、絮聚或經由生物活動產生的。

　　直接測水庫營養鹽的沉降通量，是水庫水質模擬預測及水質管理上非常重要參數。實際沉降至底泥的通量，要用沉降物捕集器收集、分析及估算。沉降物捕集器的構造及設置方法見附錄7-1。表7-8列出一些水庫中測量得到的總質量通量及伴隨的一些營養鹽通量。

　　總質量乾重的通量隨水庫不同變化很大。優養及沖排率高的水庫的通量都很大，且呈對數常態分布。總有機碳的通量則從 28.6 至 2470 g m^{-2} y^{-1} 不等，但是約是總質量乾重通量的 0.8 至 9%，平均爲 4%。石門水庫之總有機碳通量只占總沉降通量的 1% 不到，顯示沉降的多爲集水區沖刷而入的原生懸浮微粒較多。

7.8.1 總氮之沉降通量

　　總氮通量之數據較少，是因爲懸浮性總氮占總氮之比例不高，其通量相對於水中總氮

之影響不大，且沉降的顆粒性有機氮分解後，很快又回到水體，不會滯留於底泥太久，永久掩埋的通量也不大。

7.8.2 總磷之沉降通量

總磷的通量爲 0.79 至 64 g m^{-2} y^{-1} 不等，以優養的水庫爲較高，以對數值的平均值換算平均通量爲 8.4 g m^{-2} y^{-1} 左右（表 7-8）。兩座金門水庫、澄清湖與石門水庫都有偏高的總磷通量，但是其原因不同。金門水庫與澄清湖是因爲優養很嚴重，另外也伴隨集水區密集的社區汙水及農田土壤沖蝕之排入，所以有機物及總磷之總通量及占質量通量之比值都高。而石門水庫是集水區森林土壤流失帶來的大量沉降物爲主，總磷通量雖高，但是占質量通量之比值不高。

在穩定的上層水體，生物有效磷很快被生物攝取，而浮游生物及死亡的顆粒又被捕食或微生物分解回到磷的循環，所以沉降的磷顆粒多數是生物的骨骸或是糞便顆粒（fecal pellets）形成的次生顆粒，可以迅速穿過水層到達底泥表面。也可以說，沉降通量與生物活動高低有很密切的關係。Canfield（1979）指出總磷的沉降通量與水中總磷濃度、葉綠素濃度有很好的相關性（R 值分別爲 0.75 及 0.70）。若以葉綠素濃度代表水中的生物的活動量，除了石門水庫之外，表 7-8 中所有水庫的總磷通量（g m^{-2} y^{-1}）與葉綠素濃度（μg L^{-1}）的比值是非常接近的數，平均爲 0.32（範圍 0.19～0.51）（(g m^{-2} y^{-1})/(μg L^{-1})）。

7.9 底泥釋出之通量

沉降於底泥的顆粒帶來豐富的有機物、營養鹽及各種礦物成分，有些在此環境中仍不穩定，會分解、溶解或轉化成更穩定的礦物。一但轉化成溶解狀態，這些物質便會從底泥中又擴散回到水庫水體中。此一釋出的通量是水庫水體營養鹽、有機物、鐵、錳及一些汙染物的重要源（sources），有時候將其此釋出之營養元素通量分類爲內部營養源（internal sources），與河川入流等外部營養源（external sources）區別。

營養釋出量與底泥性質有關，最主要的性質是沉降的有機物中營養鹽的含量，及有機物在底泥中的分解速率，也就是有機物的穩定程度。新鮮、有機質含量高的底泥，有機質迅速分解，將營養鹽釋出。總氮的釋出通量尤其明顯，反應此有機質之新鮮程度與分解速率，例如畜牧業汙染的水庫其磷通量就比生活汙水汙染的水庫的通量大很多（Lee and Oh, 2018）。

表 7-8　水庫營養鹽沉降通量

湖庫種類名稱	營養狀況	收集時間	質量通量 $g\,m^{-2}\,y^{-1}$	總有機碳 TOC 通量[c] $g\,m^{-2}\,y^{-1}$	總磷 TP 通量 $g\,m^{-2}\,y^{-1}$	總氮 TN 通量 $g\,m^{-2}\,y^{-1}$	C：N mol:mol	葉綠素 a 濃度 $\mu g\,L^{-1}$	總磷通量／葉綠素濃度 $g\,m^{-2}\,y^{-1}/(\mu g\,L^{-1})$	資料來源
Lake Baldegg, Switzerland	優養		1895	73.9	-	14	5.9±1.7			Müller et al., 2021
Lake Samen, Switzerland	貧養	April-October		28.6	-	4.1	8.5±2.4			Müller et al., 2021
新山水庫，台灣	優養	winter	4562	138	5.5			10.8[d]	0.51	楊智閎，2007
石門水庫，台灣	優養	winter	44895	359	22			6.7	3.3	楊智閎，2007
德基水庫（28及39斷面平均），台灣	優養	winter of 1990	7220	125	3.2			14.6（9月）	0.22	駱尚廉等，1992
澄清湖，台灣	超優養	winter of 1990	8500	450	10			39.7（年平均）	0.25	駱尚廉等，1992
澄清湖，台灣	超優養	spring to summer of 1990	13900	1240	10			39.7（年平均）	0.25	駱尚廉等，1992
翡翠水庫（大壩），台灣，上層（深度10m）	貧養	March to June of 1994	770		0.79			5（三年平均）	0.19	李佳芳，1994
同上，中層（深度40m）	同上	同上	870		0.66					李佳芳，1994
同上，下層（深度85m）	同上	同上	1790	1800	1.33					李佳芳，1994
金門金沙水庫	超優養	March to September 2014	8900	560	24			97[d]	0.50	吳健彰，2015
金門榮湖水庫	超優養	March 2014 to March 2015	7300	420	64			129[d]	0.25	吳健彰，2015
15 lakes in the world and in Iowa State, USA			3400[a] (77~74000)		4.6[a] (0.135~79.6)			13.4[a] (0.9~81.3)	0.40[b] (0.15~1.16)[b]	Canfield, 1979

註：
a. 通量的平均值，是取對數值之平均而來。平均值為 $10^{\Sigma \log(flux)/n}$。
b. 總磷沉降率與葉綠素濃度比值之平均值是從 13 組數據的線性關係中排除兩組異常值所得。13 組數據的線性關係是 TP sedimentation rate vs Chl a concentration: $y = 0.3341\,x + 0.9869$ with $R^2 = 0.9259$.
c. 若測值為總有機物，則估計計算總有機碳含量為 0.5 x 總有機物含量。
d. 資料來源：行政院環保署，全國環境水質監測資訊網（2020）。數據為採樣期間之平均值

7.9.1 含氮營養鹽的釋出

由於含氮的物質，例如含氮的有機物或吸附銨鹽的礦物顆粒，很容易分解脫附成氨、銨鹽或硝酸鹽，然後從底泥孔隙中擴散至到底泥的上覆水層中。所以氮的釋出量應該略等於單位面積底泥有機物之分解速率乘上有機物之氮含量。如果不計氮在底泥中的短暫停留時間，氮的釋出通量，應該接近氮的沉降通量，只是將分布在整個水層中的氮匯（sink），轉變成集中於底泥表層的氮源。因此亞熱帶分層水庫的氨氮及硝酸鹽濃度均呈現表水層低而深水層高的情形，顯示底泥為一重要之源（source），尤其是硝酸鹽濃度至為明顯（圖 7-4）。表 7-9 中列出一些總氮與氨態氮之釋出通量。硝酸鹽的釋出通量在有氧情況下會比厭氧情況下高，但是氨氮則是在厭氧情況下較高（Lee and Oh, 2018）。

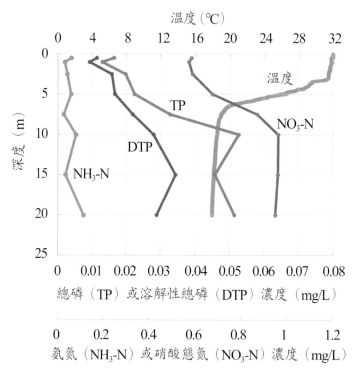

圖 7-4 新山水庫 2016 年 6 月 26 日總磷（TP）濃度、溶解性總磷（DTP）濃度、氨氮（NH₃-N）、硝酸態氮（NO₃-N）及溫度隨深度之變化。總磷及硝酸鹽濃度之梯度顯示有磷源及氮源在水庫底層

7.9.2 磷之釋出通量

含磷的有機物質或礦物與含氮物質相同，會分解脫附成溶解性無機磷、溶解性有機性

磷、正磷酸鹽，然後從底泥孔隙中擴散至到底泥的上覆水層中（圖 7-4）。底泥總磷的釋出量隨不同水庫的狀況而有很大差異。受汙染及優養化水庫底泥的磷釋出通量很大，以台灣地區來看，超優養的澄清湖的磷釋出通量可以到 19.4 mg m^{-2} d^{-1}，而貧養的翡翠水庫同樣在無氧狀態下只有 1.9 mg m^{-2} d^{-1}。韓國受畜牧廢水汙染的水庫之磷釋出通量甚至可達到 42.4 mg m^{-2} d^{-1}（表 7-9）。

　　磷釋出占水庫總磷收支總量之比例，可以達到 68%（Macbeth et al., 2018）。陳怡靜（2004）以實測配合模式估算得翡翠水庫總磷釋出量爲總磷收支總量之 50%。可見磷內部來源之重要。

　　磷的釋出通量受到水庫水文水質的影響。影響最大的水質條件是底泥上覆水層中有無溶氧。例如新山水庫在有氧情況下只有 0.1 mg m^{-2} d^{-1}，而在無氧情況下可達到 3.6 mg m^{-2} d^{-1}。其他水庫也呈現類似之情況，其磷通量在上覆水無溶氧之情況，比有溶氧之情況大約都大十倍以上（表 7-9）。

　　許多研究指出：底泥磷釋出量與鐵的釋出量同步（Fillos and Swanson, 1975；陳世裕，1990），其釋出受到鐵溶解的影響，而鐵的溶解又受到溶氧濃度及氧化還原電位之影響。底泥中磷釋出的動態，可以用圖 7-5 之底泥磷模式來解釋。底泥的最上層是具生物活性底泥層（biologically active zone），厚度約 20 cm 至 40 cm 不等，視底泥沉積率、底棲生物種類與密度及水流狀態而異。此底泥層仍有可分解之有機物及生物作用。生物以有機物爲基質，以溶氧、次之硝酸鹽、再次之硫酸鹽及三價鐵離子或氫氧化鐵爲電子接受者，逐漸將底泥穩定化。其反應如第 6 章 6.7.2. 節表 6-5 所列述。

　　當底泥上覆水層中沒有溶氧時，活性底泥層都是無氧狀態，有機物分解及還原反應之產物如氨氮、溶解性磷、磷酸鹽、亞鐵離子、硫化物，甚至甲烷與氮氣就經由底泥孔隙，從底泥表面擴散釋出至水層中（見圖 7-5）。

　　表 7-9 中無氧環境下總磷的釋出通量與有機質含量與底泥總磷含量的乘積有不錯的相關性，見下式。

TP 釋出率（無氧）(mg m^{-2} d^{-1})

= 2.85× 底泥有機碳含量 (%)× 底泥總磷含量 (mg g^{-1}) + 6.68　　R^2 = 0.90　　(7-18)

此顯著的線性相關性，顯示總磷的釋出與有機物分解速率相當。有機物分解時，同時將有機物中的磷釋放出來了。所以可以參考圖 6-3 所示之有機物轉換模式來模擬有機磷之分解及釋出速率。

7.9.3 底泥表面上覆水層中溶氧濃度對磷釋出通量之影響

　　當底泥上覆水層中有溶氧時，活性底泥層與水接觸的界面有一厚度僅 0.2 至 5 cm 的氧化層（Wetzel, 2001; Di Toro, 2001）。在此層中，底部往上擴散之還原性物質被氧化，其中影響磷釋出的是亞鐵被氧化產生的鐵離子及無定形氫氧化鐵（amorphous ferric hydroxide）。正磷酸鹽會與鐵化合物形成溶解度很低的磷酸鐵，或吸附在氫氧化鐵之顆粒上，於是沉積於此一氧化層中不進入水體了。此薄薄的氧化層如同無機磷的柵欄，將磷的釋出通量降低到甚至偵測不到。

　　研究指出能阻止磷釋出之溶氧濃度門檻值是 1.5 mg L^{-1}（Osaka, 2021），或是 0.7 mg L^{-1}（Thomann and Mueller, 1987 in Cole and Wells, 2018）。也有研究用生物好氧反應時之半飽和溶氧濃度，K_{SO}，為從厭氧生物反應漸變至好氧生物反應之分界濃度（參見 6.7.4 節）。K_{SO} 為 1.4 mg L^{-1} (Lam et al., 1984 in Bowie et al., 1985)、0.7 mg L^{-1} (Thomann and Mueller, 1987) 及 0.1 mg L^{-1}（default number in Cole, and Wells, 2018）不等。

　　當底泥上覆水層中沒有溶氧時，底泥表層的氧化層很快就消失了，而磷的通量就回復到如上一小節所述的偏高情況。在亞熱帶一次翻轉的水庫，例如台灣新山水庫及翡翠水庫中，從多天不分層的情況，到四月開始有溫度分層，底層溶氧降低，使得底泥上覆水層沒有溶氧，累積在底泥中的磷就大量釋出。但是由於斜溫層的阻隔，釋出的磷仍然儲存在深水層中，以致表水層有時候反而是缺磷的，甚至造成夏季的貧養現象。到了十月底氣溫下降，水庫水層翻轉，使底泥上覆水層恢復有氧狀態，磷的釋出就被截斷了。但是儲存在底層水中的磷得以翻轉及混合進入整個水層，使水庫維持高的磷濃度，一直到三、四月溫度上升及日照增強時，刺激藻類大量生長，形成四月底的嚴重優養情況。

　　此一隨季節變化的底泥磷通量之開關機制，及深水層高濃度的磷，形成亞熱帶水庫強大的內部營養源，甚至使得汙染並不嚴重之水庫，例如台灣的翡翠水庫，也都會產生優養現象。

7.9.4 富含鈣之底泥之磷釋出通量

　　表 7-9 所舉例之水庫中，有二水庫無氧狀況之磷釋出量與有氧情況無異，均非常低。其一是台灣之石門水庫，另一是以色列之 Lake Kinneret。兩個水庫之特色是底泥之碳酸鈣含量很高。石門水庫底泥之平均含鈣量為 4.3 mg g^{-1}，比新山水庫之底泥平均含鈣量 0.15 mg g^{-1} 大了 30 倍。Lake Kinneret 底泥中鈣含量達到 48～216 mg g^{-1}，底泥孔隙水中碳酸鈣釋出之鈣離子，與磷酸鹽形成磷酸一氫鈣沉澱使磷酸鹽被固定，縱使在無氧環境下也不會移動釋出。

表 7-9 一些水庫中底泥有機碳、總氮、氨氮及總磷之釋出通量 (mg m^{-2} d^{-1})

水庫名稱	水庫狀態	表層底泥有機碳 (%)	底泥總磷 (mg g^{-1})	有機碳 好氧	有機碳 無氧	總氮 好氧	總氮 無氧	氨氮 無氧	總磷 好氧	總磷 無氧	總磷 % of total TP budget	文獻
Reservoir Y, South Korea	畜牧廢汙汙染	6.7	1.72	14.1	130	82.7	301.2	51.1	-7.5	42.4	33.8	Lee and Oh, 2018
Reservoir G, South Korea	畜牧廢汙汙染	6.4	1.68	10.9	72.2	5.7	164.8	38.6	-7.8	33	45.2	Lee and Oh, 2018
Reservoir I, South Korea	家庭汙水汙染	3.1	1.74	-12.3	50.8	-75.9	4	43.8	-6.4	22.5	48.1	Lee and Oh, 2018
Reservoir E, South Korea	家庭汙水汙染	2.7	1.12	-51.9	7.58	-46.1	5.4	30.9	-14.6	15	24.9	Lee and Oh, 2018
Cannonsville Reservoir, New York State, USA	優養							31.8±7.2	ND	12.9±2.2		Erickson and Auer, 1998
3 stormwater ponds in Eagan, Minnesota USA			0.4~0.6[a]						ND~0.6	4.9~5.2		Macbeth et al., 2018
Lakes in Eagan, Minnesota USA			0.2~1.8[a]						<0.5	0.4~9.5	6~68	Macbeth et al., 2018
新山水庫，台灣	優養		1.5						0.1	3.57		楊智閎，2007
石門水庫，台灣	優養，含高鈣底泥		0.49						0.13	0.1		楊智閎，2007
澄清湖，台灣	超優養	6	0.7							19.4		陳世裕，1990
翡翠水庫，台灣	貧氧		0.5						0.13[b]	1.9[c]	50	陳怡靜，2004
蘭潭水庫，台灣	優養								0.18	2		曾四恭、吳先琪，1995

水庫名稱	水庫狀態	表層底泥有機碳 (%)	底泥總磷 ($mg\ g^{-1}$)	釋出通量 ($mg\ m^{-2}\ d^{-1}$) 有機碳 好氧	有機碳 無氧	總氮 好氧	總氮 無氧	氨氮 無氧	總磷 好氧	總磷 無氧	% of total TP budget	文獻
金沙水庫，台灣	優養	3.1	1.14	0.017	0.15				2.86	23.3		林其鋒，2014
翠湖水庫，台灣	優養	1.5	0.29	0.012	0.09				1.08	3.62		林其鋒，2014
Onondaga Lake,	超優養									13		Penn, 1994
MacRitchie, Singapore 熱帶水庫									0.27	2.11		Appan et al., 1996
Kranji, Singapore 熱帶水庫									5.26	10.25		Appan et al., 1996
Lake Warner, Massachusetts, USA	優養	6.7	1.1		180[f]			120[e]	1.2[d]	26[d]		Fillos and Swanson, 1975
Lake Kinneret, Isreal	含高鈣底泥[g]	4~4.8	1~4.5					25		0.8		Serruya 1971; Serruya et al., 1974
Lake Biwa, Japan		3.0[h]							-0.3~0.6	1.74~2.59		Osaka, 2021

註：

a：移動性磷包括微微吸附的、吸附在鐵上的及容易分解的磷。移動性磷濃度大於 0.2 $mg\ g^{-1}$ 乾重比時通常有較高的底泥釋出率。

b：由水庫實地底層水中濃度累積變化估算，期間溶氧層濃度為 0.2 至 1.49 $mg\ L^{-1}$；

c：實驗室營柱不擾動底泥。

d：釋出為正磷酸鹽。有底棲生物存在。

e：釋出為氨態氮，有氧與無氧差別。

f：平均值，無分有氧或無氧；Oxygen demand = 0.072 $g\ hr^{-1}\ m^{-2}$。

g：Lake Kinneret 底泥鈣含量達 4.8~21.6%（Serruya, 1971），

h：TOC 數據來源為 Ishiwatari et al. (2009)。

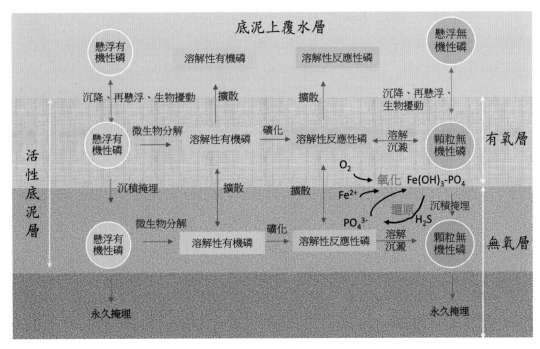

圖 7-5 磷在底泥及上覆水層中的宿命模式

7.9.5 生物擾動對磷釋出通量的影響

　　生物擾動（bioturbation）是水體底棲生物（benthic organisms 或 benthos）的生長與活動造成底泥的擾動與混合，包括在底泥表面耕犁（plowing）、鑽孔道（burrowing）、吞食及排泄底泥顆粒、加速孔隙水與底泥上覆水之交換等。這些活動無疑都會造成底泥顆粒及孔隙水的位移及混合，連帶使得底泥表層的混合及物質的擴散速率增加；加上底棲生物會加速底泥有機物的分解，減少永久性的沉埋比例，均使得底泥中的汙染物或營養鹽釋出率增加（覃雪波等，2014）。Li 等人（2021）的研究指出：北美五大湖中的貽貝類，包括斑馬貽貝及誇加貽貝（dreissenids including zebra and quagga）的底棲活動，貢獻五大湖水中極大比例的營養鹽來源。

　　由於底棲生物對底泥所做的改變隨著該生物之數量、類別、食性、運動方式等而有極大之不同，且物理化學變化與生態變化交互影響，所以要定量，甚至僅僅定性描述底棲活動對營養鹽，例如磷釋出通量的影響仍有困難，須要更多之研究（Wetzel, 2001）。例如呈無氧狀態的底泥表層，會因生物擾動而使溶氧濃度增加，如此不一定會使底泥中的磷釋出，反而可能會使底泥或水體中的溶解性磷，形成不溶性的磷酸鐵鹽而沉積，阻止磷的釋出。

　　其實質量傳輸是控制水庫環境中許多化學及生物反應的方向及速率，所以可以先將生物擾動的影響，著重於其對底泥表層鄰近的孔隙水及固體底泥顆粒所增加的混合，並用一生物擾動擴散係數，D_b，來量化其增加的通量（Schink and Guinasso, 1978; Wu, 1986; Majdi et al., 2014）。如果同時考慮擴散型的生物擾動（例如螺貝類在底泥表面耕犁）及輸送帶型的生物擾動（例如底泥表面頭下尾上的紅蟲（*Tubifex tubifex*）將 1、2 cm 深處的底泥吞進體內，然後從尾部肛門排到底泥表面），則底泥中某一營養鹽濃度的變化，可以用下式表示（Wu, 1986）：

$$\frac{\partial S_b}{\partial t} + \frac{\partial w(z)S_b}{\partial z} = \frac{\partial}{\partial z}D_b\frac{\partial S_b}{\partial z} + f(z)S_b \tag{7-19}$$

其中

　　S_b：單位體積底泥中營養鹽或某汙染物質之總濃度（包括吸附於固體相、水相及吸附於水中微細膠體相）（$mg\ L^{-1}$），

　　t：時間（d），

　　z：深度座標（m），

　　w(z)：在深度為 z 處，因底泥沉埋或生物輸送型搬運底泥所造成之底泥垂直運動速度（$m\ d^{-1}$），可以用下式估計

$$w(z) = n_b \times r_w \tag{7-20}$$

　　n_b：單位面積之底棲生物數目（m^{-2}），

　　r_w：單隻底棲生物之搬運率（reworking rate）（$m^3\ d^{-1}$）（可參考文獻如 Patel et al. (2009)），

　　D_b：紊流型生物擾動擴散係數（$m^2\ d^{-1}$）（可參考文獻值或用下式估計），

$$D_b = r_w \times L \tag{7-21}$$

　　L：底棲生物之耕犁深度（m），

　　f(z)：在深度為 z 處底棲生物吞入或排泄造成之物質匯率（rate of sink）或源率（rate of source）（d^{-1}），等於 $dw_r(z)/dz$，

　　$w_r(z)$：在 z 深度處單位面積生物吞服或排泄之底泥體積（$m\ d^{-1}$）。

　　以此方法在適當之邊界條件設定下，便可預測各種水質成分，例如溶氧擴散進入底泥之通量及濃度。若配合有機物等各成分之反應及濃度，即可預測營養鹽釋出底泥之通量了。

7.10 密度分層水庫中磷的分布與通量

在密度分層的水庫中，總磷濃度的分布與硝酸鹽濃度的分布很類似，也呈現底層水高而表層水低的現象，且濃度梯度更大（見圖 7-4 新山水庫之例子）。無庸置疑底泥是磷的重要來源，而且在春夏水庫分層之季節，進流水溫常常比表層水低，也使得含高營養鹽濃度的河水進入到底層水，加劇形成總磷濃度垂直的梯度。

由圖 7-4 也可以看出總磷在表層水，尤其是 0.5 至 2 m 的水層間，有非常低的濃度，顯示極強的匯出，應是導因於浮游植物攝取及生物產生的次生顆粒快速沉降離開表層水所致（參見 7.8 節）。此清除（scavenging）作用是湖泊表水層特殊的自淨作用，抑制了藻類無限制的生長，甚至在藻類最適合生長的夏季，表水層出現透明度極高的貧養水質，一直持續到水庫翻轉。不擾動分層狀態，維持表水層正常的自淨作用，是使水庫至少表水層水質良好的一個策略。

7.11 藻類生長的限制營養素

在淡水湖泊及水庫中，氮是藻類需求量大，水中濃度又有限，容易成爲藻類生長限制因子的營養素之一。若無其他限制生長的因子，藻類數量會持續成長到水中氮濃度低於藻類能攝取的臨界點才停在一個穩定狀態。若是藻類增長過程中，水中另一個營養素，例如磷的濃度先下降到攝取臨界點，則磷的濃度控制了穩態的藻類濃度，水中會剩餘相當的氮濃度。

如果可以判定何者爲藻類生長之限制因素，則可以比較有效地，控制該限制性營養素而控制藻類生長。湖沼學者曾利用以下一些方法來判定那一個營養素爲限制營養素：

7.11.1 以藻體元素含量比值及水體之 N：P 來判定限制營養鹽

海洋藻體的氮磷 mole 數比是相當固定的 16：1，與海水之氮磷濃度比接近（Redfield, 1934），後來研究者稱此比值爲 Redfield ratio。淡水湖泊水庫的氮磷比，隨水庫營養程度、水力停留時間、氣候等條件，變化較大。Hecky 等（1993）在加拿大 9 個湖的研究發現浮游生物體的氮磷 mole 數含量比爲 27 至 48，平均爲 34。They（2017）在巴西乾燥地區的 15 個湖庫中，得到平均 59 的比值。

若水體水中的總氮磷比大於藻類的平均氮磷比，表示對於藻類生長，磷是相對缺少的，是限制營養因子。如果氮磷比小於藻類氮磷比之平均值，即表示氮是相對缺少的，是限制因子。Hecky 等（1993）認爲 mole 數 N：P 大於 22，磷是限制因子。許皓婷（2006）研究台灣石門水庫，以水中 N：P mole 數大於 35，判定磷是限制因子，水中 N：P 小於

22，判定氮是限制因子。養殖業者認為根據 N/P 的不同，藻類生長的限制條件不同，生物量的增長模型也不一樣，將比值分為氮限制（小於 22），穩定（22～89），磷限制（大於 89）三個區間。Florida LAKEWATCH（2020）也提出氮限制（mole 數比小於 22），磷限制（mole 數比大於 38）的建議值。

7.11.2 提高營養鹽濃度增強藻類生長來判定限制營養鹽

將氮鹽加入水庫中，若水庫藻類隨著加入量而有明顯的對應增長，但是加入磷鹽則沒有顯著增長，可以推論此水庫之限制營養鹽是氮鹽。反之，若加入磷鹽可以刺激藻類生長，則水庫中磷應該是藻類生長限制因子。此方法曾於河口水體中，用來決定氮或磷是藻類生長的限制因子（Lin and Schelske, 1979; Neill, 2005）。

7.12 台灣地區水庫的限制營養鹽

磷是台灣地區水庫的主要限制營養鹽（吳富春及沈易徵，1998），也是一般淡水湖庫的典型現象。許皓婷（2006）比較 2004 年至 2005 年每一季石門水庫（一個在槽水庫）中的 N：P，發現八次調查中有六次 N：P 大於 35，故磷是限制因子；僅 2005 年夏天那一次，N：P 是 11，氮是限制因子；有一次 2005 年冬天，N：P 是 32，介於模糊的範圍。吳等人（2010 及未發表資料）連續調查台灣 9 個水庫每月的水質，其水庫 N：P 之情形如表 7-10。

表 7-10　台灣九個水庫 2009 年至 2012 年間平均優養狀態與氮磷比之關係

	優養狀態分類	平均 N：P	氮限制之月份比例 % of N：P < 22	磷限制之月份比例 % of N：P > 35
寶山	優養	39.3	50	45
寶山二	優養	24.8	83	8
永和山	中養	72.5	0	100
鯉魚潭	優養	58.0	4	52
日月潭水庫	中養	66.8	0	100
烏山頭水庫	中養 / 優養	40.2	18	73
仁義潭	中養	71.4	0	91
南化水庫	中養 / 優養	28.5	45	45
澄清湖水庫	超優養	50.3	45	27

註：
1.「平均 N：P」是連續兩年每個月一次 TN 與 TP 測值之比值的 24 個月的平均值
2. 優養狀態是以 Carlson's Trophic State Index（參見第 12 章）為基準判定的。

　　涵蓋中養至超優養的 9 座台灣亞熱帶水庫中，藻類生長多半都是 N：P 大於 35，被磷所限制。N：P 小於 22 的情形僅發生於優養及超優養的水庫，例如寶山水庫、寶山二水庫及澄清湖，且總磷濃度都是 100 µgL^{-1} 左右。此時未必氮是藻類生長的限制因子，其他的物理性因子如水的透明度，或其他生長要素如碳酸鹽類、微量金屬等也許才是限制因子。優養不嚴重的日月潭、永和山水庫及仁義潭水庫幾乎百分之百是受總磷濃度所限制。這總磷限制藻類生長的現象，讓水庫管理者可以專注控制水庫的總磷濃度，來減輕優養現象，而不至於削減氮濃度，卻得不到控制藻類生長的效果。

7.13　氮磷比與優勢藻種

　　氮磷比影響優勢藻的種類，例如在低 N：P 的水質，藍綠菌易成為優勢藻，但是氮磷濃度皆很高的環境，此現象較不明顯（許海等，2011）。這現象與藍綠菌具有較低的氮攝取率的半飽和係數（即對於低濃度的氮，仍有高攝取率），及很多藍綠菌具有固氮能力有關。

7.14　鐵與錳

　　水中的鐵與錳濃度不會太高，對人體的毒性不高，造成用水者中毒之事件鮮有所聞，而且兩者還是水生生物生長所需的微量元素。但是飲用水源水中鐵或錳的濃度過高時，會造成沉澱、紅色或黃色等顏色及口感變差等適飲性的問題。環保署所定的飲用水標準規定鐵及錳的容許上限分別是 0.3 及 0.05 mg L^{-1}。以地面水為水源之水庫，例如翡翠水庫，很少有鐵及錳過高的顧慮。2011 年至 2020 年間，翡翠水庫放水口總鐵濃度只有兩次超過超過 0.3 mg L^{-1}，分別是 2012 年 11 月的 0.6 mg L^{-1} 及 2015 年 11 月的 2.2 mg L^{-1}；總錳濃度只有 2014 年 8 月一次超過 0.1 mgL^{-1} 達到 0.8 mg L^{-1}（政府資料開放平臺，2022）。

7.14.1 鐵與錳在水中的循環

　　在溶氧充足的水域，鐵與錳的穩定狀態是正三價及正四價，且以溶解度極低的氧化鐵（ferric oxide, Fe_2O_3）、氫氧化鐵（ferric hydroxide, $Fe(OH)_3$）及二氧化錳（manganese dioxide, MnO_2）等固體型態存在，逐漸以沉降方式離開水體，累積在底泥。

　　若無強大的水流作用，這些含鐵與錳的氧化物質，不會再回到表層水。但是當底層水是無氧狀態，底泥中的氧化鐵、氫氧化鐵及二氧化錳被還原成為亞鐵離子（Fe^{2+}），錳離子（Mn^{2+}）及彼之溶解性化合物，再度擴散回到底層水中（見圖 7-6）。一旦這些還原

性鐵及錳擴散進入表水層時，會被氧化成為氧化物懸浮固體，又再度沉降回到底泥。在水體分層的水庫中，表水層的鐵及錳的濃度都很低，但是深水層中此二成分的濃度就相當高了。表 7-11 為翡翠水庫從 1989 年至 2012 年上中下各水層中鐵與錳濃度的總平均濃度及分佈。水庫表水層中錳的濃度平均為 0.02 mgL^{-1}，從未超過 0.22 mgL^{-1}，但是深水層之最大濃度曾到達 11.0 mgL^{-1}，平均也有 1.14 mgL^{-1}，超過飲用水的標準了。

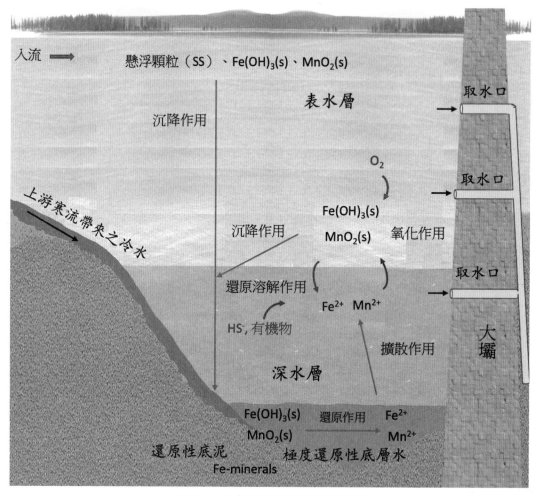

圖 7-6　水庫水體中鐵與錳的循環

表 7-11　翡翠水庫從 1989 年至 2012 年上中下各水層中鐵與錳濃度的總平均濃度及分布

水層	大約採樣深度 (m)	鐵				錳			
		總平均 (mg/L)	標準差 (mg/L)	最大值 (mg/L)	樣本數	總平均 (mg/L)	標準差 (mg/L)	最大值 (mg/L)	樣本數
上層水	0.5～1	0.11	0.28	2.84	166	0.02	0.04	0.22	61
中層水	45～55	0.27	0.91	10.1	166	0.04	0.05	0.26	89
下層水	70～100	0.54	1.12	12.3	168	1.14	1.83	11.0	144

7.14.2 寒流帶來的自來水錳汙染事件

　　翡翠水庫大壩附近水域之最大深度可達 100 m，冬天如果沒有長時間寒流過境，水層翻轉的力道達不到 100 m，所以翡翠水庫大壩附近水域深度在 80 m 以下的水域，常常在冬季也沒有翻轉。所以這一區域之底層水會因為混合差、極度缺氧而含有較高濃度的溶解性鐵與錳（圖 7-7）。但是因為平時取水供發電的取水口有三個，分別約為海平面以上 148 m，128 m 及 108 m，深度視水面高度，約為 10 m，30 m 及 50 m 左右（見圖 7-6），取水深度未到達鐵及錳含量高的極度缺氧的底層水，所以後續供給自來水廠處理後，配送到自來水供水系統，幾乎未發生過鐵錳超過飲用水標準的情形。

　　但是在特殊的氣象、水文及水質條件下，翡翠水庫在 2021 年 1 月發現取水口錳濃度達到 0.655 mg L^{-1} 的濃度，而且清水也達到 0.129 mg L^{-1}，以致造成多處用水端自來水變黃的情形。發生此事件的原因是 2020 年 12 月底至 2021 年 1 月初連續的寒流過境台灣，溫度低於 14°C 的上游河水進入水庫形成底部流潛入大壩區底部極度還原的底層（見圖 7-7），此冷、重但是含有高溶氧的河水，於 1 月初將底層庫水抬升（見圖 7-7(a) 溫度的垂直分布圖），兩個星期後已經將原來溫暖、極度還原的底部還原水層，抬升到大約 50 公尺的深度（亦見圖 7-7(b) 溶氧的垂直分布圖）。此深度正好是水庫慣常「蓄清排濁」，藉取水排出水質較差的底層水的取水高度，因此造成自來水原水中含的錳濃度過高，以及後續自來水變黃的事件。

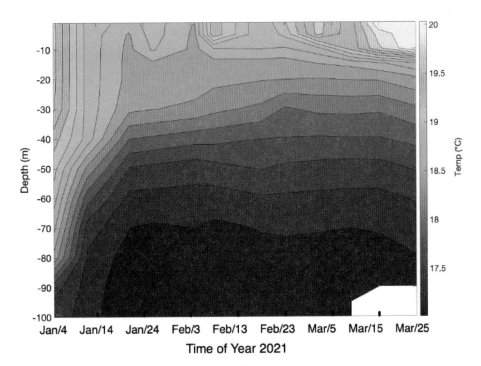

(a)

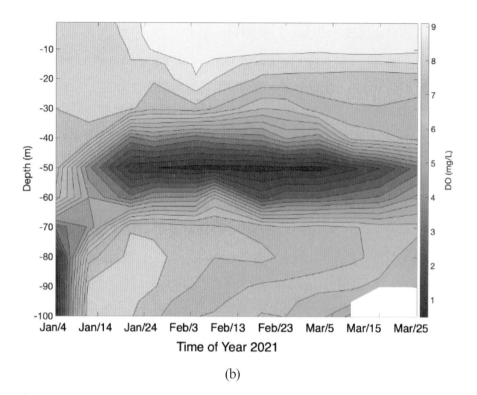

(b)

圖 7-7　翡翠水庫 2021 年 1 月 5 日至 3 月 23 日期間溫度及溶氧濃度之垂直分布（資料來源：
　　　　翡翠水庫管理局）。(a) 溫度的垂直分佈可見 1 月 4 日開始因為連續寒流帶來低溫河
　　　　水，從水深 90 公尺以下的水層進入大壩水域，至 1 月 14 日即將原來較溫暖的底層
　　　　水往上抬升至水深 50 公尺之上。(b) 溶氧的垂直分布可見 1 月 4 日開始，缺氧的底
　　　　層水被含高溶氧的冷水快速抬升，至 1 月 14 日已將缺氧亦富含鐵與錳的底層水抬升
　　　　至 50 公尺水深處，正好到達水庫常用的一個取水口的位置

參考文獻

American Public Health Association (APHA), American Water Works Association (AWWA), Water
　　Environment Federation (WEF), 2017, *Standard Methods for the Examination of Water and
　　Wastewater*, 23rd edition. Washington, DC.

Appan, A. and Ting, D. S., 1996, A laboratory study of sediment phosphorus flux in two tropical
　　reservoirs, *Water Science and Technology*, 34, 45-52.

Bobbink, R., Galloway, K. H. J., Spranger, T., Alkemade, R., Ashmore,M., Bustamante, M.,
　　Cinderby, S., Davidson, E., Dentener, F., Emmett, B., Erisman,J-W., Fenn, M., Gilliam,
　　F., Nordin, A., Pardo, L., De Vries, W., 2010, Global assessment of nitrogen deposition

effects on terrestrial plant diversity: a synthesis, *Ecological Applications*, 20(1): https://doi.org/10.1890/08-1140.1.

Bowie, G. L., Mills, W. B., Porcella, D. B., Campbell, C. L., Pagenkopf, J. R., Rupp, G. L., Johnson, K. M., Chan, P. W. H., Gherini, S. A. and Chamberlin, C. E., 1985, *Rates, Constants, and Kinetic Formulations in Surface Water Quality Modeling*. U. S. Environmental Protection Agency, ORD, Athens, GA, ERL, EPA/600/3-85/040.

Canfield, D. E. Jr., 1979, *Prediction of total phosphorus concentrations and trophic states in natural and artificial lakes: the importance of phosphorus sedimentation*, Retrospective Theses and Dissertations 7196, Iowa State University, https://lib.dr.iastate.edu/rtd/7196.

Carini, S. A. and Joye, S. B., 2008, Nitrification in Mono Lake, California: Activity and community composition during contrasting hydrological regimes, *Limnol. Oceanogr.*, 53(6), 2546-2557.

Carlson, R. and Simpson, J., 1996, *A Coordinator's Guide to Volunteer Lake Monitoring Methods*, North American Lake Management Society.

Chapra, S. C., 1977, *Surface water quality modeling*, McGraw-Hill Book Co. Singapore.

Cole, T. M., and Wells, S. A., 2018, *CE-QUAL-W2: A two-dimensional, laterally averaged, hydrodynamic and water quality model,* version 4.1, Department of Civil and Environmental Engineering, Portland State University, Portland, OR.

Crowe, S. A., Treusch, A. H., Forth, M., Li, J., Magen, C., Canfield, D. E., Thamdrup, B. and Katsev, S., 2017, Novel anammox bacteria and nitrogen loss from Lake, *Sci Rep* 7, 13757 (2017). https://doi.org/10.1038/s41598-017-12270-1.

Danz, M. E., Corsi, S. R., Graczyk, D. J., and Bannerman, R. T., 2010, *Characterization of suspended solids and total phosphorus loadings from small watersheds in Wisconsin*, U.S. Geological Survey Scientific Investigations Report 2010-5039, 16 p.

Di Toro, D. M., 2001, *Sediment flux modeling*, John Wiley and Sons, Inc. New York.

Ellermann, T., Nygaard, J., Christensen, J. H., Løfstrøm, P., Geels, C., Nielsen, I. E., Poulsen, M. B., Monies, C., Gyldenkærne, S., Brandt, J, and Hertel, O., 2018, Nitrogen deposition on Danish nature, *Atmosphere*, 9, 447. doi:10.3390/atmos9110447.

Erickson, M. J. and Auer, M. T., 1998, Chemical exchange at the sediment-water interface of Cannonsville Reservoir, *Lake and Reservoir Management*, 14(2-3), 266-277.

Fillos, J. and Swanson, W. R., 1975, The release rate of nutrients from river and lake sediment, *J. Water Pollution Control Federation*, 47(5), 1032-1042.

Florida LAKEWATCH, reviewed 2020, *A Beginner's Guide to Water Management-Nutrients*, UF/IFAS Department of Fisheries and Aquatic Sciences, Gainesville, Florida.

Goldman, J. C. and Carpenter, E. J., 1974, A kinetic approach to the effect of temperature on algal growth, *Limnology and Oceanography*, 19(5), 756-766.

Hall, G. H., 1982, Apparent and measured rates of nitrification in the hypolimnion of a mesotrophic lake, *Applied and Environmental Microbiology*, 43(3), 542-547.

Hampel, J. J., McCarthy, M. J., Gardner, W. S., Zhang, L., Xu, H., Zhu, G-W. and Newell, S. E., 2018, Nitrification and ammonium dynamics in Taihu Lake, China: seasonal competition for ammonium between nitrifiers and cyanobacteria, *Biogeosciences*, 15, 733-748.

Hecky, R. E., Campbell, P. and Hendzel, L., 1993, The stoichiometry of carbon, nitrogen, and phosphorus in particulate matter of lakes and oceans, *Limnology and Oceanography*, 38(4), 709-724.

Howarth, R. W., Marino, R., Lane, J., Cole, J. J., 1988, Nitrogen fixation in freshwater, estuarine and marine ecosystems, 1. Rates and importance, *Limnology and Oceanography*, 1988, 33(4 part 2): 669-687.

Ishiwatari, R., Negishi, K. Yoshikawa, H. and Yamamoto, S., 2009, Glacial-interglacial productivity and environmental changes in Lake Biwa, Japan: A sediment core study of organic carbon, chlorine and biomarkers, *Organic Geochemistry*, 40, 520-530.

Lam, D. C. L., Schertzer, W. M., and Fraser, A. S., 1984, Modeling the effects of sediment oxygen demand in Lake Erie water quality conditions under the influence of pollution control and weather variations, in Bowie et al., 1985, *Rates, Constants, and Kinetic Formulations in Surface Water Quality Modeling.* U. S. Environmental Protection Agency, ORD, Athens, GA, ERL, EPA/600/3-85/040.

Lee, J. K. and Oh, J. M., 2018, A study on the characteristics of organic matter and nutrients released from sediments into agricultural reservoirs, *Water,* 2018, 10, 980. doi:10.3390/w10080980

Li, J., Lanaiev, V., Huff, A., Zalusky, J., Ozersky, T. and Katsev, S., 2021, Benthic invaders control the phosphorus cycle in the world's largest freshwater ecosystem, *Proceedings of the National Academy of Sciences of the United States of America (PNAS)*, 118, No. 6 e2008223118, https://doi.org/10.1073/pnas.2008223118.

Lin, C. K. and Schelske, C. L., 1979, *Effects of nutrient enrichment, light intensity, and temperature on growth of phytoplankton from Lake Huron*, EPA-600/3-79-049, USEPA Environmental Research Laboratory-Duluth, Office of Research and Development, Duluth, Minnesota 55804.

Liu, D., Zhong, j., Zheng, X., Fan, C., Yu, J. and Zhong, W., 2018, N_2O fluxes and rates nitrification and denitrification at the sediment-water interface in Taihu Lake, China, *Water*, 10, 911. doi:10.3390/w10070911.

Majdi, N., Bardon, L. and Gilbert, F., 2014, Quantification of sediment reworking by the Asiatic clam *Corbicula fluminea* Müller, 1774, *Hydrobiologia*, 732, 85-92, DOI 10.1007/s10750-014-1849-x

Macbeth, E., Bischoff, J. and James, W. F., 2018, Integrated stormwater & lake management in City of Eagan, Minnesota, *LakeLine*, 38(3), 20-25.

Messer, J. and Brezonik, P. L., 1983, Comparison of denitrification rate estimation techniques in a large, shallow lake, *Water Res.,* 17(6), 631-640.

Moutinho, F. H. M., Marafão, G. A., Calijuri, M. do C., Moreira, M. Z., Marcarelli, A. M. and Cunha, D. G. F., 2021, Environmental factors and thresholds for nitrogen fixation by phytoplankton in tropical reservoirs, *Internat Rev Hydrobiol.*, 106, 5-17.

Müller, B., Thoma, R., Baumann, K. B. L., Callbeck, C. M. and Schubert. C. J., 2021, Nitrogen removal processes in lakes of different trophic states from on-site measurements and historic data, *Aquatic Sciences*, 83:37. https://doi.org/10.1007/s00027-021-00795-7

Neill, M., 2005, A method to determine which nutrient is limiting for plant growth in estuarine waters-at any salinity, *Marine Pollution Bulletin*, 50(9), 945-55.

Osaka, K., Yokoyama, R., Ishibashi, T. and Goto, N., 2021, Effect of dissolved oxygen on nitrogen and phosphorus fluxes from lake sediments and their thresholds based on incubation using a simple and stable dissolved oxygen control method, *Limnology and Oceanography: Method*, doi: 10.1002/lom3.10466.

Overbeek, C., 2011, *Effect of water temperature and light regime on denitrification rates and associated variables*, Master thesis at the Department of Aquatic Ecology and Water Quality Management, Wageningen University, Wageningen, Netherland.

Palacin-Lizarbe, C., Camarero, L., Hallin, S., Jones, C. M. and Catalan, J., 2020, Denitrification rates in lake sediments of mountains affected by high atmospheric nitrogen deposition, *Scientific Reports, Natural Research*, https://doi.org/10.1038/s41598-020-59759-w.

Patel, S. and Desai, B. G., 2009, Animal-sediment relationship of the Crustaceans and Polychaetes in the interstitial zone around Mandvi, Gulf of Kachchh, Western India, *Journal Geological Society of India*, 74, 233-259.

Penn, M. R., 1994, *The deposition, diagenesis and recycle of sedimentary phosphorus in a hypereutrophic lake*, doctoral dissertation, Michigan Technological University.

Prescott, L. M., Harley, J. P. and Klein, D. A., 2005, *Microbiology*, McGraw-Hill Co. Inc. New York.

Redfield, A. C., 1934, On the proportions of organic derivatives in the sea water and their relation to the composition of plankton, in *James Johnstone Memorial Volume*, ed. R. J. Daniel, University Press of Liverpool, 176-192.

Savenko, V. S., 1999, Phosphorus discharge with suspended load. *Wat. Res.*, 26(1), 41-47.

Schink, D. R. and Guinasso, N. L. Jr., 1978, Redistribution of dissolved and adsorbed materials in abyssal marine sediments undergoing biological stirring, *American Journal of Science*, 278, 687-702.

Seitzinger, S. P., 1988, Denitrification in freshwater and coastal marine ecosystems: Ecological and geochemical significance, *Limnol. Oceanogr.*, 33(4, part 2), 702-724.

Serruya, C., 1971, Lake Kinneret: The nutrient chemistry of the sediments, *Limnology and Oceanography*, 16(3), 510-521.

Serruya, C., Edelstein, M., Pollingher, U. and Serruya, S., 1974, Lake Kinneret sediments: Nutrient composition of the pore water and mud water exchanges, *Limnology and Oceanography*, 19(3), 489-508.

Small, G., Bullerjahn, G. S., Sterner, R., Beall, B. F. N., Brovold, S., Finlay, J. C., McKay, R. M. and Mukherjee, M., 2013, Rates and controls of nitrification in a large oligotrophic lake, Limnol. Oceano., 58(1), 276-286.

They, N. H., Amado, A. M. and Cotner, J. B., 2017, Redfield ratio in inland waters: higher biological control of C:N:P ratios in tropical semi-arid high water residence time lakes, *Front. Microbiol.* https://doi.org/10.3389/fmicb.2017.015

Thomann, R. V. and Mueller, J. A., 1987, *Principle of Surface Water Quality Modeling and Control*, Harper & Row, New York.

Thornton, K. W., and Lessem, A. S., 1978, A Temperature algorithm for modifying biological rates, *Transactions of the American Fisheries Society*, 107(2), 284-287.

Tõnno, I. and Nõges, T., 2003, Nitrogen fixation in a large shallow lake: rates and initiation conditions, *Hydrobiologia*, 490(1/2/3), 23-30.

Tõnno, I., Ott, K. and Nõges, T., 2005, Nitrogen dynamics in steeply stratified, temperate, Lake Verevi, Estonia, *Hydrobiologia*, 2005, 547(1), 63-71.

Villa, A., Fölster, J. and Kyllmar, K., 2019, Determining suspended solids and total phosphorus from turbidity: comparison of high-frequency sampling with conventional monitoring methods, *Environ Monit Assess*, 191, 605. https://doi.org/10.1007/s10661-019-7775-7

Wetzel, R. G., 2001, *Limnology, Lake and River Ecosystem*, Third edition, Academic Press, San Diego.

Wu, L., Liu, X., Li, K., Xu, W., Huang, W., Zhang, P., Zhao, X., Liu, C., Zhang, G. and Liang, L., 2020, Wet inorganic nitrogen deposition at the Daheitin Reservoir in North China: Temporal variation, sources, and biomass burning influences, *Atmosphere*, 11, 1260. doi:10.3390/ atmos11111260.

Wu, S. C., 1986, *Transport of Hydrophobic Organic Compounds Between Water and Natural Sediments*, Ph. D. Thesis. Massachusetts Institute of Technology, Cambridge, MA, USA.

Zheng, L., Cardenas, M. B. and Wang, L., 2016, Temperature effects on nitrogen cycling and nitrate removal-production efficiency in bed form-induced hyporheic zones, *J. Geophys. Res. Biogeosci.*, 121, 1086-1103, doi:10.1002/2015JG003162.

行政院環保署，2020，全國環境水質監測資訊網。https://wq.epa.gov.tw/EWQP/zh/Default.aspx

吳健彰，2015，金門縣金沙與榮湖水庫營養鹽負荷與水質優養化控制策略分析，臺灣大學環境工程學研究所，碩士論文。

吳富春、沈易徵，1998，水庫水質模擬敏感度分析與優養化風險評估，農業工程學報，44(4)，76-90。

李佳芳，1994，水庫水體中磷濃度的一維模式，臺灣大學環境工程學研究所，碩士論文。

林其鋒，2014，金門水庫水質變化及高有機性汙染形態成因分析，臺灣大學環境工程學研究所，碩士論文。

政府資料開放平臺，2022，翡翠水庫水質月報表，https://data.gov.tw/dataset/145629

許海，朱廣偉，秦伯強，高光，2011，氮磷比對水華藍藻優勢形成的影響，中國環境科學，31(10)，1676-1683。

許皓婷，2006，石門水庫優養化之研究，中華大學土木與工程資訊學系碩士論文，台灣。

陳世裕，1990，水庫中底泥磷釋出模式之研究，臺灣大學環境工程學研究所，碩士論文。

陳怡靜，2004，水文變化、生物地質化學作用及集水區人為活動對水庫磷質量平衡及藻類消長之影響─以台灣亞熱帶深水水庫為例，臺灣大學環境工程學研究所博士論文。

曾四恭，吳先琪，1995，蘭潭水庫曝氣工程效益評估，台大環境工程報告 No.382，國立臺灣大學環境工程學研究所。

覃雪波，孫紅文，彭士濤，戴明新，2014，生物擾動對沉積物中汙染物環境行為的影響研究進展，*Acta Ecological Sinica*（生態學報），21(1), 59-69.

楊智閔，2007，水庫底泥磷通量之研究─以新山水庫、石門水庫為例，臺灣大學環境工程學研究所，碩士論文。

葉琳琳，張民，孔繁翔，楊振，史小麗，閻德智，劉波，2014，水生生態系統藍藻固氮作用研究進展與展望，*J. Lake Sci.*（湖泊科學），2014，26(1)，9-18。

駱尚廉，楊萬發、於幼華、曾四恭、郭振泰、張尊國、許銘熙、范正成、吳先琪、吳俊宗，1992，湖泊水庫水質改善及優養化評估方法之建立和調查（第三年），行政院環境保護署，EPA-81-E3G1-09-05。

趙鋒，許海，詹旭，朱廣偉，郭宇龍，康麗娟，朱夢圓，2021，太湖春夏兩季反硝化與厭氧氨氧化速率的空間差異及其影響因素，環境科學，42(5)，2296-2302。

附錄 7-1　沉降物捕集器之構造及設置方法

沉降物捕集器是以不鏽鋼或其他不會汙染捕集物之材質做成之圓柱狀桶（圖 A7-1(a)）。桶之下端密封，桶內放置適量之食鹽，用以形成密度梯度，降低桶內水之混合；再加少許疊氮化鈉（sodium azide），用來抑制有機物的分解及浮游動物在桶內活動進食。桶內接近頂口處置入約 2 公分厚之吸管束，用以阻擋桶外強勁水流引起桶內之紊流及帶出桶內之沉降物。

捕集器須垂直固定於支架上，於放入水中前緩緩將捕集桶用蒸餾水注滿。不論支架是置於水庫底，或懸吊於水中某一深度，須確認支架能穩固保持水平，且桶口與底泥表面須有相當之距離，以避免受水流再懸浮起來的底泥進入桶內。

若要捕集不同深度之沉降物，可用錨重及浮球於不同深度吊掛捕集桶如圖 A7-1(b)。

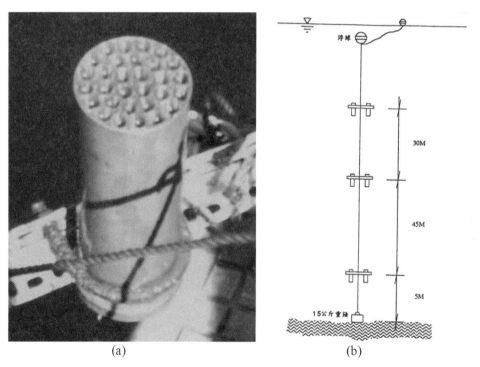

(a)　　　　　　　　　　(b)

圖 A7-1　(a) 沉降物捕集器（sediment trap）及 (b) 在翡翠水庫多個深度捕集器組的垂直配置示意圖

第四部分 藻類生態
Part 4. Ecology of Algae

8. 藻類生長
   The Growth of Algae

9. 水庫藻類生態
   Ecology of Algae in Reservoirs

8. 藻類生長
The Growth of Algae

　　生態系統的運行，不可以用簡單的優勝劣敗、適者生存這樣簡單的生態法則來看它。生物之間不是求你死我活的競爭，而是在自然系統中找出適合自己生存的生態時空環境，吾等可稱之為最適生態區位（niche）。生態系統中物理化學的時間與空間不均質性，造就了許多最適生態棲位，可讓適合的生物來占據。水庫中也是一樣。

　　除了淺水的湖泊或湖庫近岸淺水區域，大型水生植物及附著性藻類可能占優勢之外，湖庫中數量最大的生物就是浮游藻類（phytoplanktons）。浮游藻類的生長受到湖泊水體物理、化學及其他生物族群的影響，但反過來說，湖泊中的許多藻種在多樣異質性的生態環境中，找尋它的最適生態棲位，而在其中得到生存優勢。

8.1 浮游藻類的形狀與大小的生存優勢

　　浮游藻類細胞的形狀有球形、圓柱形、橢圓形、針狀、多面體，大小從 0.2 μm 至 0.2 mm 不等（Wetzel, 2001），其大小形狀與藻類之生存與生長有很大的關係，例如體型小的藻類容易被浮游動物捕食；表面積比例大，表面及細胞內質傳速率高，有利於快速吸收營養鹽；沉降速度低，易懸浮於水體中；單位體積吸收光照密度高，有利於提高光合作用率；易隨渦流而動，細胞表面水流速及剪力低，細胞表面邊界層厚，營養鹽擴散慢；一般體型小之藻類生長繁殖速度較快。

　　體型大的藻類比較難被浮游動物捕食，較容易被小魚捕食；表面積比例小，體內質傳速度慢，營養鹽吸收慢；沉降速度高，必須靠特殊的方法，例如鞭毛及浮力才能停留在水中；受到渦流的剪力較大，細胞表面邊界層較薄，外部營養鹽擴散較易；單位體積吸收光照密度低；細胞有儲存大量營養鹽的能力，可以度過營養鹽極缺的惡劣環境；一般體型大的藻類生長繁殖速度慢。

　　有些藻細胞形狀多分枝，有些則是密實的球型。多分枝的藻細胞可以有比較多的表面積，有助於物質交換；分枝多也增加沉降的阻力，減緩沉降速度；分枝多的細胞較不易被浮游動物捕食。

　　很多藻類會聚集生長，以兩兩相連、四個或八個一體、細胞接成鏈狀、或甚至形成細

胞團粒（aggregate 或稱爲 colony）。有些細胞團粒形狀如一串葡萄，有些接成鏈狀向四周伸出，像拖把的頭。優勢藻的大小形狀與其環境狀態有密切關係，其特殊形狀與大小，正好克服對它不利的環境因子。

8.2 光線強度對藻類生長之影響

除了少數具有異營（heterotrophic）能力的藻類之外，藻類完全靠光合作用取得生長、活動及繁殖所需要的能量。光合作用有效的光線（photosynthetically active radiation, PAR）（波長介於大約 400～700 nm）強度是隨季節、氣候、水質及水深而異（見第 4 章），藻類的生長也因此隨光線之時空變化而異。藻類光合作用將光能轉變成爲化學能，以化學物質型態儲存，例如碳水化合物，一部分用於合成植物體內之成分，得以增生繁殖，一部分用於代謝及釋出能量維持活動。

若僅考慮可以量測到的藻類生長速率，例如細胞增生速率、質量增加速率，或甚至替代性生物量指標，如葉綠素濃度，則生長與光合作用有效光線強度的關係可以用常用的 Michaelis-Menten-Monod 模式表示（Acevedo, 2013；Krichen, 2021）。

$$R_{growth} = \frac{dC}{dt} = \mu C$$

$$\mu = \mu_{max}\lambda(I) = \frac{\mu_{max}I}{K_I + I} \tag{8-1}$$

也可以是

$$\lambda(I) = \frac{I}{\sqrt{K_I^2 + I^2}} \tag{8-2}$$

其中

R_{growth}：單位水體積中藻類（可爲重量、個數或一些生物指標）的生長率，

C：單位水體積中藻類濃度（可爲重量、個數或一些生物指標），

μ：比生長速率（d^{-1}），它可以代表的是扣除被呼吸代謝掉的光合作用產物（或能量）、分泌有機物、甚至死亡及沉降後的平均淨生長速率（specific net growth rate），但是也可以代表粗基礎生產率（specific gross production rate）（Jeon, et al., 2005; Cole and Well, 2016）。當測得數據或預測值是一日或更長尺度之平均生長量時，此比生長速率較可能是淨生長速率。若 μ 代表粗生長速率時，必需考慮日夜及隨日照週期之差異。

μ_{max}：最大比生長速率（單位與 μ 相同），係指其他控制生長因子，例如溫度、營養鹽濃度等，均在最佳狀況下的比生長速率；

$\lambda(I)$：控制生長的光線強度函數，在 8-1 式中爲 $I/(K_I+I)$，

I：光合作用有效光線的強度（$W\,m^{-2}$ 或 $\mu Em^{-2}s^{-1}$），

K_I：光線強度的半飽和常數（單位與 I 同）。

　　許多研究顯示在太強的光線下，生長速率反而下降，稱為光抑制作用（圖 8-1）。根據實驗結果發展出來許多模式例如下式。

$$\mu = \mu_{max}\lambda(I) = \frac{\mu_{max}I}{(K_I + I)\left(1 + \dfrac{I}{K_{p-i}}\right)} \tag{8-3}$$

或是用 Steele 函數（Acevedo, 2013）。

$$\mu = \mu_{max}\lambda(I) = \mu_{max}\frac{I}{I_{opt}}exp\left(1 - \frac{I}{I_{opt}}\right) \tag{8-4}$$

其中

K_{p-i}：光合作用光抑制係數（$W\,m^{-2}$ 或 $\mu Em^{-2}s^{-1}$），

I_{opt}：光合作用最適光照強度係數（$W\,m^{-2}$ 或 $\mu Em^{-2}s^{-1}$）。

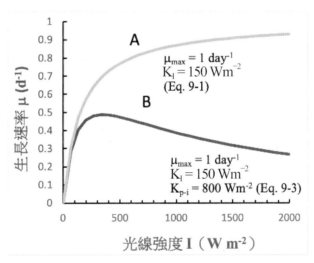

圖 8-1　用式 8-1 與式 8-3 模擬藻類生長速度與光線強度的關係。A 藻生長沒有受到光線抑制，
　　　　生長速率隨光線增強趨近於一最大值；B 藻生長受到光抑制，強光下生長反而趨緩

　　光合作用速率與溫度有密切關係。最佳光合作用溫度隨藻種而異，水溫太低或太高都會抑制光合作用。最大光合作用速率，μ_{max}，隨溫度上升而升高（Wetzel, 2001）。光線強度的半飽和常數 K_I 及光合作用最適光照強度係數 I_{opt} 與該藻類捕捉光線的能力有關，此二係數值越小，該藻類對於弱光的捕捉能力越強，能在平均光線強度小的環境，例如混合很均勻的厚表水層、秋冬等陽光較弱的季節及好氧狀態的深水層等取得生長優勢。光合作用最適光照強度係數 I_{opt} 的範圍大約是 100 至 400 ly d^{-1}（Chapra, 1997）（註：1 ly = 1 langley

$= 1 \text{ cal cm}^{-2}$；$1 \text{ ly d}^{-1} = 41840 \text{ J m}^{-2}\text{d}^{-1} = 0.48 \text{ W m}^{-2}$）。

由於光線強度隨水深增加而衰減，且不同波長之光線其衰減率不同，因此藻類所接受之光線強度與顏色（波長）因其所在位置而不同（見第 4 章）。不能自主運動的藻細胞所接受的光線強度是水庫混合層光線強度的平均值，每日光合作用速率則為各層光線強度下光合作用速率之平均，而不是平均光線強度下的光合作用速率。會自主運動之藻類，例如能上下浮沉之微囊藻團，其光合作用速率應以其所在位置之瞬時光線強度來估計。

在亞熱帶穩定分層的水體中，各波長光線強度的變化梯度造成許多藻類的最適生態棲位（niche）。例如某一藻有異常大的光合作用天線體（photosynthetic antennae）（Strzepek et al., 2019）、有非常大量的色素含量（Jøsrgensen, 1969）、有獨特的吸收光譜（light-absorbing spectrum）（即獨特的光合色素）（Álvarez et al., 2022）、或有異常的解除光害的葉黃素循環色素（xanthophyll-cycling pigments）與光合作用色素（photosynthetically active pigments）比例（Polimene et al., 2014）等藻類特性，使得該藻類得以在某一時空範圍得到生長優勢。僅僅光線這一個因素，就可以在季節與深度上的時空差異，交織成許多藻類的最適生態棲位，促進了藻類的多樣性。

8.3 溫度對藻類生長的影響

藻類生長是無數生化反應的綜合結果，無疑受到溫度的影響。藻類可以行光合作用的溫度約在 15 至 30°C 間，一般以 20 至 25°C 為最佳，因種類而異，在此範圍之外，光合作用速率下降，甚至死亡。許多方法可以描述藻類生長與溫度的關係，這些方法與營養鹽的代謝類似（見第 7 章 7.5 節），其中溫度速率乘數法（temperature rate multiplier method）可以描述到達最適溫度前，隨溫度上升的生長，也可以描述超過最適溫度之後，隨溫度上升而減緩之生長現象，是較其他只能描述在最適溫之前的生長狀況的模式較佳。在此重複說明此模式之內容如下式。

$$\mu(T) = \mu_{max} \times \lambda_T \qquad\qquad (8\text{-}5 \text{ 同 } 7\text{-}10)$$

$$\lambda_T = \frac{K_1 e^{\gamma_{ar}(T - T_1)}}{1 + K_1 e^{\gamma_{ar}(T - T_1)} - K_1} \frac{K_4 e^{\gamma_{af}(T_4 - T)}}{1 + K_4 e^{\gamma_{af}(T_4 - T)} - K_4} \qquad\qquad (8\text{-}6 \text{ 同 } 7\text{-}11)$$

$$\gamma_{ar} = \frac{1}{T_2 - T_1} \ln \frac{K_2(1 - K_1)}{K_1(1 - K_2)} \qquad\qquad (8\text{-}7 \text{ 同 } 7\text{-}12)$$

$$\gamma_{af} = \frac{1}{T_4 - T_3} \ln \frac{K_3(1 - K_4)}{K_4(1 - K_3)} \qquad\qquad (8\text{-}8 \text{ 同 } 7\text{-}13)$$

其中

$\mu(T)$：溫度為 T 時之生長速率（d^{-1}），

μ_{max}：最適溫度下之生長速率（d^{-1}），

λ_T：總溫度速率乘數（temperature rate multiplier）（無單位），

K_1、K_2、K_3、K_4：四個溫度門檻的速率分率（fraction of rate），即速率與最大速率之比值（對一階反應即等於反應速率係數的比值：k/k_{max}），一般常取 0.1、0.99、0.99 及 0.1（無單位）。

T_1、T_2、T_3、T_4：四個溫度門檻，分別為低溫極限（lower temperature for algal growth）、最適溫低限（lower temperature for maximum algal growth）、最適溫高限（upper temperature for maximum algal growth）及高溫極限（upper temperature for algal growth）（°C）

γ_{ar}：增溫加速區間之速率係數（rising limb temperature multiplier）（$°C^{-1}$），

γ_{af}：增溫減速區間之速率係數（falling limb temperature multiplier）（$°C^{-1}$）。

如果藻類在最適溫度範圍的最大比生長速率是 0.3 d^{-1}，在 15°C 時的比生長速率可以從表 7-5 的模式預設值（即 T_1、T_2、T_3、T_4、K_1、K_2、K_3 及 K_4 分別為 5、25、35、40、0.1、0.99、0.99、0.1）得到溫度速率乘數，λ_T，為 0.77，及比生長速率為 0.23 d^{-1}。

Ras 等（2013）發展出一個類似之模式，可輸入一最適生長溫度，T_{opt}，及最低與最高生長溫度即可得到溫度速率乘數，如下式。

$$\lambda_T = \frac{(T - T_4)(T - T_1)^2}{(T_{opt} - T_1)[(T_{opt} - T_1)(T - T_{opt}) - (T_{opt} - T_4)(T_{opt} + T_1 - 2T)]} \quad (8\text{-}9)$$

其中

λ_T：總溫度速率乘數（temperature rate multiplier）（見 8-5 式），

T_1、T_{opt}、T_4：分別為低溫極限、最適溫及高溫極限（°C）。

若 T_1、T_{opt} 及 T_4 分別用 5、30 及 40 代入，可得 15°C 之 λ_T 為 0.31。

各種藻類的最適生長溫度及溫度極限不同，縱使為同一藻種，因受到該觀察時環境背景、藻種過去的歷史及實驗方法不同，觀察到的結果亦有所不同，大致的範圍例子如表 8-1 所示。

表 8-1　一些藻類的生長溫度極限與最適生長溫度

藻種	生長低溫極限（°C）T_1	最適溫低限（°C）T_2	最適生長溫度（°C）T_{opt}	最適溫高限（°C）T_3	生長高溫極限（°C）T_4	最大生長速率（d^{-1}）m_{max}	參考文獻
無說明	5	25		35	40		Cole and Well, 2016
Microcyctis sp.	10-13.5		27.5-35			0.25-0.81	Robarts and Zohary, 1987

藻種	生長低溫極限 (°C) T_1	最適溫低限 (°C) T_2	最適生長溫度 (°C) T_{opt}	最適溫高限 (°C) T_3	生長高溫極限 (°C) T_4	最大生長速率 (d^{-1}) m_{max}	參考文獻
Anabaena sp.	< 10-17		25-35			0.8-1.2	Robarts and Zohary, 1987
Oscillatoria sp.	5-12		19->>30			0.59	Robarts and Zohary, 1987
Aphanizomenon sp.	<10		15-28			0.18-1.2	Robarts and Zohary, 1987
Asterionella formosa	-7.3		20.1		29.8	1.6	Butterwick et al. (2005)[a]
Ceratium sp.	4.2-8.4		22.3-26.5		30-32.1		Ras et al., 2013
Chlorella pyrenoidosa	5.2		38.7		45.8	2.0	Sorokin and Krauss (1962)[a]
Cryptomonas marssonii	-2.4		15.9		30.3	0.8	Butterwick et al. (2005)[a]
Dinobryon sp.	-5.8-5		17-32.6		28.4-38.9	0.7-3.9	Ras et al., 2013
Nannochloropsis oceanica	-0.2		26.7		33.3	1.8	Sandnes et al. (2005)[a]
Porphyridium sp.	-3.1-5.8		19.1-26.3		30-32.7	0.8-1.3	Ras et al., 2013
Scenedesmus sp.	-3.1-8		24.5-26.3		32.7-33	0.8-1	Ras et al., 2013
Tychonema bourrelyi	0.4		21.8		30	1	Butterwick et al. (2005)[a]

a：在 Ras et al. (2013) 中被引述。

8.4 藻類生長與營養鹽濃度的關係

藻類除了以光合作用將二氧化碳固定，合成碳水化合物之外，還需要氮、磷、硫、矽、鐵、銅、鈣、鎂等其他許多元素來合成細胞的成份，例如原生質、細胞膜及核酸等。當水中一種生長元素的相對有效濃度小於其他任何一種元素時，藻類的生長會被此一生長元素所限制，也即是成為限制性營養鹽，即遵循 Liebig 的最缺乏因子法則（Liebig's law of minimum）。我們可以用下式模擬有營養鹽限制之藻類生長。

$$\mu = \mu_{max} \times \lambda(I) \times \lambda_T \times \lambda_{min} \qquad (8\text{-}10)$$

其中 λ_{min} 就是限制性因子，是某一限制營養鹽如二氧化碳濃度、磷濃度、氮濃度、矽濃度或鐵濃度等，其中就相對生長所需要之濃度為最低者，所造成對生長之影響。生長與限制營養鹽濃度的關係可以用 Michaelis-Menten-Monod 模式表示，如下式。

$$\lambda_{min,\,i} = \frac{C_i}{K_i + C_i} \qquad (8\text{-}11)$$

其中

　　$\lambda_{min,\,i}$：營養鹽 i 的生長限制因子函數（無單位），

　　C_i：營養鹽 i 的濃度（$mg\,L^{-1}$ 或 M），

　　K_i：營養鹽 i 的半飽和係數（$mg\,L^{-1}$ 或 M）。

當一個以上的營養鹽都接近臨界的限制濃度，且彼此有相乘性的影響時，也可以將限制因子函數相乘，來表示對藻類生長的綜合效果，如下式。

$$\mu = \mu_{max} \times \lambda(I) \times \lambda_T \times \Pi_{i=1}^{n} \lambda_{min,\,i} \qquad (8\text{-}12)$$

其中 $\Pi_{i=1}^{n} \lambda_{min,\,i}$ 表示 n 個營養鹽限制因子的連乘積。

8.4.1 氮濃度對生長的影響

　　水中的氨態氮、硝酸根及亞硝酸根都可以做為藻類生長時氮的來源，它們對生長的影響也可以用 Michaelis-Menten-Monod 模式（8-11 式）來描述。簡鈺晴（2013）以 5～30 mg-N/L 的氮半飽和常數 K 範圍用於藻類生長模擬，以優養的水庫水質資料校正所得之氮半飽和常數 K_i 為 9.5 mg-N/L。在其他條件相同時，具有較低 K_i 值之藻種，比 K_i 值較高之藻種，在低氮濃度下生長速率較快高，能取得優勢。

　　當氨態氮（主要為銨鹽，NH_4^+）與硝酸根及亞硝酸根（一般水體中亞硝酸根很少）同時存在時，藻類會偏好利用銨鹽，其偏好比例（即攝取銨鹽量占總氮攝取量的比例）與銨鹽與硝酸根相對濃度比例及氮為限制營養鹽時的半飽和係數有關。Thomann 及 Fitzpatrick（1982）曾用下式模擬銨鹽偏好比例。

$$\alpha_{NH4} = C_{NH4}\frac{C_{NO3}}{(K_N + C_{NH4})(K_N + C_{NO3})} + C_{NH4}\frac{K_N}{(C_{NH4} + C_{NO3})(K_N + C_{NO3})} \qquad (8\text{-}13)$$

　　以一般水質在普養以上的亞熱帶水庫，例如台灣新山水庫為例，2016 年 1 m 水深的年平均氨氮濃度為 0.034 mg-N L^{-1}，硝酸根濃度為 0.63 mg-N L^{-1}。若氮為限制營養鹽時的半飽和係數為 5 mg-N L^{-1}，由 8-13 式估計銨鹽偏好比例為 0.046，即是若生長 1 mg 藻質量需要 0.1 mg 氮元素，藻類會從氨氮攝取 0.005 mg 氮，從硝酸鹽攝取 0.095 mg 氮。

8.4.2 磷對藻類生長的影響

磷濃度常常是亞熱帶水庫中藻類生長的限制因素（見第 7 章），其對於比生長速率的影響雖也可用 Michaelis-Menten-Monod 模式（8-11 式）來描述，但是在溫度分層的水庫中常常發現某些藻種的細胞濃度與水中總磷濃度完全沒有相關性（簡鈺晴，2005；簡鈺晴，2013）。因為有些藻類可以在總磷濃度極低的環境，攝取、儲存及循環利用磷來支持生長。

8.4.2.1 藻類生長速率與細胞中磷含量的關係

Droop（1973）發現：第一、藻類攝取營養鹽的速率與細胞外水中的營養鹽濃度有關；第二、生長速率與細胞內營養鹽含量（cell quotient）有關；第三、穩態下的藻類比攝取率（specific rate of uptake）是比生長速率（specific growth rate）和細胞內營養鹽濃度的乘積。也就是說，藻類生長速率是受到細胞中營養鹽含量控制，含量則是受到攝取速率與生長速率控制。當磷是限制營養鹽時這種生長形式尤其明顯，因為藻類可以儲存相當大量的磷在細胞內，但是對於氮則是隨取隨用，沒有相對較大的儲存容量。這發現可以解釋為何有些藍綠藻可以在極低的總磷濃度下仍然生長良好，以及可以在水體中上下移動的微囊藻團，可以在上層水總磷濃度極低時，從較深的水層中攝取磷，然後回到水面附近接受日照繼續快速生長。

Droop 的生長模式可以用下式表示。

$$\mu(Q) = \mu_{max}\left(1 - \frac{Q_{min}}{Q}\right)$$ (8-14)

其中

Q：藻類細胞內限制營養鹽含量（g g-dry cell mass^{-1}），

$\mu(Q)$：受細胞內營養鹽含量控制的比生長速率（d^{-1}），

μ_{max}：最大生長速率（d^{-1}），

Q_{min}：藻類能生長所需的最低營養鹽含量（g g-dry cell mass^{-1}）。

比生長速率 $\mu(Q)$ 與營養鹽含量 Q 的關係如圖 8-2。

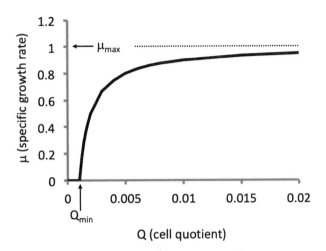

圖 8-2　Droop 生長模式中藻類的比生長速率 μ 與細胞中營養鹽含量 Q 的關係。模式中的最大比生長速率 μ_{max} 為 1，最低營養鹽含量 Q_{min} 為 0.001。細胞要在營養鹽含量大於 Q_{min} 時才會開始生長，當營養鹽含量提高時，生長速率逐漸趨近於最大比生長速率 μ_{max}

8.4.2.2 藻類磷攝取率及營養鹽儲存量

　　藻類細胞中營養鹽的存量靠攝取增加，隨藻類生長新增的細胞質量稀釋而降低。攝取率高且儲存量高的能力，是藻類在營養鹽缺乏且其濃度在時間上波動的情形下取得優勢的原因。例如藍綠藻中之微囊藻之所以能於磷濃度變化大之水體中，成為主要優勢藻種，是因為其具有高攝取速率，使其能累積大量磷於藻體細胞內，讓藻類於低磷環境中持續生長。

　　營養鹽的攝取率除了受到水體光線及溫度的影響之外，有兩個控制因素：細胞外水中的營養鹽濃度及體內已有的營養鹽存量。Morel（1987）提出一個藻類攝取營養鹽之模式，如 8-15 式及 8-16 式。攝取速率與水體中營養鹽濃度呈現類似 Michaelis-Menten-Monod 之關係式如 8-15 式，但最大攝取速率（υ_{max}）隨藻體內磷含量 Q 而變化，如 8-16 式。當藻體內磷含量為最小值 Q_{min} 時，其最大營養鹽攝取速率之值為最大值 υ_{max}^{high}；當藻體內磷含量為最大值 Q_{max} 時，其最大營養鹽攝取速率之值較小，為 υ_{max}^{low}。（Morel，1987；Grover，1991；莊珮嘉，2011）

$$\upsilon = \upsilon_{max}(Q)\frac{C}{K_u + C} \tag{8-15}$$

$$\upsilon_{max}(Q) = \upsilon_{max}^{high} - (\upsilon_{max}^{high} - \upsilon_{max}^{low})\frac{Q - Q_{min}}{Q_{max} - Q_{min}} \tag{8-16}$$

其中

    υ：藻體細胞對限制營養鹽之攝取率（mg mg-dry mass^{-1} hr^{-1}），

    υ_{max}：藻體細胞對限制營養鹽之最大攝取率（mg mg-dry mass^{-1} hr^{-1}）為 Q 之函數，

    C：胞外水中限制營養鹽濃度（mg L^{-1}），

    K_u：攝取水中限制營養鹽之半飽和常數（mg L^{-1}），

    υ_{max}^{high}：υ_{max} 之最大值（藻體內 Q = Q$_{min}$ 時）（mg mg-dry mass^{-1} hr^{-1}），

    υ_{max}^{low}：υ_{max} 之最小值（藻體內 Q = Q$_{max}$ 時）（mg mg-dry mass^{-1} hr^{-1}），

    Q：藻類細胞內限制營養鹽含量（mg mg-dry cell mass^{-1}），

    Q_{min}：藻類細胞內最小營養鹽濃度（mg mg-dry mass^{-1}），

    Q_{max}：藻類細胞內最大營養鹽濃度（mg mg-dry mass^{-1}）。

Okada 等（1982）也認為磷之攝取率與外部營養鹽濃度及藻體內營養鹽濃度有關，可以用 8-17 式描述。式中攝取水中限制營養鹽之半飽和常數 K_u 值與 K_q 值為經驗常數，且二者隨著藻種的不同而有所變化。

$$\upsilon = \upsilon_{max} \frac{C}{K_u + C} \frac{Q_{max} - Q}{K_q + (Q_{max} - Q)} \qquad (8\text{-}17)$$

其中

    υ：藻體細胞對限制營養鹽之攝取率（mg mg-dry mass^{-1} hr^{-1}），

    υ_{max}：藻體細胞對限制營養鹽之最大攝取率（mg mg-dry mass^{-1} hr^{-1}）為一常數，

    C：胞外水中限制營養鹽濃度（mg L^{-1}），

    K_u：攝取水中限制營養鹽之半飽和常數（mg L^{-1}），

    K_q：藻體中營養鹽空庫餘裕之半飽和常數，

    Q：藻類細胞內限制營養鹽含量（mg mg-dry cell mass^{-1}），

    Q_{max}：藻類細胞內最大之限制營養鹽濃度（mg mg-dry mass^{-1}）。

此模式不考慮最小營養鹽胞內濃度，故最小可以為零，且當營養鹽存量達飽和（Q = Q$_{max}$）時，細胞停止攝取營養鹽。

    藻類體內營養鹽含量 Q 對於攝取率之影響，可參見圖 8-3。圖中不同 Q 之下的最大攝取速率乘上濃度因子，C/(K$_u$ + C)，就是實際的營養鹽攝取率。

    表 8-2 為一些藍綠菌攝取磷的 Michaelis-Menten-Monod 關係式（見 8-15 式及 8-17 式）中的參數值。表 8-3 為一些藻類的生長速率、攝取率、最大營養鹽含量及最小營養鹽含量。

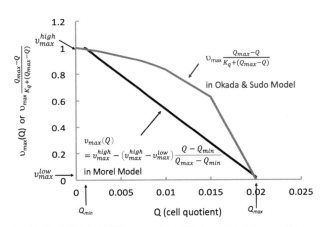

圖 8-3 藻類最大攝取率與細胞中營養鹽含量之關係。當參數 Q_{min} 為 0.001，Q_{max} 為 0.02，
υ_{max}^{high} 為 1，υ_{max}^{low} 為 0.02 時 Morel 模式之最大攝取率 $\upsilon_{max}(Q)$ 為隨 Q 增大而降低至零的
直線。在 Okada 模式中的最大攝取率為一常數 υ_{max}（= 1.25），與參數 K_q（= 0.005）
及 Q_{max}（= 0.02）之函數時，為隨 Q 增大而緩慢降低至零的上凸曲線

表 8-2 一些藍綠菌攝取磷的 Michaelis-Menten-Monod 關係式（8-15 式、8-17 式）中的參數
值〔υ_{max} 為攝取水中限制營養鹽之最大攝取率，K_u 為攝取水中限制營養鹽之半飽和
常數（見 8-17 式）〕

藍綠藻藻種	υ_{max}	K_u	參考文獻
Aphanizomenon flos-aquae	0.2 μmol-P mg-DW^{-1} h^{-1}	0.23 μM	Kromkamp et al., 1989
Prochlorotrix holtandica	0.67 μmol-P mg-DW^{-1} h^{-1}	0.21 μM	Kromkamp et al., 1989
Microcystis aeruginosa Ak I	1.4 μmol-P mg-DW^{-1} h^{-1}	3.8 μM	Kromkamp et al., 1989
Oscillatoria agardhii Gomt	0.88 μmol-P mg-DW^{-1} h^{-1}	-	Kromkamp et al., 1989
Anabaena fosaquae	1.05 μmol-P mg-DW^{-1} h^{-1}	1.54 μM	Kromkamp et al., 1989
Microcystis aeruginosa	2.7 μg-P mg-cell^{-1} h^{-1}	0.021-0.087 mg-P L^{-1}	Okada et al., 1982
Microcystis aeruginosa	12.1 – 29.9 μg-P mg-DW^{-1} h^{-1}	0.386～0.847 mg-P L^{-1}	莊珮嘉，2011
Asterionella formosa	14.96 x 10^{-9} μg-P cell^{-1} h^{-1}	0.70 μM	Holm and Armstrong, 1981
Microcystis aeruginosa	8.03 x 10^{-9} μg-P cell^{-1} h^{-1}	1.23 μM	Holm and Armstrong, 1981
Emiliania. huxleyi	43 fmol cell^{-1} h^{-1}	1.9 μM	Riegman et al., 2000

表 8-3 一些藻類之比生長速率、營養鹽攝取率、最大與最小儲存量（見 8-15 至 8-17 式）

營養鹽		Q_{max}	Q_{min}	μ_{max}/K_i	υ_{max}/K_u	光線強度	藻種	references	備註
攝取磷		22 μgP mg-DW⁻¹	2.7 μgP mg-DW⁻¹	0.036 h⁻¹/-	0.83 μmol P mg-DW⁻¹ h⁻¹/1 μM	30 Wm⁻² (138 μEm⁻²s⁻¹)	阿氏顫藻 *Oscillatoria agardhii*（藍綠菌）	Riegman and Mur, 1984	
		11~73 μgP mg-protein⁻¹		-	0.4~3.1 μmol P mg-protein⁻¹ h⁻¹/-	1.9~27.0 Wm⁻²	阿氏顫藻 *O. agardhii*（藍綠菌）	Riegman and Mur, 1985	
		82 fmol-P cell⁻¹	2.6 fmol-P cell⁻¹	0.76 d⁻¹/1.1 nM	23 fmol-P cell h⁻¹/0.4 μM	200 μEm⁻²s⁻¹	鈣板藻 *Emiliania. huxleyi*（金藻）	Riegman et al., 2000	
					0.3~5.7μg-P ugChl-a⁻¹ hr⁻¹/-	30 Wm⁻² (138μEm⁻²s⁻¹)	沼澤顫藻 *Oscillatoria limnetica*（藍綠菌）	Riegman and Mur, 1986	
					0.3~2.1μg-P Chl a⁻¹ hr⁻¹/-				
		100 μg-P mg-protein⁻¹	1.7 μg-P SS⁻¹ (5.1 μg mg-protein⁻¹)	0.004 h⁻¹/-	4.3 μmol-P mg-protein⁻¹ h⁻¹/3.8 μM	100 μmol m⁻²s⁻¹	銅綠微囊藻 *Microcystis aeruginosa*（藍綠菌）	Kromkamp et al., 1989	Lake Breukeleveen 20°C
			2.8 μg-P SS⁻¹ (6.5 μg mg-protein⁻¹)	0.015 h⁻¹/-	3.8 μmol-P mg-protein⁻¹ h⁻¹/6.3 μM				Lake Loosdrecht 20°C

營養鹽	Q_{max}	Q_{min}	μ_{max}/K_i	υ_{max}/K_u	光線強度	藻種	references	備註
	$9.5\,\mu g\text{-}P\,mg\text{-}DW^{-1}$	$1\,\mu g\text{-}P\,mg\text{-}DW^{-1}$	$0.6\,d^{-1}/\text{-}$	$5.3\sim7.1\,\mu g\text{-}P\,mg\text{-}DW^{-1}h^{-1}/\text{-}$	$0.5\,klux$ $(8.99\,\mu E\,m^{-2}\,s^{-1})$	銅綠微囊藻 M. aeruginosa (藍綠菌)	Okada et al., 1982	24°C
	$20\,\mu g\text{-}P\,mg\text{-}DW^{-1}$	$1.27\,\mu g\text{-}P\,mg\text{-}DW^{-1}$	$0.88\,d^{-1}/\text{-}$	-	$0.39*10^{16}\,quanta\,cm^{-2}\,s^{-1}$ $(64.78\,\mu E\,m^{-2}\,s^{-1})$	銅綠微囊藻 M. aeruginosa (藍綠菌)	Fujimoto and Sudo, 1997	30°C
	$93\,\mu g\text{-}P\,mg\text{-}DW^{-1}$	$1.84\,\mu g\text{-}P\,mg\text{-}DW^{-1}$	$1.08\,d^{-1}/\text{-}$	-		小席藻 Phormidium tenue (藍綠菌)		20°C
	$58\,\mu g\text{-}P\,mg\text{-}DW^{-1}$	$1.32\,\mu g\text{-}P\,mg\text{-}DW^{-1}$	$0.91\,d^{-1}/\text{-}$	-		銅綠微囊藻 M. aeruginosa (藍綠菌)		30°C
	$0.38\times10^{8}\,\mu mol\,cell^{-1}$	$0.1\times10^{-8}\,\mu mol\,cell^{-1}$	$0.25\,d^{-1}/0.19\,\mu M$	$8.03*10^{-9}\,\mu mol\text{-}P\cdot cell^{-1}\cdot hr^{-1}/\,0.1.23\,\mu M$	$20\,\mu E\,m^{-2}\,s^{-1}$	銅綠微囊藻 M. aeruginosa (藍綠菌)	Holm and Armstrong, 1981	20°C
	$31\times10^{8}\,\mu mol\,cell^{-1}$	$0.47\times10^{-8}\,\mu mol\,cell^{-1}$	$0.67\,d^{-1}/0.07\,\mu M$	$14.96*10^{-9}\,\mu mol\text{-}P\cdot cell^{-1}\cdot hr^{-1}/\,0.70\,\mu M$	$20\,\mu E\,m^{-2}\,s^{-1}$	美麗星杆藻 Asterionella Formosa (矽藻)		20°C
	$30\,\mu g\text{-}P\,mg\text{-}DW^{-1}$	$<1\,\mu g\text{-}P\,mg\text{-}DW^{-1}$		$8.31\sim43.3\,\mu gP\,mg\text{-}SS^{-1}h^{-1}/\,0.386\sim0.847\,mgL^{-1}$	$70\sim370\,\mu E\,m^{-2}\,s^{-1}$	銅綠微囊藻 M. aeruginosa (藍綠菌)	莊珮嘉，2011	

營養鹽		Q_max	Q_min	μ_{max}/K_i	υ_{max}/K_u	光線強度	藻種	references	備註
攝取氮		93 fmol-N cell^{-1}	43 fmol-N cell^{-1}	0.14 d^{-1}/-	0.075 h^{-1}/0.22 μM	200 μmol m^{-2} s^{-1}	鈣板藻 E. huxleyi（金藻）	Riegman et al., 2000	
		100 μg-N mg-DW^{-1}	40.8 μg-N mg-DW^{-1}	0.84 d^{-1}/-		0.39*10^{16} quanta cm^{-2} s^{-1} (64.78 μE m^{-2} s^{-1})	銅綠微囊藻 M. aeruginosa（藍綠菌）	Fujimoto and Sudo, 1997	20°C
		70 μg-N mg-DW^{-1}	29.2 μg-N mg-DW^{-1}	1.45 d^{-1}/-					30°C
		570 μg-N mg-DW^{-1}	87 μg-N mg-DW^{-1}	1.31 d^{-1}/-			小席藻 P. tenue（藍綠菌）		20°C
		220 μg-N mg-DW^{-1}	52.3 μg-N mg-DW^{-1}	0.59 d^{-1}/-					30°C
		2.8 pg-N/cell	15.68 pg-N/cell	0.47 d^{-1}/9.5 mg-NL^{-1}			微囊藻 Microcystis sp.	李品增，2017	

註：
DW：表示為乾重量；
Q_{min}：藻體細胞內最小磷營養鹽濃度；
Q_{max}：藻體細胞內最大磷營養鹽濃度；
μ_{max}：最大生長速率（hr^{-1}），
K_i：磷或灵氮之半飽和係數（濃度），
υ_{max}：藻體細胞磷營養鹽最大攝取率，
K_u：攝取水中限制營養鹽之半飽和常數（濃度）。

Droop 生長模式與 Morel 模式或 Okada 模式之一合併使用時，最適合描述一些藍綠菌如微囊藻（*Microcystis* spp.）有相當大的磷儲存能（容）量，又能在突然出現高磷濃度時快速攝取磷，而在水中缺少磷時，還能利用體內儲存的磷繼續生長。所以往往水體的水質現狀無法解釋藻類生長的狀況，例如明明水中營養鹽濃度極低，卻還是有高濃度的浮游藻細胞，這是因為藻細胞過去的經歷使它們蓄積了生長的能力所致。也就是說：要預測浮游藻類的未來，必須要知道藻類個體過去的歷史。

明顯的例子如：微囊藻能於熱分層之水體中取得藻種優勢，係因為微囊藻具有浮力調控機制與高營養鹽攝取速率（表 8-2），又能於水體中垂直上下移動，於底層攝取大量營養鹽，並於表水層中充分利用陽光（Kromkamp et al. ,1989）。所以例如 *Microcystis* spp. 與同樣常出現於優養湖庫中的 *Oscillatoria* spp. 相較，*Microcystis* 常在較深而有分層的水體取得優勢，而 *Oscillatoria* 則在較淺而混合均勻之水體較有優勢（Kromkamp et al. ,1989）。

這種「帶著營養鹽走」的現象以水體中磷為限制營養鹽時最為明顯，因為藻類對磷的攝取速率很高，而相對於生長需要的磷含量而言，儲存磷的能力比氮要大很多。同時也導致一個很常見的現象，只要水中有可利用的磷，常常被浮游藻類攝取一空，水中只剩下幾乎偵測不到的濃度。我們可以大致地說：藻類的生長是受到磷的供應量所控制，而不是濃度。Riegman and Mur（1986）的研究結論也表示：磷的可利用量（availability）是取決於磷的供應量而不是水中濃度。

8.5 浮游藻類的運動

浮游藻類除了被動的隨水流及紊流移動之外，有許多藻類也可以利用自身的能力移動位置。這些移動能力改變了藻類細胞接收光線、逃避被捕食、攝取營養鹽的機會，使藻類能在環境中具有競爭力。

8.5.1 鞭毛運動

有些鞭毛藻類如 *Euglena gracilis* 可利用鞭毛（flagellum）移動（Giometto et al., 2015），又如渦鞭毛藻（*Dinoflagellates*）會利用鞭毛在水體中上下移動尋找光線或營養鹽（Raven and Richardson, 1984），成為優勢藻種。由於藻類利用鞭毛運動的速度不快（大約 0.5 mm s^{-1}），所以水中的紊流速度大小會有很大的影響。當水體混合係數（dispersion coefficient）很大時，藻類利用鞭毛運動的優勢就沒有了。此外渦鞭毛藻也無法直接瞬間利用移動來逃避浮游動物及魚類的捕食。Patterson（1992）曾指出水的流動及生物的體型會影響代謝基質的質傳速度。所以另一個利用鞭毛運動可能的優勢是在紊流不強的水層中

增加藻細胞表面營養鹽的質傳速度，並且更新細胞周圍的水體，以獲得較高的營養鹽濃度梯度，加速營養鹽的攝取。

8.5.2 藻類利用密度改變而垂直運動

有些藻類例如微囊藻（*Microcystis*）及魚腥藻（*Anabaena flos-aquae*）有浮力調節機制（buoyance regulation）可以週期性地垂直移動以克服水體的密度梯度及上下分離的光線和營養鹽，充分利用光線及營養資源，使彼等經常在營養鹽缺乏的表水層（epilimnion）形成優勢。在台灣許多水庫中發現：在一日之午前太陽輻射增強後，微囊藻逐漸往較深的水層移動；於晚上無太陽輻射照射時，微囊藻從較深的水層往表水層移動，且駐留在表層至第二日 8：00 至 9：00 時又開始再度下沉（圖 8-4）（陳琬菁，2009；莊珮嘉，2011；簡鈺晴，2013）。

藍綠菌調控其浮沉的方法有兩種，一種是會藉膨脹壓（turgor pressure）調節氣囊（vesicle）的大小；另一種為氣囊大小不改變，以改變細胞壓艙物（cell ballast）之含量而調整浮力，例如藉由合成或代謝體內儲存物質來改變本身的比重。氣囊改變所造成的浮力調控需要較長時間，而短時間調整浮力之機制主要為改變細胞壓艙物之含量。

微囊藻可以在光線充足時合成碳水化合物，這些碳水化合物可增加細胞之密度，使細胞能沉入密度較高之水層。在光線不足之處，微囊藻以呼吸作用將體內之碳水化合物消耗，使其細胞之密度減輕、浮力增加，可以增加藻類上浮速度及捕捉光線的能力（Thomas 及 Walsby, 1985）。

以氣囊之改變控制浮力受營養鹽影響。例如在氮營養鹽限制環境下，藍綠藻體內氣囊的體積會減小，使其浮力變小（Klemer 等，1982；van Rijn 及 Shilo，1983；Spencer 及 King，1985；Oliver，1994)。再添加氮鹽於氮限制水體可以使 *Oscillatoria* 之浮力快速增加（van Rijn and Shilo，1983；Konopka 等，1993）。當環境中 CO_2 成為限制因子時，浮力也會增加（Klemer 等，1982）。在光線較弱時，隨著光合作用減弱，*Oscillatoria* 之膨脹壓減少，氣囊變大，使得浮力增加；在光線較強及足夠的 CO_2 環境下，*Oscillatoria* 的氣囊會減小（Walsby，1971）。*Microcystis aeruginosa* 若是經歷過營養鹽限制下的培養，在充足照光下浮力都會降低（Brookes 及 Ganf，2001）。

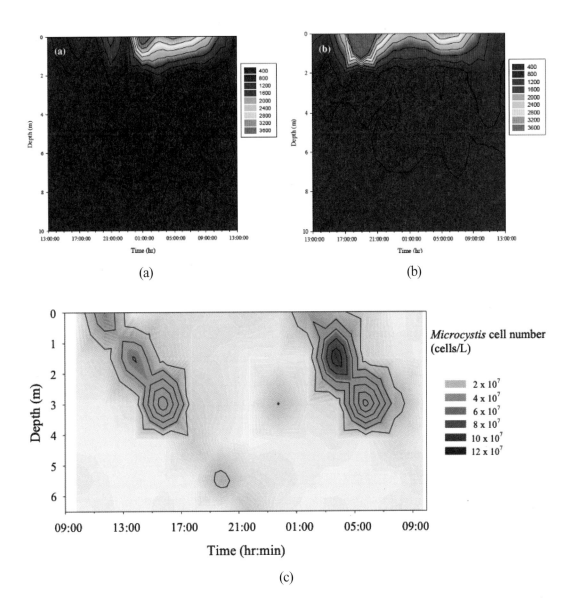

(a)

(b)

(c)

圖 8-4　(a) 台灣新山水庫大壩前及 (b) 南灣水域，2010 年 6 月 20 日 13:00 時至 21 日 13:00 時
水中微囊藻細胞數目隨時間及深度之變化。20 日傍晚後微囊藻逐漸上浮至表水層，
並持續駐留至次日上午日出後下沉回到較深處。圖例旁之數字代表藻細胞濃度（cells
mL^{-1}）（莊珮嘉，2011）。(c) 新山水庫微囊藻數量日週期垂直變化，觀察時間為
2008 年 5 月 14～15 日。14 日日間微囊藻逐漸沉入深處，午夜至次日凌晨上浮回到
水面，日出後又再度往下沉入深處。（陳琬菁，2009；簡鈺晴，2013；Chien et al.,
2013）

8.5.3 藻類的密度變化

藻類密度與細胞中碳水化合物的含量有關,因此會隨著接受光照而增加,但是超過密度最大值之光照強度後反而會下降。此外無論有無光線照射,都有一固定的密度衰減率。Visser 等人(1997)考慮微囊藻有這些密度變化的機制,以及無光線時之密度變化率,建立細胞密度變化與光照強度的關係如下式。其中光線強度小於 10.9 μ mol photons $m^{-2}s^{-1}$ 界定為無光線環境。

有光線時 $\quad D(I) = \dfrac{d\rho}{dt}_{(under\ light)} = \left(\dfrac{N_0}{60}\right)Ie^{-\frac{1}{I_0}} - c_4$ （8-18）

無光線時 $\quad D(d) = \dfrac{d\rho}{dt}_{(in\ dark)} = f_1\rho - f_2$ （8-19）

其中

ρ:藻體密度（kg m^{-3}）,

$D(I)$ 為在光強度為 I（μmol photons $m^{-2}s^{-1}$）時之密度變化率（kg $m^{-3}min^{-1}$）,

I_0:密度達最大值之光線強度,其值為 277.5（μmol photons $m^{-2}s^{-1}$）,

N_0:一標準化因子（0.0945 kg m^{-3} $μmol^{-1}$ photons m^2）,

c_4:無論光線大小下,固定的密度變化率（0.0165 kg $m^{-3}min^{-1}$）,

$D(d)$:在無光條件下之密度變化率（kg $m^{-3}min^{-1}$）,

f_1:為 9.49×10^{-4} min^{-1},

f_2:體內無碳水化物時之理論密度變化率,其值為 0.984 kg m^{-3} min^{-1}。

實際上藻細胞密度變化不僅與當時的光強度有關,也與先前接觸之光強度有關,可以用一個調適動力模式來模擬密度變化率,如下式（Wallace and Hamilton, 1999）。

$$\dfrac{dD}{dt} = k_r(D - D_{eq})$$ （8-20）

光線增加時,$k_r = \dfrac{1}{\tau_r}$

光線減少時,$k_r = 0$

其中

D_{eq}:用 Visser 模式（8-18 式及 8-19 式）估計出來的密度變化率（kg $m^{-3}min^{-1}$）,

k_r:調適動力係數（min^{-1}）,

τ_r:記憶效應時間尺度,約為 20 分鐘。

8.6 藻團生長與其大小

　　有些藻類會形成藻團聚（colony）。例如微囊藻（*Microcystis*）在水體中聚集像一串葡萄，被透明的膜包覆著（圖 8-5a）。膠鬚藻（*Rivularia planctonica*）則像拖把的頭，一條條細胞串成的藻絲，從藻團中央向外輻射伸出（圖 8-5b）。一藻團中含有的藻細胞數目可能為數十顆，或高達上千顆。

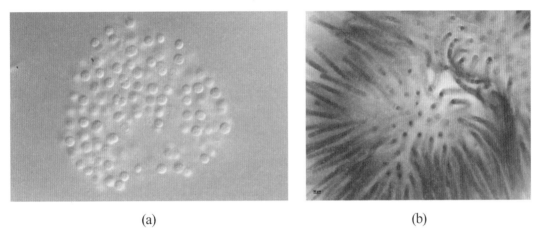

(a)　　　　　　　　　　　　　　　　(b)

圖 8-5　形成藻團的浮游藻類：(a) 水華微囊藻 *Microcystis flos-aquae* (Wittr.) Kirch. (b) 膠鬚藻 *Rivularia planctonica* (also known as *Gloeotrichia echinulata*)。此二藻均為藍綠菌（cyanobacteria）

　　藻團的形成可能使藻類具有以下優勢：一、顆粒體積增大且毒素含量增加，兩者皆能夠降低被浮游動物捕食的風險（Kurmayer et al., 2003; Yang and Kong, 2012; Van Donk et al., 2011; Ryderheim, 2022）；二、降低病毒、細菌感染的威脅；三、增加晝夜遷移速度，透過在水體中的垂直移動來獲得生長所需之光線與營養鹽，降低環境對生長的限制；四、藻團生長所需磷較單細胞微囊藻少，且有較高的表面剪力及質傳速率，有利其在低磷環境中生存（Pahlow et al., 1997; Shen and Song, 2007; Musielak et al., 2009; Ryderheim, 2022）；五、截面積與體積之比減少，降低高強度光照之光抑制效應；六、細胞死亡釋出或分泌營養鹽，可以被密集的細胞團攝取再利用，減輕水體營養鹽缺乏的限制。

　　但是藻細胞形成藻團也要付出代價，包括單位細胞的光照減少、在團粒內部的細胞能攝取之營養鹽較少，總體生長速度變慢。李品增（2017）曾發現在氮為限制營養鹽的環境下（初始硝酸鹽氮之濃度為 0.6 mg-NL^{-1} 左右），微囊藻的比生長速率與藻團直徑有如下的關係。

$$\mu = -0.0021d + 0.796 \qquad (8\text{-}21)$$

其中

μ：藻類的比生長速率（d^{-1}），

d：藻團之直徑（μm），$25\ \mu m$ 至 $115\ \mu m$。

李品增（2017）同時也發現氮為限制營養鹽的環境下，氮之半飽和濃度，K_N（mg-N L^{-1}），隨粒徑，d（μm），上升而上升。

$$K_N = 4.19e^{0.008d} \qquad (8\text{-}22)$$

在自然界中微囊藻團的大小並非以單一粒徑存在，且受到生長的限制，藻團粒徑並非持續增大（李品增，2017）。例如新山水庫中優勢的微囊藻在 2011 年 8 月藻團粒徑分布如圖 8-6（周展鵬，2012）。以不同粒徑的藻團數來看，多數藻團半徑集中在 5 至 15 μm（圖 8-6a），且可以用 β 分佈（β distribution）函數來描述其分布，其形狀參數為 α = 2, β = 5（簡鈺晴，2013）。

$$F(r, \alpha, \beta) = \text{contant}\left(\frac{r - r_{min}}{r_{max} - r_{min}}\right)^{\alpha - 1}\left(1 - \frac{r - r_{min}}{r_{max} - r_{min}}\right)^{\beta - 1} \qquad (8\text{-}23)$$

其中

$F(r, \alpha, \beta)$：藻團半徑分布函數，是半徑，r，與二形狀參數 α 與 β 之函數，

constant：與總藻團數目有關之常數，

r：藻團半徑（μm），

r_{min}：藻團半徑的最小值（μm），

r_{max}：藻團半徑的最大值（μm），

α, β：形狀參數。

如果用細胞數來看藻團大小分佈就可以看出藻團半徑可以大到 $60 \sim 70\ \mu m$，而且大藻團占總藻細胞很大的比例。

維持一定的藻團大小與密度是在分層水體存活的條件之一。藻團能在一穩定環境中維持一定的大小分布，除了藻團中細胞分裂增生使藻團增大之外，必定有使藻團變小或移除超大團粒的機制。控制機制之一是移除太大的藻團。當藻團的密度大於水時，藻團會沉降，其沉降速度可以用 Stoke's Law 來描述。

$$v_s = \frac{2gr^2(\rho - \rho_w)}{9\phi\mu} \qquad (8\text{-}24)$$

其中

v_s：藻團之沉降速度（ms^{-1}），

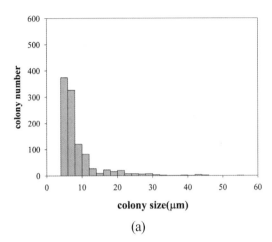
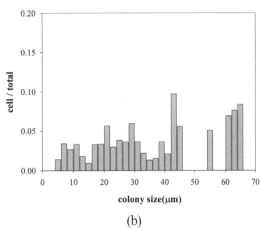

(a)　　　　　　　　　　　　(b)

圖 8-6　2011 年 8 月台灣新山水庫中微囊藻藻團大小分布的情形。(a) 藻團數目對半徑之分布。
　　　　此圖顯示藻團分布是一種 β 分布。(b) 藻細胞總數對所屬同樣大小藻團之半徑之分
　　　　布。以細胞數來看藻團之大小，較能顯示出大顆粒藻團的重要性。（周展鵬，2012）

g：重力加速度（$9.81\ \mathrm{ms^{-2}}$），
r：微囊藻團半徑（m），
ρ：微囊藻團密度（$\mathrm{kgm^{-3}}$），
ρ_w：水的密度（$\mathrm{kgm^{-3}}$），
φ：團聚藻體之形狀阻力，
μ：水的黏滯係數（$= 0.001\ \mathrm{kgm^{-1}s^{-1}}$ at 20℃）。

若藻團密度小於水時，藻團會上浮。沉降與上浮之速度與半徑之平方成正比。所以大藻團
之浮沉速率較快很多。若浮力調控機制不足以調整浮沉之方向與速度時，藻團即沉降離開
光照層，或擠在水表面成為藻細胞浮渣，無法獲取光能來維持生長與代謝，以致死亡。

　　維持藻團固定分布的另一機制是過大藻團分裂成兩、三個較小的藻團（圖 8-7a）。藻
團體積因藻細胞繁殖漸漸變大時，可能因光線不足或營養鹽不足，內部產生空隙。大的藻
團形狀也較不規則，在紊流狀態下受到較高的剪力。這些因素會導致藻團崩解成兩個或數
個較小的藻團，使藻團的平均半徑縮小。藻團另外一種縮小的方式是剝落，就是一部分藻
細胞從藻團表面剝落，使藻團半徑變小（圖 8-7b）。

　　李品增（2017）曾在實驗室中觀察到不同大小的微囊藻（*Microcystis* sp.）藻團其崩解
成較小的藻團及表面剝落的機率（表 8-4）。所有級距的總崩解機率在 $0.16\ \mathrm{d^{-1}}$ 至 $0.32\ \mathrm{d^{-1}}$
左右，顯示藻團並非固定達到某粒徑大小時才分裂，而是因生長過程中使藻團結構不穩定
導致分裂，且分裂的機率隨著粒徑改變有所不同，50 μm 至 100 μm 大小的顆粒的崩解機
率略高。至於剝落的情形則在大於 100 μm 大小的藻團才顯著。

表 8-4　微囊藻團分裂機率

母藻團粒徑大小（μm）	崩解為 n 顆之機率（d⁻¹）				不同大小顆粒之剝落某體積比之機率（d⁻¹）		
	n				剝落體積比		
	2	3	4	5	1%	0.5%	0.1%
0～10	0	0	0	0	0	0	0
10～20	0.163	0	0	0	0	0	0
20～30	0.163	0	0	0	0	0	0
30～40	0.21	0	0	0	0	0	0
40～50	0.207	0.023	0	0	0	0	0
50～60	0.21	0.07	0	0	0	0	0
60～70	0.21	0.07	0	0	0	0	0
70～80	0.196	0.084	0	0	0	0	0
80～90	0.09	0.12	0.06	0.03	0	0	0
90～100	0.09	0.12	0.06	0.03	0	0	0
100～160	0.06	0.08	0.04	0.02	0.5	0	0
160～200	0.075	0.1	0.05	0.025	0.2	0.2	0.1
>200	0.096	0.128	0.064	0.032	0.2	0.2	0.1

註：1. 資料來源：李品增（2017）；2. 比生長速率 μ（d⁻¹）與粒徑 d（μm）之關係為 $\mu = -0.0021\ d + 0.796$，μ 平均為 0.47 d⁻¹。

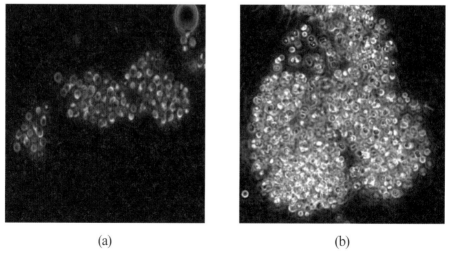

(a)　　　　　　　　　　　　　　　(b)

圖 8-7　兩種主要的藻團分裂現象：(a) 崩解，圖中一個藻團崩解為三個較小的藻團；(b) 剝落，圖中藻團的一部分剝離成為單細胞藻粒。〔資料來源：李品增（2017）〕

李品增（2017）依實測粒徑分布，逢機產生約 100 餘顆藻團爲模擬對象，依其大小及實驗室所得所屬大小藻團群之生長速率、崩解與剝落機率，每一天調整該藻團體積，並產生新的藻團。經過 15 天之後，藻團粒徑趨向最初現場實測的穩定 β 分布。這研究的結果顯示：一、生長、崩解與剝落應該是維持藻團穩定分布的主要機制之一；二、預測形成藻團的藻種的濃度，必須追蹤各單一藻團的大小以及其生長特性的變化。

8.7 微囊藻可以日夜週期垂直移動的優勢

微囊藻可以藉著日照強度來調節其密度（見 8.5.3 節），又能形成穩定的藻團大小分佈（8.6 節），取得足夠的沉降與上浮速度，使得微囊藻得以在營養鹽濃度極度分佈不均，表層水營養缺乏的分層水庫水體中，尋得其生長的最適生態棲位（niche）。圖 8-8 說明微囊藻日夜移動的位置與水層的溫度及營養鹽分布的狀態，與不會自主運動的矽藻的分布狀態的差異。在分層的水體中，不能自主垂直運動的矽藻無法兼得充足的光線與營養鹽，無法與微囊藻競爭。反之在水層完全混合的冬季，需要強日照的微囊藻無法維持在日照充足的近表面水層，以致無法與矽藻競爭。季節的轉換造成不同時間出現不同藻類的最適生態棲位。

8.8 藻的消失與死亡

光合作用產生的質量必須以某種形式移除，否則此生態系統中能量的流通就被阻塞了，以致衍生厭氧環境，大量物種死亡而剩下少數物種。除非遇到惡劣的環境，例如營養鹽的供應極度缺乏，或是環境因子變得不適合生長，藻類其實不會自己死亡，它會一生二、二生四，一直分裂繁殖。所以除了隨出水離開水體及沉降至底泥，藻類被移除的主要機制是動物捕食。

8.8.1 藻類被捕食

藻類被捕時消失的速率受到獵食者（predator）的種類、數量，及獵食者單位時間獵食能力，以及藻類本身之濃度之控制。每一隻獵食動物有它特殊的濾食率。整體獵食動物的藻類捕食率是個別濾食率、乘上不同種、不同類獵食者數目（濃度），然後加起來而得，可稱爲群落掠食指數（community grazing index, CGI）（Thompson et al., 1982）。此指數乘以藻類濃度就是藻類被捕食的消失速率。

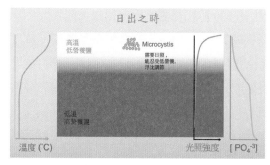

(a)

(b)

(c)

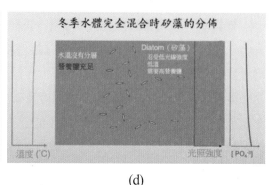

(d)

圖 8-8　亞熱帶水庫晚春開始至夏末的光線、溫度分層及營養鹽分布的狀態。(a) 微囊藻在每日凌晨時已經浮在接近水面的位置，準備開時行光合作用；(b) 中午之後，經過充足的日照及一段時間的光作用，微囊藻以增加密度的方式開始下沉，視其密度高低，最後會在夜晚時停留在變溫層或底水層某處；(c) 午夜時在水密度較高及營養鹽濃度較高的變溫層或底水層某處，微囊藻代謝掉一些碳水化合物，使其密度降低，開始逐漸上浮，在凌晨之前又回到接近水面之處；(d) 冬季水體完全混合時光線、溫度分層及營養鹽分布的狀態。此時能忍受較低光照的矽藻在整個混合的水體中利用足夠的營養鹽取得生長優勢

$$R_{graze, i} = -CGI_i \times C_{a, i} = -\sum_j^n \phi_j DC_{i, j} \times N_j \times C_{a, i}$$ （8-25）

其中

$R_{graze, i}$：藻類 i 被捕食的消失速率（mg L^{-1}s^{-1}），

i：表示某一藻種（可細分為大小、年齡等類別）或某一種獵物，

CGI_i：群落掠食指數（community grazing index, CGI）（s^{-1}）在此等於 $\sum_j \phi_j DC_{i, j} N_j$，

j：表示某一獵食者族群（可細分為大小、年齡等類別），

ϕ_j：j 類獵食者之個體濾食率（L ind.$^{-1}$ s^{-1}），

$DC_{i, j}$：j 類獵食者對 i 藻種之食性比率（無單位）（詳見 8.9.3 節），

N_j：j 類獵食者之個體密度（ind. L^{-1}），

$C_{a,i}$：i 藻種之水中濃度（mg L^{-1}）。

8.8.2 其他移除機制

少量藻細胞會在局部不良的生長環境下失去生命力而被細菌分解。例如浮到水表面受到光害死亡的細胞、藻團內部營養不足的藻細胞。這些活細胞損失率，難與呼吸作用分辨，故可從粗基礎生產量中扣掉。有些不能自主運動的藻細胞沉降至混合層以下而被移除，估計此沉降移除率時，可將藻細胞或藻團的濃度乘上沉降速度，再除以混合層厚度，視為其水中的去除率。

8.9 浮游動物及其他高階營養階層生物的生長與對藻類的生存壓力

8.9.1 浮游動物及其他高階營養階層生物之生長

草食性（herbivorous）的浮游動物捕食藻類而生長，屬於草食生物（herbivore），能將食物轉化為生物質量，稱為二次生產量（secondary production）。有些浮游動物同時捕食藻類及其他較小型的浮游動物，屬於雜食性（omnivorous）的雜食動物（omnivore）。純以動物為食的肉食性動物（carnivore）以捕食其他動物為食，產生生物質量，稱為三次生產量（tertiary production）。以上這些生物都稱為異營性生物（heterotroph）以有別於自營性（autotrophic）的藻類。

會捕食藻類的浮游動物包括（由體型小的到體型大的）：原生動物門 (Phylum Protozoa) 如變形蟲（amoebae）、纖毛蟲（ciliates）及眼蟲（euglenids）等；輪蟲動物門 (Phylum Rotifera) 如輪蟲（rotifer）；節肢動物門（Phylum Arthropoda）中的枝角目（Cladocera）如水蚤（daphnia），及同門的橈足目（Copepoda）如橈角類（copepod）等（Lampert and Sommer, 2007）；以及蝦蟹及魚的幼蟲等。這些動物的生長速率及捕食速率造成藻類不同的生長壓力。表 8-5 為台灣新山水庫多細胞浮游動物之組成。圖 8-9 為台灣新山水庫常見之多細胞浮游動物。圖 8-10 為台灣新山水庫多細胞浮游動物體型大小個體數分布。

表 8-5 台灣新山水庫多細胞浮游動物之組成

	橈足類無節幼蟲	橈足類橈腳幼蟲	橈足類成蟲	枝角類	輪蟲類	total
濃度（inds mL^{-1}）	60 ± 8	16 ± 5	2 ± 1	25 ± 6	29 ± 8	132 ± 24
比例（%）	45.4	12.1	1.5	18.7	21.6	

資料來源：鄭曉蔓（2016）

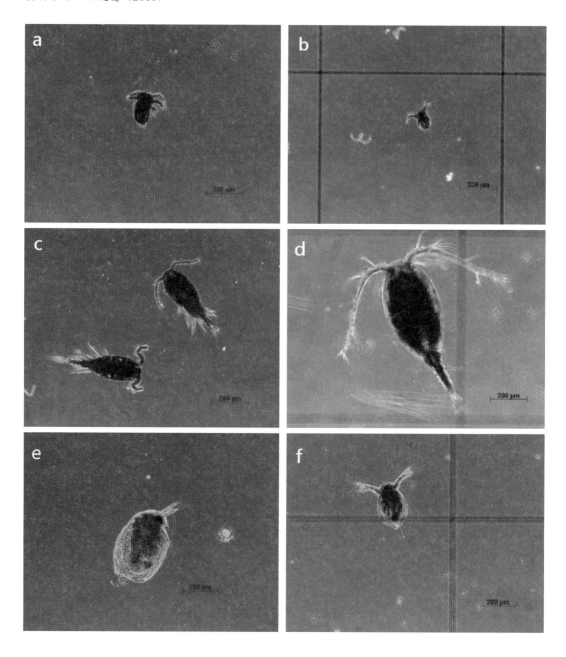

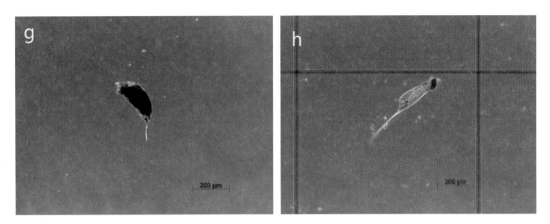

圖 8-9　台灣新山水庫多細胞浮游動物。(a)、(b) 為橈足類無節幼蟲；(c) 為橈腳幼生；(d) 為橈足類成蟲；(e)、(f) 為枝角類；(g)、(h) 為輪蟲。顯微鏡放大倍數 100x。資料來源：鄭曉蔓（2016）

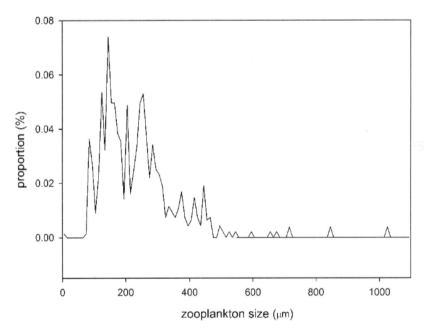

圖 8-10　台灣新山水庫多細胞浮游動物體型大小個體數分布。資料來源：鄭曉蔓（2016）

8.9.2　影響獵食者捕食量的因素

　　獵食者對水中只有單一獵物時的捕食率（feeding rate）取決於其濾食率及獵物之濃度，如下式。

$$U_{i,j} = \phi_j C_{a,i} \tag{8-26}$$

其中

$U_{i,j}$：獵食者 j 對單一獵物 i 之捕食率（mg ind^{-1} s^{-1}），

$C_{a,i}$：i 藻種或獵物之水中濃度（mg-dry weight L^{-1}），

ϕ_j：j 類獵食者之個體濾食率（filtering rate，clearance rate 或 grazing rate）（L ind.$^{-1}$ s^{-1}）〔每一獵食者每秒可以過濾多少公升（L）水域〕。

此濾食率，ϕ_j，在獵物濃度低時為一定值，是獵食者的獵食行為特性，但是當獵物濃度增加時，捕食率，U_i，呈現如 Monod model 逐漸趨近於最大捕食率不再增加，甚至太濃的獵物會阻礙攝食而使捕食率下降。

若多種藻類同時存在時，水中某一異營性生物的生長速率與其總捕食量有關，可以表示如下：

$$R_j = \mu_j C_j = Y_j \phi_j N_j \sum_i^n (DC_{i,j} \times C_{a,i}) \tag{8-27}$$

其中

R_j：異營生物 j 之生長速率（mg L^{-1} s^{-1}），

μ_j：異營生物 j 之比生長速率（s^{-1}），

C_j：異營生物 j 之質量濃度（mg L^{-1}），

Y_j：食物產率（yield），是扣除代謝消耗掉的食物及不消化而排出體外的食物殘渣及糞便顆粒（fecal pellets）後，淨生長速率相對於攝食速率的比例（mg mg^{-1}），

N_j：j 類獵食者之個體濃度（ind. L^{-1}），

$DC_{i,j}$：j 類獵食者對 i 藻種或獵物之食性比率（無單位）（詳述於 8.9.3. 節）。

8.9.3 異營物種之食性組成

當獵物有多個時，獵食者會同時捕食多種獵物，甚至有時是跨營養階層的獵物。例如水蚤可能會捕食藻類，也會同時捕食小型的浮游動物。異營物種之食性比表現出其特別的獵食喜好。表 8-6 是參考 Opitz（1996）對加勒比海珊瑚礁岸區，及陳靜怡（2002）及戴孝勳（2005）對台灣大鵬灣潟湖的生態族群研究結果，簡化族群項目所做的一個食性比矩陣例子。由此淺水潟湖的例子中可看出許多種類的獵食者可以多方面的攝食，例如肉食性浮游動物也會摻雜取用 10% 的浮游植物；草食性魚類除了攝食 69% 之附生植物、19.8% 的碎屑，也攝食一些其他生物。系統的食性組成會隨著時間演變，雖有看似到達穩態的狀況，但是僅僅是氣溫的變化，就可以改變藻類的種類與組成，接著造成每一營養階層的獵食者的組成及食性都會跟著改變。

表 8-6 食性比矩陣

prey 獵物 / Predator 獵食者	3 herbivorous zooplankton 草食性浮游動物	4 carnivorous zooplankton 肉食性浮游動物	5 polychaeta 多毛鋼	6 castropoda 腹足類	7 bivalve cirripedia 雙殼類、牡蠣及節肢類(如藤壺)	8 amphipoda 端足類	9 crab and shrimp 蝦與蟹	10 herbivorous fish 草食性魚	11 zooplankton feeding fish 食浮游動物魚	12 benthic feeding fish 食底食性魚	13 detritivorous fish 食屑食性魚	14 piscivorous fish 食魚魚 猛魚
1 phytoplankton 浮植物	1	0.1	0.106	-	0.26	0	0.014	0.063	-	0.099	0.097	-
2 periphyton 附生植物	-	-	0.261	0.441	0.05	0.687	0.39	0.69	-	0.266	0.027	0.078
3 herbivorous zooplankton	-	0.9	0.01	0.01	0.042	0.01	0.01	0.01	0.531	0.01	0.007	0.001
4 carnivorous zooplankton			0.06	-	-	0.078	0.125	0.001	0.1	0.003	0.001	-
5 polychaeta			0.06	0.078	-		0.055	0.002		-	0.006	-
6 castropoda			0.01	0.022	-		0.085	0.001		0.001	0.021	0.001
7 bivalve and cirripedia	0	0	0.055	0.064	0	0.025	0.172	0.016	0	0.052	0	0
8 amphipoda			0.038	0.05	-		0.033	0.019	0.052	0.23	0.019	0.028
9 crab and shrimp	0	0	0	0.005	-	0	0.004	0	0	0.099	0	0.002
10 herbivorous fish							0.006			-		0.172
11 zooplankton feeding fish							0					0.034
12 benthic feeding fish							0.006			-		0.131
13 detritivorous fish							0			-		0.357
14 piscivorous fish							0			-		0.154
15 detritus 碎屑			0.4	0.33	0.65	0.2	0.1	0.198	0.317	0.24	0.822	0.042

註：表中數字是參考 Opitz（1996）對加勒比海珊瑚礁岸區、及陳靜怡（2002）及戴孝勤（2005）對台灣大鵬灣潟湖的生態族群研究結果，簡化族群項目所做的一個例子。數字代表橫列項目之獵食者捕食縱列項目之獵物所占該獵食者總捕食量之分量。

　　不同藻類同時存在時，浮游動物對藻類之偏好會受到藻種特性之影響。第一種造成某些浮游動物拒吃的原因是藻毒素。以微囊藻爲例，微囊藻被認爲是浮游動物較不喜愛的食物，理由之一是會產生藻毒（DeMott et al., 1991；Smith and Gilbert, 1995；Laurén-Määttä et al., 1997）。Nandini 和 Rao（1997）發現實驗室餵養微囊藻之輪蟲受到藻毒之影響，族群數目快速下降，並在五天內全數死亡。

　　關於微囊藻對枝角類影響的研究則有相互矛盾的結果，Ferrão-Filho 等人（2000）指出不同枝角類對有毒微囊藻的敏感性與其生活史有關，Lampert（1981）認爲 *Daphnia pulicaria* 無法在銅綠微囊藻的餵食下良好的生長及繁殖，但 De Bernardi（1981）則認爲 *Daphnia obtusa* 和 *Daphnia hyaline* 可以濾食小的微囊藻團，做爲食物來源。

　　Fulton（1988）發現 *Bosmina longirostris* 會攝食銅綠微囊藻（*Microcystis aeruginosa*），不受到毒害，推測其攝入藻細胞後有抵抗藻毒之機制。在微囊藻毒性影響方面，更涉及到不同浮游動物族群的耐受度、微囊藻的不同品系、毒性的季節變化及溫度的影響，並無法以單一因素概論某現象之成因爲何。Fulton 及 Paerl（1987b）則發現橈足類浮游動物能利用化學訊號避免攝食微囊藻，以減少受到藻毒的傷害。

　　第二個造成浮游動物不吃的原因，也被認爲是抵抗捕食的機制是藻細胞或團粒（colony）太大，或分枝複雜。浮游動物不喜歡攝食團粒微囊藻，因爲其難以被分離爲小碎片，而造成浮游動物濾食上的困難（Arnold, 1971；Thompson et al., 1982；Fulton and Paerl, 1987a）。但是某些枝角類可以攝食團粒微囊藻，且藻團的黏膜在未被破壞前，可以避免微囊藻的內毒素釋放（Stangenberg, 1968）。新山水庫浮游動物不以微囊藻藻團爲主要食物來源，多偏好以體積更小的微生物以及有機碎屑爲食（鄭曉蔓，2016）。該研究結果也顯示浮游動物的捕食作用並非自然水體中微囊藻藻團維持特定粒徑分布之主因。

8.9.4 異營物種之捕食率

　　浮游動物或是更高階的獵食者的捕食率受到獵食者之體型、肢體官能構造、視覺及味覺等感知能力、運動力及獵物之密度等影響（Peter and Downing, 1984）。浮游動物（zooplankton）中的輪蟲類（rotifers）可以用嘴邊的纖毛（cilia）捕食水中懸浮顆粒及藻細胞；枝角類（Cladocera）的水蚤（daphnia）等會用長滿剛毛（seta）的前腳去捕撈食物顆粒；橈腳類（Copepods）則用伸出的口器捕捉食物，然後送進口中（Wetzel, 2001）。

　　食藻性浮游動物（herbivorous zooplankton）的捕食率可以用稀釋法（dilution technique）、浮游動物胃容物螢光分析法（fluorescence analysis of zooplankton gut contents）、放射性示蹤劑方法（radiotracer technique）、螢光標註法（fluorescence-labeled technique）及細胞濃度減少法（cell concentration subtractive method）估計出來（Li and Ma,

2021）。

　　表 8-7 列出一些浮游動物對藻類的濾食率。不同浮游動物捕食藻類的濾食率不同，也與被捕食的藻類特性有關。即便同樣是銅綠微囊藻（*Microcystis aeruginosa*），該藻是否有毒？是否為團粒或是單顆粒？是否有其他獵物共存在？都會影響浮游動物對它之濾食率。

表 8-7　一些浮游動物對藻類的濾食率

	浮游動物物種	藻種及特性	濾食率 $(\mu L \cdot ind^{-1} \cdot h^{-1})$	資料來源
Copepods	*Eurytemora affinis*	*Microcystis aeruginosa* (unicellular)	38 ± 5	Fulton and Paerl, 1988
	Eurytemora affinis	*M. aeruginosa* (colonial)	75 ± 6	Fulton and Paerl, 1988
	Eurytemora affinis	non-toxic *Nodularia* sp.	400	Engström et al., 2000
	Eurytemora affinis	toxic *Nodularia* sp.	80	Engström et al., 2000
Cladocerans	*Bosmina longirostris*	*M. aeruginosa* (colonial)	111 ± 8	Fulton and Paerl, 1988
	Bosmina longirostris	Natural algae and bacteria	$1 \sim 2$	Onandia et al., 2015
	Daphnia ambigua	*M. aeruginosa* (unicellular)	79 ± 6	Fulton and Paerl, 1988
	Daphnia ambigua	*M. aeruginosa* (colonial)	93 ± 13	Fulton and Paerl, 1988
	Daphnia. magna	Natural algae and bacteria	~ 300	Onandia et al., 2015
	Diaphanosoma brachyurum.	*M. aeruginosa* (unicellular)	30.6 ± 2.5	Fulton and Paerl, 1988
	Diaphanosoma brachyurum.	*M. aeruginosa* (colonial)	27 ± 6	Fulton and Paerl, 1988
	Simocephalus serratulus.	*M. aeruginosa* (unicellular)	200 ± 18	Fulton and Paerl, 1988
	Simocephalus serratulus.	*M. aeruginosa* (colonial)	886 ± 87	Fulton and Paerl, 1988

	浮游動物物種	藻種及特性	濾食率 $(\mu L \cdot ind^{-1} \cdot h^{-1})$	資料來源
Cladocerans	Several species	*M. aeruginosa* (sonicated)	6～18	Perez-Morales et al., 2014
		Scenedesmus acutus (sonicated)	5～24	Perez-Morales et al., 2014
crustacean zooplankton		small flagellates	40～60	G.-Tóth, 1998
		filamentous blue-green algae	0～17	G.-Tóth, 1998
Rotifers	*Brachionus calycifloru*	*M. aeruginosa*	7.4 ± 1.4	Fulton and Paerl, 1987b
	Several species	*M. aeruginosa* (sonicated)	< 12	Perez-Morales et al., 2014
		S. acutus (sonicated)	< 12	Perez-Morales et al., 2014
	Keratella cochlearis and some *Acanthocyclops americanus* nauplii	Natural algae and bacteria	0.1～2.5	Onandia et al., 2015
Microzooplankton (30～200 mm)	*Brachionus, Trichocerca* and *Synchaeta*	phytoplanktons	8.3 to 41.7	Lionard et al., 2005

8.9.5　藻類受到的捕食壓力

事實上獵食者的種類、數量與濃度,隨著藻種之種類、數量與濃度動態地不斷變化。例如當某優勢藻類的特性(例如大小、是否團聚、有無藻毒素、有無運動趨避能力、有無化學性趨避能力等)及環境因子(例如光線強度、溫度、鹽度、密度、混合程度及其他藻類的存在等)有利於某種特性的浮游動物(特別的物種、年齡、體型、捕食方式等)捕食時,該種浮游動物的數目就會增加,一方面取代其他捕食能力差的浮游動物種類,一方面使該優勢藻種濃度降低。於是生態系統族群的演替會發生,直到各浮游動物及各藻種的數量達到穩定。

由這樣的情境推演,或許可以推論:當湖庫生態系統已達穩定平衡時,獵食者的總攝取率會等於藻類的淨基礎生產率($CGI_i = \mu_i$),所以是淨基礎生產率控制了藻類的種類與濃度,與獵食者的種類與濃度,而不是獵食者的種類與濃度控制藻類的種類與濃度。

Levine 等人（1999）對美國與加拿大邊境 Lake Champlain 研究的結果也顯示營養鹽對湖中的藻類組成的影響比藻類受到的捕食壓力大。

參考文獻

Acevedo, M. F., 2013, *Simulation of ecological and environmental models*, CRC Press, New York.

Álvarez, E., Lazzari, P. and Cossarini, G., 2022, Phytoplankton diversity emerging from chromatic adaptation and competition for light, *Progress in Oceanography*, 204, 102789. https://doi.org/10.1016/j.pocean.2022.102789

Arnold, D. E., 1971, Ingestion, assimilation, survival, and reproduction by *Daphnia pulex* fed seven species of blue-green algae. *Limnology and Oceanography*, 16, 906-920.

Brookes, J. D. and Ganf, G. G., 2001, Variation in the buoyancy response of *Microcystis aeruginosa* to nitrogen, phosphorus and light. *J. Plankton. Res.* 23: 1399-1411.

Chapra, S. C., 1997, *Surface Water-Quality Modeling*, The McGraw-Hill Co. Inc.

Chien, Y. C., Wu, S. C., Chen, W. C. and Chou, C. C., 2013, Model simulation of the diurnal vertical migration pattern of different-sized colonies of *Microcystis* with particle trajectory approach, *Environ. Eng. Sci.* 30, (4), 179-186.

Cole, T. M. and Well, S. A., 2016, *CE-QUAL-W2: A two-dimensional, laterally averaged, hydrodynamic and water quality model, User Manual*, version 4.0. Waterways Experiment Station, Hydraulics Laboratory. US Army Corps of Engineers. Mississippi.

DeMott, W. R., Zhang, Q. X. and Carmichael, W. W., 1991, Effects of toxic cyanobacteria and purified toxins on the survival and feeding of a copepod and three species of Daphnia, *Limnology and Oceanography,* 36, 1346-1357.

Droop, M. R., 1973, Some thoughts on nutrient limitation in algae, *J. of Phycology*, 9(3), 264-272.

Engström, J., Koski, M., Viitasalo, M., Reinikainen, M., Repka, S. and Sivonen, K., 2000, Feeding interactions of the copepods *Eurytemora affinis* and *Acartia bifilosa* with the cyanobacteria *Nodularia* sp., *Journal of Plankton Research*, 22(7), 1403-1409.

Ferrão-Filho, A. S., Azevedo, S. M.F.O. and DeMott, W. R., 2000, Effects of toxic and non-toxic cyanobacteria on the life history of tropical and temperate cladocerans, *Freshwater Biology*, 45, 1-19.

Fulton, R. S. and Paerl, H. W., 1987a, Effects of colonial morphology on zooplankton utilization of algal resources during blue-green algal (*Microcystis aeruginosa*) blooms, *Limnology and Oceanography,* 32, 634-644.

Fulton, R. S. and Paerl, H. W., 1987b, Toxic and inhibitory effects of the blue-green alga *Microcystis aeruginosa* on herbivorous zooplankton, *Journal of Plankton Research*, 9(5), 837-855.

Fulton, R. S. III and Paerl, H. W., 1988, Zooplankton feeding selectivity for unicellular and colonial *Microcystis aeruginosa*, *Bulletin of Marine Science*, 43(3), 500-508.

Fulton, R. S., 1988, Resistance to blue-green algal toxins by *Bosmina longirostris. Journal of Plankton Research,* 10, 771-778.

G.-Tóth, L., 1998, *Precise evaluation of function of grazing by dominant herbivorous crustaceans in the eutrophic and turbid Lake Balaton, Hungary,* Pro Natural Fund Final Report 7(20), The Nature Conservation Society of Japan.

Giometto, A., Altermatt, F., Maritan, A. and Rinaldo, A., 2015, Generalized receptor law governs phototaxis in the phytoplankton *Euglena gracilis*, *Environmental Sciences*, 112(22), 7045-7050.

Grover, J. P., 1991, Resource competition in a variable environment: phytoplankton growing according to the variable-internal-stores model, *Am. Nat.*, 138: 811-835.

Holm, N. P. and Armstrong, D. E., 1981, Role of nutrient limitation and competition in controlling the populations of *Asterionella formosa* and *Microcystis aeruginosa* in semicontinuous culture, *Limnology and Oceanography*, 26(4), 622-634. doi:10.4319/lo.1981.26.4.0622

Jeon, Y-C., Cho, C-W. and Yun, Y-S., 2005, Measurement of microalgal photosynthetic activity depending on light intensity and quality, *Biochemical Engineering Journal,* 27, 127-131.

Jøsrgensen, E. G., 1969, The adaptation of plankton algae IV. Light adaptation in different algal species, *Physiologia Plantarum*, 22(6), 1307-15. doi: 10.1111/j.1399-3054.1969.tb09121.x.

Klemer, A. R., Feillade, J. and Feillade, M., 1982, Cyanobacterial blooms: carbon and nitrogen limitation have opposite effects on the buoyancy of *Oscillatoria*, *Science*, 215, 1629-1631. DOI: 10.1126/science.215.4540.1629

Konopka, A. E., Klemer, A. R., Walsby, A. E. and Ibelings, B. W., 1993, Effects of macronutrients upon buoyancy regulation by metalimnetic *Oscillatoria agardhii* in Deming Lake, Minnesota, *Journal of Plankton Research*, 15(9), 1019-1034. https://doi.org/10.1093/plankt/15.9.1019

Krichen, E., Rapaport, A., Le Floc'h, E. and Fouilland, E., 2021, A new kinetics model to predict the growth of micro-algae subjected to fluctuating availability of light, *Algae Research*, 58, 102362. https://doi.org/10.1016/j.algal.2021.102362

Kromkamp, J., Van den Heuvel, A. and Mur, L. R., 1989, Phosphorus uptake and photosynthesis by phosphate-limited cultures of the cyanobacterium *Microcystis aeruginosa*, *British Phycological J.*, 24, 347-355. https://doi.org/10.1080/00071618900650361

Kurmayer, R., Christiansen, G. and Chorus, I., 2003, The abundance of microcystin-producing genotypes correlates positively with colony size in *Microcystis* sp. and determines its microcystin net production in Lake Wannsee, *Applied and Environmental Microbiology*, 69, 787-795.

Lampert, W. and Sommer, U., 2007, *Limnoecology: The Ecology of Lakes and Streams*. Oxford University Press.

Lampert, W., 1981, Toxicity of the blue-green *Microcystis aeruginosa*: Effective defense mechanism against grazing pressure by Daphnia, *Proceedings-International Association of Theoretical and Applied Limnology*, 1436-1440.

Laurén-Määttä, C., Hietala, J., Andwalls, M., 1997, Responses of *Daphnia pulex* populations to toxic cyanobacteria, *Freshwater Biology,* 37, 635-647.

Levine, S. N., Borchardt, M. A., Braner, M. and Shambaugh, A. D., 1999, The impact of zooplankton grazing on phytoplankton species composition and biomass in Lake Champlain (USA-Canada), *J. Great Lakes Res.*, 25(1), 61-77.

Li, W and Ma, Z., 2021, Measuring the feeding rate of herbivorous zooplankton, in Gao, K. et al. (eds), *Research Methods of Environmental Physiology in Aquatic Sciences*, Science Press and Springer Nature Singapore Pte Ltd. https://doi.org/10.1007/978-981-15-5354-7_39

Lionard, M., Azémar, F., Boulêtreau, S., Muylaert, K., Tackx, M. and Vyverman, W., 2005, Grazing by meso-and microzooplankton on phytoplankton in the upper reaches of the Schelde Estuary (Belgium/The Netherlands), *Estuarine Coastal and Shelf Science, 64(4)*, 764-774.

Morel, F. M. M., 1987, Kinetics of nutrient uptake and growth in phytoplankton, *J. Phycology*, 23, 137-150. https://doi.org/10.1111/j.0022-3646.1987.00137.x

Musielak M. M., Karp-Boss L., Jumars P. A. and Fauci, L. J., 2009, Nutrient transport and acquisition by diatom chains in a moving fluid. *J. Fluid Mech.*, 638, 401-421. doi: 10.1017/S0022112009991108

Nandini, S. and Rao, T., 1997, Somatic and population growth in selected cladoceran and rotifer species offered the cyanobacterium it *Microcystis aeruginosa* as food, *Aquatic Ecology,* 31, 283-298.

Okada, M., Sudo, R. and Aiba, S., 1982, Phosphorus uptake and growth of blue-green alga, *Microcystis aeruginosa*, *Biotechnology and Bioengineering*, 24, 143-152. https://doi.org/10.1002/bit.260240112

Oliver, R. L., 1994, Floating and sinking in gas-vacuolate cyanobacteria. *J. Phycol.*, 30, 161-173.

Onandia, G., Dias J. D. and Miracle, M., 2015, Zooplankton grazing on natural algae and bacteria under hypertrophic conditions, *Limnetica*, 34(2), 541-560.

Opitz, S., 1996, *Trophic interactions in Caribbean coral reefs*, International Center for Living Aquatic Resources Management (ICLARM) Makati City, Philippines.

Pahlow, M., Riebesell, U., Wolf-Gladrow, D. A., 1997, Impact of cell shape and chain formation on nutrient acquisition by marine diatoms. *Limnol. Oceanogr.* 42, 1660-1672. doi: 10.4319/lo.1997.42.8.1660

Patterson, M. R., 1992, A mass transfer explanation of metabolic scaling relations in some aquatic invertebrates and algae, *Science*, 255(5050), 1421-1423.

Perez-Morales, A., Sarma, S. S. S. and Mandini, S. S., 2014, Feeding and filtration rates of zooplankton (rotifers and cladocerans) fed toxic cyanobacterium (*Microcystis aeruginosa*), *Journal of Environmental Biology*, 35, 1013-1020.

Peter, R. H. and Downing, J. A., 1984, Empirical analysis of zooplankton filtering and feeding rates, *Limnology and Oceanography*, 29(4), 763-784.

Polimene, L., Brunet, C., Butenschön, M., Martinez-Vicente, V., Widdicombe, C., Torres, R. and Allen, J. I., 2014, Modelling a light-driven phytoplankton succession, *Journal of Plankton Research*, 36(1), 214-229.

Ras, M., Steyer, J-P. and Bernard, O., 2013, Temperature effect on microalgae: a crucial factor for outdoor production, *Rev Environ. Sci. Biotechnol.* 12, 153-164.

Raven, J. A. and Richardson, K., 1984, Dinophyte flagella: a cost-benefit analysis, *The New Phytologist*, 98(2), 259-276.

Riegman, R. and Mur, L. R., 1984, Regulation of phosphate uptake kinetics in *Oscillatoria agardhii*, *Arch. Microbiol.* 139, 28-32.

Riegman, R. and Mur, L. R., 1985, Effects of photoperiodicity and light irradiance on phosphate-limited *Oscillatoria agardhii* in chemostat cultures II. Phosphate uptake and growth, *Arch. Microbiol.* 142, 2-76.

Riegman, R. and Mur, L. R., 1986, Phytoplankton growth and phosphate uptake (for P limitation) by natural phytoplankton populations from the Loosdrecht lakes (The Netherlands), *Limnol. Oceanogr.*, 31(5), 983-988.

Riegman, R., Stolte, W., Noordeloos, A. A. M. and Slezak, D., 2000, Nutrient uptake and alkaline phosphatase (EC 3:1:3:1) activity of *Emiliania huxleyi* (Prymnesiophyceae) during growth under N and P limitation in continuous cultures, *J. Phycol.*, 36(1), 87-96. https://doi.org/10.1046/j.1529-8817.2000.99023.x

Robarts, R. D. and Zohary, T., 1987, Temperature effects on photosynthetic capacity, respiration and growth rates of bloom-forming cyanobacteria, *New Zealand Journal of Marine and Freshwater Research*, 21, 391-399.

Ryderheim, F., Hansen, P. J. and Kiorboe, T., 2022, Predator field and colony morphology determine the defensive benefit of colony formation in marine phytoplankton, *Front. Mar. Sci.*, Sec. Marine Ecosystem Ecology. https://doi.org/10.3389/fmars.2022.829419

Shen, H. and Song, L., 2007, Comparative studies on physiological responses to phosphorus in two phenotypes of bloom-forming *Microcystis*, *Hydrobiologia*, 592(1), 475-486.

Smith, A., Gilbert, J., 1995, Relative susceptibilities of rotifers and cladocerans to *Microcystis aeruginosa*, *Archiv für Hydrobiologie*, 132, 309-336.

Spencer, C. N. and King, D. L., 1985, Interactions between light, NH_4^+, and CO_2 in buoyancy regulation of *Anabaena flos-aquae* (Cyanophyceae), *J. Phycol.*, 21, 194-199. DOI:10.1111/j.0022-3646.1985.00194.x

Stangenberg, M., 1968. Toxic effects of *Microcystis aeruginosa* Kg. extracts on *Daphnia longispina* of Müller and *Eucypris virens* Jurine. *Hydrobiologia* 32, 81-87.

Strzepek, R. F., Boyd, P. W. and Sunda, W. G., 2019, Photosynthetic adaptation to low iron, light, and temperature in Southern Ocean phytoplankton, *Proceedings of the National Academy of Science*, 116(10), 4388-4393. www.pnas.org/cgi/doi/10.1073/pnas.1810886116

Thomann, R. V. and Fitzpatrick, J. J., 1982, *Calibration and verification of a mathematical model of the eutrophication of the Potomac Estuary*, Department of Environmental Services, Government of the District of Columbia, by HydroQual, Inc.

Thomas, R. H. and Walsby, A. E., 1985, Buoyancy regulation in a strain of *Microcysis. J. General. Microbiology*, 131, 799-809.

Thompson, J. M., Ferguson, A. J. D. and Reynolds, C. S., 1982, Natural filtration rates of zooplankton in a closed system: the derivation of a community grazing index, *Journal of Plankton Research*, 4(3), 545-560.

van Rijn, J. and Shilo, M., 1983, Buoyancy regulation in a natural population of *Oscillatoria* spp. in fishponds, *Limnol. Oceanogr.* 28, 1034-1037.

Visser, P. M., Passarge, J. and Mur, L. R., 1997, Modelling vertical migration of the cyanobacterium *Microcysyis*, *Hydrobiologia*, 349, 99-109.

Wallace, B. B. and Hamilton, D. P., 1999, The effect of variations in irradiance on buoyancy regulation in *Microcystis aeruginosa*, *Liminology and Oceanography*, 44(2), 273-281.

Walsby, A. E., 1971, The pressure relationships of gas vacuoles, *Proceedings of the Royal Society B, Biological Sciences*, 178, 301-326. https://doi.org/10.1098/rspb.1971.0067

Wetzel, R. G., 2001, *Limnology, Lake and River Ecosystems*, 3rd ed. Academic Press, San Diego.

Yang, Z. and Kong, F., 2012, Formation of large colonies: a defense mechanism of *Microcystis aeruginosa* under continuous grazing pressure by flagellate *Ochromonas* sp., *Journal of Limnology*, 71(1), 61-66.

李品增，2017，微囊藻藻團粒徑分佈動態之研究，國立臺灣大學環境工程學研究所碩士論文。

周展鵬，2012，環境因子對微囊藻團粒化影響之研究—以新山水庫爲例，國立臺灣大學環境工程學研究所碩士論文。

莊珮嘉，2011，光線強度與營養鹽濃度對微囊藻營養鹽攝取之影響，國立臺灣大學環境工程學研究所碩士論文。

陳琬菁，2009，微囊藻在日夜週期內移動能力對垂直分佈動態及生長之影響，國立臺灣大學環境工程學研究所碩士論文。

陳靜怡，2002，大鵬灣潟湖魚類群聚時空變化及其生態區位之研究，國立中山大學碩士論文。

鄭曉蔓，2016，新山水庫浮游動物種類的分佈及對微囊藻團粒粒徑消長之影響，國立臺灣大學環境工程學研究所碩士論文。

戴孝勳，2005，大鵬灣生態系食物網模式之建構分析與蚵架移除效應模擬，國立中興大學生命科學所碩士學位論文。

簡鈺晴，2005，翡翠水庫藻類多樣性之分析及消長動態之模擬，國立臺灣大學環境工程學研究所碩士論文。

簡鈺晴，2013，亞熱帶離槽水庫微囊藻取得優勢之機制分析及利用軌跡模式建立動態消長模式之研究，國立臺灣大學環境工程學研究所博士論文。

9. 水庫藻類生態
Ecology of Algae in Reservoirs

　　一般談到水庫藻類大多是指肉眼無法觀察的微型藻類（microalgae）。藻類有多樣形態、生理及生長特性，當遇到不同湖庫環境時，適合在某一環境生長的藻種就會增長進而形成該環境中優勢藻。例如炎熱而且太陽輻射很強的夏季，可忍受強日照曝曬的藍綠菌如微囊藻屬（*Microcystis*）常常是水庫的優勢藻；而嚴寒冬季時，湖庫因為翻轉提高了水中濁度，可忍受低溫、微弱光線的矽藻，如溝鏈藻屬（*Aulacoseira*）則成為水庫優勢藻。

　　水庫的物理、化學及生物環境在空間及時間上異質性發展出無數生態棲位（niche）（註：niche 直接翻譯原意是「壁龕」，在生態學上比喻為最適合某種生物生長的時空），孕育出不同的優勢藻。亞熱帶湖泊水庫分布的海平面高度可達數千公尺，而且大小、深淺、水流緩或急、營養鹽濃度高或低、氣溫高低、水色清或濁、停留時間長短、受汙染或未受汙染等差異相當大，藻種非常豐富。水庫管理者會有興趣知道：改變了水庫環境，優勢藻種會有何改變？或是，藻種組成的改變，反映什麼環境的變化？湖庫管理者會期望在分類上很接近的藻種，會有相近的生態行為，並利用此分類特性來管理水質問題。

9.1 藻類分類及湖庫區常見的藻種

　　藻類分類係依據形態（morphology）（如外部形狀、大小、有無細胞壁、有或無鞭毛、鞭毛的位置和數量、有無細胞核膜、葉綠體外層膜數）、生理特性（physiology）（如是否耐強光、色素種類、貯存物質、細胞壁成分）及親緣關係等許多特徵進行藻類系統分類（Lee, 2008）。分類單元（taxonomic grouping）由高而下分別為：域（Domain）、界（Kingdom）、門（Phylum）、綱（Class）、目（Order）、科（Family）、屬（Genus）及種（Species），如表 9-1 所示。粗略可將這群好氧光合生物分成藍綠菌、紅藻、綠藻、甲藻、裸藻、矽藻、隱藻、定鞭藻、黃綠藻、淡色藻等 10 大群（Guiry and Guiry, 2023）。

　　除上述的分類方法之外，還有依據藻類生活史與棲地生態適應性之分類，例如 Reynolds 提出的淡水浮游植物功能群（functional group, FG），就是具有相似環境適應力的特定藻種組合，用以解釋水庫水體生態環境的現狀（Reynolds et al., 2002）。無論是藻類系統分類學或是以浮游植物功能群歸類的藻類分類，都可以用來分析湖泊與水庫藻類群

表 9-1　藻類分類表

域 (Domain)	界 (Kingdom)	門 (Phylum)	葉綠體外層膜數	中英文俗稱	湖庫區常見藻屬	中文俗稱	光合色素	碳水化合物等儲存物質	鞭毛	細胞壁成分	棲息環境
原核生物域 (Prokaryotes)	原核生物界 (Monera)	藍綠菌門 (Cyanobacteria)	原核藻類	藍綠藻 (blue-green algae)	Oscillatoria Raphidiopsis Microcystis Chroococcus	顫藻 尖頭藻 微囊藻 色球藻	葉綠素 a、c 和 d；藻膽蛋白；類胡蘿蔔素	葡聚糖顆粒 (α 顆粒)	纖毛 (細胞表面突出的蛋白質附屬物)	肽聚糖層	海洋、淡水和潮濕陸域
真核生物域 (Eukaryotes)	泛植物界 (Plantae)	紅藻門 (Rhodophyta)	葉綠體被兩層膜，葉綠體被兩膜包裹之真核藻類	紅藻 (red algae)	Audouinella Hildenbrandia	奧杜藻 胭脂藻	葉綠素 a、類胡蘿蔔素和藻膽素 (phycobilins)	紅藻澱粉 (Floridean starch)	沒有	纖維素構成的微纖維狀結構，通常是半乳聚醣 (galactans) 許多還儲藏碳酸鈣	許多是熱帶海洋物種，淡水種類較少
		綠藻門 (Chlorophyta)		綠藻 (green algae)	Scenedesmus Pediastrum Chlamydomonas Cosmarium Closterium Eudorina	柵藻 盤星藻 衣藻 鼓藻 新月藻 空球藻	葉綠素 a、c 和類胡蘿蔔素	澱粉	沒有或更多（或更多）；頂端或側邊；等長或非等長；尾鞭型	糖蛋白、非纖維素多醣或纖維素；一些胞外纖維素	主要是水生，淡水或海洋共生，許多有共生關係
	原生生物界 (Protozoa)	甲藻門 (Dinophyta)	葉綠體被葉綠體內質網 (chloroplastic endoplasmic reticulum (chloroplast E.R.)) 單層膜包之真核藻類	雙鞭毛藻 (dinoflagellates)	Peridinium Glenodinium Ceratium	多甲藻 薄甲藻 角甲藻	沒有或是有葉綠素 a 和 c；類胡蘿蔔素，主要是多甲藻黃素 (peridinin)	澱粉	沒有（配子除外）或 2 條，不相似：1 個橫向，1 個縱向	甲藻表質膜 (amphiesma) 包圍一層膜囊泡和具有刺絲泡 (trichocyst)；有或沒有纖維質甲板	主要是海洋，有些是淡水：一些藏於共生綠藻
		裸藻門 (Euglenophyta)	葉綠體被葉綠體內質網 (chloroplast endoplasmic reticulum (chloroplast E.R.)) 雙層膜包之真核藻類	眼蟲 (euglenoids)	Euglena Lepocinclis Phacus Trachelomonas	裸藻 鱗孔藻 扁裸藻 囊裸藻	有些沒有，或有葉綠素 a 和 c；類胡蘿蔔素	裸藻澱粉 (Paramylon)	通常為不等長 2 根或更多，1 前 1 後；基部鞭毛消失的薄膜下細胞頂端生出一根鞭毛	無細胞壁：在質膜下有一個有彈性或剛性的薄膜 (pellicle) 或螺帶結構 (strips)	主要是淡水，有些是海洋
	原藻界 (Chromista)	矽藻門 (Bacillariophyta)	葉綠體被葉綠體內質網 (chloroplast endoplasmic reticulum (chloroplast E.R.)) 雙層膜包之真核藻類	矽藻 (Diatoms)	Acanthoceras Aulacoseira Cyclotella Fragilaria Nitzschia Rhizosolenia Ulnaria	四棘藻 溝鏈藻 小環藻 脆桿藻 菱形藻 根管藻 針桿藻	葉綠素 a、c；類胡蘿蔔素主要是岩藻黃素 (fucoxanthin)	金藻昆布多糖 (Chrysolaminarin)	沒有或是中心型矽藻雄配子時期有一根鞭毛；頂端型鞭毛	二氧化矽	海洋和淡水

域 (Domain)	界 (Kingdom)	葉綠體外層膜數	門 (Phylum)	中英文俗稱	湖庫區常見藻屬	中文俗稱	光合色素	碳水化合物等儲存物質	鞭毛	細胞壁成分	棲息環境
			隱藻門 (Cryptophyta)	隱藻 (cryptomonads)	Cryptomonas Chroomonas Chilomonas Rhodomonas	隱鞭藻 藍胞藻 唇隱藻 紅胞藻	有些沒有，或有葉綠素 a；c：藻膽素 (phycobilins)：藻胡蘿蔔素 (carotenoids)	澱粉	兩條不等長鞭毛，靠近頂部：流蘇狀 (tinsel)	沒有細胞壁，外廓周圍體 (periplast) 是由原生質膜和位於原生質膜下方含蛋白質版片組成	海洋或淡水：冷水環境
			定鞭藻門 (Haptophyta)	定鞭藻 (haptophyte algae)	Prymnesium	普林藻	葉綠素 a，c：類胡蘿蔔素 (carotenoids)；岩黃藻素 (fucoxanthin)	金藻昆布多糖 (Chrysolaminarin)	沒有或 2 條等長或不等長：大部分有生鞭毛或定鞭體 (haptonema)	纖維素鱗片，一些鈣化有機物質的鱗片	絕大多數是海洋，少數是淡水
			黃綠藻門 (Xanthophyta)	黃藻 (Yellow-green algae)	Tribonema	黃綠藻	葉綠素 a，c：矽甲藻素 (diadinoxanthin)：黃藻黃素 (heteroxanthin)：無隔藻黃素酯 (vaucheriaxanthin ester)	葡聚糖	游動孢子期具 2 條不等長鞭毛：流蘇位於前端，短鞭毛位於眼點附近	纖維素定形多糖	淡水和潮濕陸域
			淡色藻門 (Ochrophyta)	褐藻 (brown algae)	Lithoderma	石皮藻	葉綠素 a，c：岩藻黃素 (fucoxanthin)	海帶多糖 (Laminarin)，甘露聚糖醇 (mannitol)	兩條：僅於生殖細胞：側邊：流蘇型向前，尾鞭型向後	胞壁骨架由纖維素構成，細胞壁裡的褐藻酸是構成的褐藻胞外黏液和表皮成分	幾乎都是海洋的：主要是溫帶和極地，在寒冷的海水中繁茂
				金黃藻 (golden-brown algae)	Dinobryon Mallomonas Synura Chromulina	錐囊藻 魚鱗藻 黃群藻 單鞭金藻	葉綠素 a，c：岩黃藻素 (fucoxanthin)	金藻昆布多糖 (Chrysolaminarin)	兩條：頂端：流蘇型向前，尾鞭型向後	沒有或有些矽鱗片中也含有纖維素	主要是淡水，少數是海洋
				針胞藻 (Raphidophyceae)	Gonyostomum Vacuolaria	膝口藻 周泡藻	葉綠素 a，c：花黃素：紫黃質 (antheraxanthin)	油滴	兩條鞭毛，一條流蘇狀，另一條流蘇無毛	沒有；細胞外圍具有刺絲泡 (trichocyst)	海洋和淡水

資料來源：Raven, et al.（2005, in table 15-1 part 3）；Lee（2008）。

落演替和環境變化。其他分類如人類可食用或不可食用來做分類，或是浮游動物捕食之適口性藻類（edible algae）來做分類，端視吾等將生物加以分類的目的為何，以及要如何應用分類系統提供的資訊。

9.1.1 藍綠菌

　　藍綠菌（Cyanobacteria）為原核生物，又稱藍綠藻（blue-green algae），形態上有單細胞球體以及絲狀體和定型或不定型群體（colony）。有些藍綠菌具有透明膠被或膠鞘，有些具由營養細胞分化形成的異細胞（heterocystis）為藻細胞固氮之場所，以上之形態特徵都是快速分辨藍綠菌的特徵。藍綠菌主要生長於開闊靜止的中小型富營養水體，可忍受強光長時間曝曬，但無法忍受水體沖刷擾動以及低光照環境，因此藍綠菌大多在水庫分層期間的春末至秋季出現。強日照下藍綠菌成為強勢競爭者，快速持續繁殖，直到爆發出藻華（algal bloom）。大多藍綠菌對環境生態無毒害，但是少數藍綠藻如顫藻（*Oscillatoria tenue*）會產生土味素（geosmin），有些品系微囊藻會產生微囊藻毒（microcystins），以及柱胞藻（*Cylindrospermopsis raciborskii*）會產生生物鹼毒等（Paerl et al., 2001）是令水庫管理者頭痛的藻類。圖 9-1 為常見的藍綠菌。

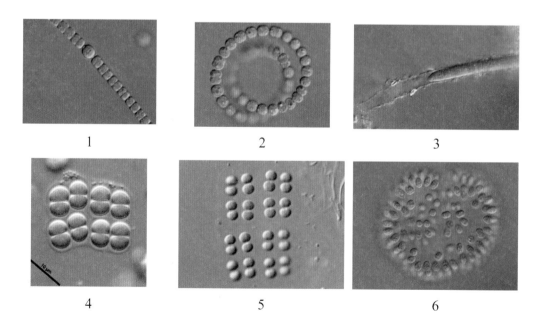

1　　　　　　　　　2　　　　　　　　　3

4　　　　　　　　　5　　　　　　　　　6

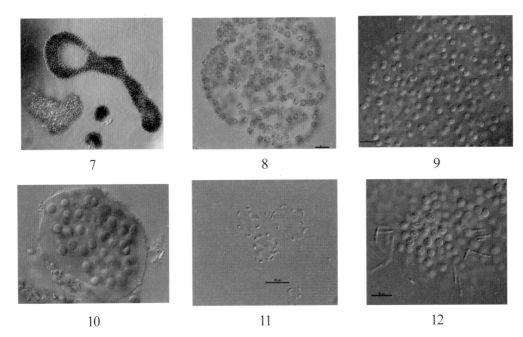

圖 9-1　常見之藍綠菌：1. *Anabaena laxa* 寬鬆魚腥藻（**H1**），2. *Dolichospermum spiroides* 螺旋長孢藻（**H1**），3. *Lyngbya sp.* 鞘絲藻（**T$_C$**），4. *Chroococcus membraninus* 膜狀色球藻（**L$_O$**），5. *Merismopedia punctata* 點形棋盤藻（**L$_O$**），6. *Coelosphaerium naegelianum* 納氏腔球藻（**L$_O$**），7. *Microcystis aeruginosa* 銅綠微囊藻（**M**）100x，8. *Microcystis wesenbergii* 韋氏微囊藻（**M**），9. *Microcystis flos-aquae* 水華微囊藻（**M**），10. *Gloeocapsa alpina* 黏球藻（**M$_P$**），11. *Aphanothece clathrata* 網狀細隱桿藻（**K**），12. *Pseudanabaena mucicola* 假魚腥藻（**S1**）

（註：1. 照片爲光學顯微鏡拍攝，如無特別標示，照片倍率均爲 1000 倍。照片經裁切時倍率可能略有變動。2. 每一照片包含藻類學名、中文名和所屬 FG 功能群之代號。以下皆同）

9.1.2 隱藻

　　隱藻爲單細胞，頂部一側凹陷偏斜使細胞外型像一小米粒，可區分背側和腹側。此藻大多具有兩根鞭毛，鞭毛長在凹陷的一側或頂生。因細胞呈不對稱結構，游動時呈左右搖擺狀。細胞凹陷處有排列顆粒狀物質稱爲噴射體（ejectisome），爲一種多層捲曲結構，當該藻遭遇危險時，會自動地釋放噴射體捲層，加速逃離和躲避。

　　隱藻分布範圍很廣，常生長在各種平靜水體或小水灘。隱藻可耐受低光照和低水溫，在湖庫區春初或秋末低溫水體中數量最多，甚至造成水色轉爲深褐色影響景觀。隱藻另一重要生態功能爲優質的適口性藻類（edible algae），是維持水域浮游生物多樣性的重要食物來源（Abidizadegan et al., 2022）。圖 9-2 爲常見的隱藻。

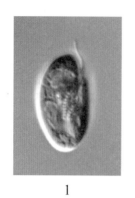 

1 2

圖 9-2　常見之隱藻：1. *Cryptomonas obovata* 隱鞭藻（**Y**），2. *Cryptomonas sp.* 隱鞭藻（**Y**）

9.1.3 綠藻

　　綠藻大多為淡水藻，形態多樣，全球皆有分布。湖庫區常見綠藻有綠藻綱（Chlorophyceae）分類下之多樣綠藻，可根據形態特徵包括細胞為球狀或條狀，有無鞭毛，單細胞或群體（四球群體或聚集型群體），群體有無透明膠被或膠質絲相連、子細胞與母細胞有無胞間連絲、細胞壁是平滑或凸起等來分類。在湖庫區另一常見綠藻為輪藻綱（Charophyceae），該綱之下有鼓藻科（Desmidaceae）鼓藻屬，為單細胞藻類，細胞中部位置縮陷下去，形成兩個對稱半細胞，兩半細胞由溢縫（isthmus）相連結。鼓藻體型大且形態絢麗複雜。

　　綠藻生長於各種營養水體，但對光照強度、水體透明度有些適應上的差別，如空星藻（*Coelastrum*）、柵藻（*Scenedesmus*）、盤星藻（*Pediastrum*）對強光照敏感，反之空球藻（*Eudorina*）和實球藻（*Pandorina*）則更喜好強光照環境（Reynolds et al, 2002; Naselli-Flores, 2014）。有些綠藻能忍受低營養及高濁度環境，如葡萄藻（*Botryococcus*）、卵囊藻（*Oocystis*）、蹄形藻（*Kirchneriella*）、四球藻（*Eutetramorus*）和網球藻（*Dictyosphaerium*），此類多是季節演替或是水體擾動後中間演替階段的物種（Reynolds et al, 2002）。此外有些具有鞭毛的單細胞藻，如衣藻（*Chlamydomonas*）和殼衣藻（*Phacotus*），皆能自主游移到富含有機質的環境生長，但也是成為浮游動物追逐之適口性藻類（edible algae）。鼓藻大多在秋冬季持續或半持續混合的水體出現，能忍受中等程度低光照，對 pH 升高及水體分層較為敏感。有些鼓藻生長在水生植物密集的沼澤淺水區，偏好酸性水體環境，體型大，型態更為美麗多樣。圖 9-3 為常見的綠藻。

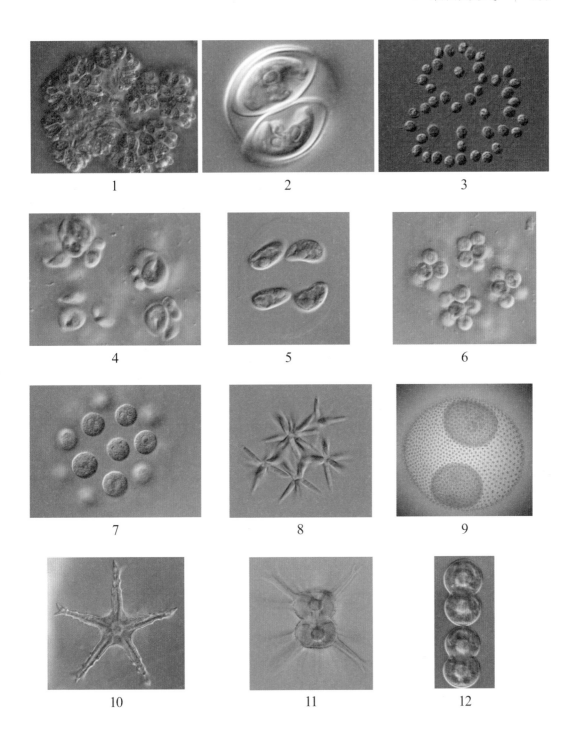

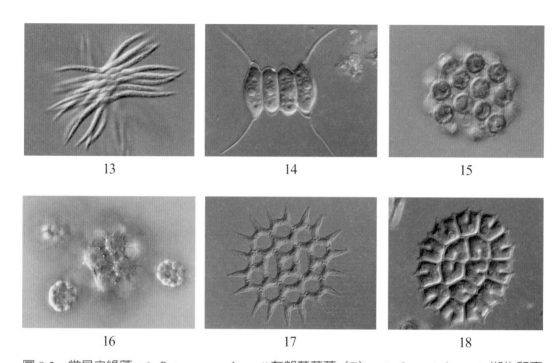

13　　　　　　　　14　　　　　　　　15

16　　　　　　　　17　　　　　　　　18

圖 9-3　常見之綠藻：1. *Botryococcus branuii* 布朗葡萄藻（**F**），2. *Oocystis lacustris* 湖生卵囊
藻（**F**），3. *Mucidosphaerium sphagnale* 網球藻（**F**），4. *Kirchneriella lunaris* 蹄形藻
（**F**），5. *Nephrocytium schilleri* 腎形藻（**F**），6. *Eutetramorus fottii* 四球藻（**F**），
7. *Eudorina elegans* 空球藻（**G**），8. *Actinastrum hantzschii* 實球藻（**G**），9. *Volvox
sp.* 團藻（**G**）250x，10. *Staurastrum limneticum* 湖生角星鼓藻（**N**），11. *Staurastrum
tohopekaligense* 角星鼓藻（**N**），12. *Cosmarium moniliforme* 項圈鼓藻（**N**），
13. *Ankistrodesmus densus* 纖維藻（**X1**），14. *Scenedesmus magnus* 柵藻（**J**），15.
Hariotina reticulata 網狀空星藻（**J**），16. *Hariotina polychorda* 多索空星藻（**J**），17.
Monactinus simplex 單角盤星藻（**J**），18. *Pediastrum tetras* 四角盤星藻（**J**）

9.1.4 甲藻

　　甲藻也是湖泊水庫中常見藻類之一，絕大多數為單細胞，細胞從腰部橫溝
（cingulum）分隔成上錐體（epicone）和下錐體（hypocone）。上下錐體由若干甲板（thecal
plate）組成，甲板的形狀、數量和排列方式為鑑識屬種最重要的依據。甲藻有兩條鞭毛，
一條固定於橫溝上的橫鞭毛，一條從縱溝（longitudinal sulcus）延伸出來的縱鞭毛，兩鞭
毛的波動和擺動合作協調下推動細胞及調整方向，使甲藻成為浮游藻類中游泳速度最快之
高手。

甲藻可生長在中大型或深或淺等各種營養水體，可耐受短暫之水體分層，但對長時間混和或沖刷水體較為敏感。甲藻最常在夏秋炎熱季節大量生長，甚至發生黃棕色藻華，尤其是在峽灣型水庫內，日照強度和日照時間增加的平穩期，甲藻常在湖庫區上游稍微淤積的彎潭區群聚（Song et al., 2021）。雖然生長環境與藍綠菌微囊藻（*Microcystis*）十分相似，夏秋季經常發現角甲藻（*Ceratium*）與微囊藻共存現象，不過擅於游泳的甲藻可移動到更富營養的環境，而微囊藻則易受風力推擠堆積在背風處生長。圖 9-4 為常見的甲藻。

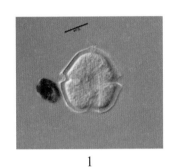  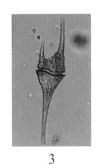

1   2   3

圖 9-4　常見之甲藻：1. *Glochidinium penardiforme* 多甲藻（L_o），2. *Peridinium cinctum* 腰帶多甲藻（L_o）400x，3. *Ceratium hirundinella* 飛燕角甲藻（L_o）400x

9.1.5 裸藻

裸藻大多是浮游型單細胞藻，少數是附生型或寄生型，具兩條不等長鞭毛，從藻體基部長出來的鞭毛形成旋轉的游動鞭毛，另一條鞭毛退化隱藏在包咽（cytoplarynx）不易觀察到。裸藻具有明顯趨光性，朝向光源游去（正趨光性），也會躲避強光（負趨光性），此現象是受眼點（eyespot）和光受體（又稱副鞭體，paraflagellar body）作用的影響（Kingston, 2002）。裸藻沒有細胞壁，柔軟扭曲的表質或表質硬化程度增加裸藻辨識的困難。除了依據細胞體形大小外，覆蓋在裸藻細胞外的薄膜（pellicle）的蛋白質帶狀結構排列方式為鑑別屬種之重要依據。此外，裸藻能通過薄膜帶（pellicle strip）下方產膠體分泌黏多糖，來建構鞘囊殼（lorica），如囊裸藻（*Trachlomonas*）。鞘囊殼的型態大小，表面網紋、顆粒、凸刺等紋飾為辨識囊裸藻的依據。

裸藻喜好有機質豐富的小水塘，耐受有機汙染水體。裸藻體形大又柔軟，為浮游動物適口性藻類，對浮游動物的捕食（grazing）十分敏感。由於營養需求高，裸藻罕能在中大型湖庫區維持大的族群量。不過候鳥過境遷徙經過或停留的季節，其排泄物容易促使裸藻短暫爆發，將湖岸淺水區染成綠色（經濟部德基水庫集水區管理委員會，2021）。圖 9-5 為常見的裸藻。

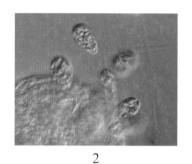

1　　　　　2　　　　　3

圖 9-5　常見之裸藻：1. *Phacus manginii* 扁裸藻（**W1**），2. *Colacium abuscula* 樹狀柄裸藻（**W1**），3. *Lepocinclis sp.* 鱗孔藻（**W1**）

9.1.6 金藻

　　金藻多為淡水種類，以單細胞或群體方式生長，鞭毛有無區分可運動類群以及不具鞭毛的不運動類群。可運動類群具一條或有兩條不等長鞭毛，長鞭毛負責細胞游移旋轉，短鞭毛與運動無關，其基部旁之光受體和眼點使細胞具趨光性。有些種類具矽質鱗片如單細胞之魚鱗藻（*Mallomonas*）及群體生長之黃群藻（*Synura*）。有些種類具藻鞘如錐囊藻（*Dinobryon*），有些種類則不能運動如金變形蟲（*Chrysamoeba*）。

　　金藻大多生長在水溫低、鈣離子濃度低的水體。冬季貧養湖庫區最常出現魚鱗藻和錐囊藻這類兼養型金藻。在貧養水體中可以行光合營養、吞噬型營養維生或混和型營養維生，比其他藻類更具生存能力。大多金藻對環境生態無害，惟生長小型淺水湖泊的黃群藻數量多時，能轉變水色呈紅棕色，並散發出腥臭味，影響水質（Liu et al., 2019）。圖 9-6為常見的金藻。

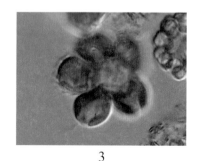

1　　　　　2　　　　　3

圖 9-6　常見之金藻：1. *Mallomonas* 魚鱗藻（**E**），2. *Dinobryon sp.* 錐形藻（**E**），3. *Synura sp.* 黃群藻（**W$_s$**）

9.1.7 矽藻

矽藻為單細胞，種類繁多。有些矽藻細胞邊緣具有支持突（process）或唇形突（rimoportula）結構，分泌幾丁質用以鏈結細胞；有些則是利用細胞上結構連接刺（linking spines）將細胞接成鏈群體。矽藻之鏈結形態很多樣，如 Z 字鏈、樹狀、緞帶狀、鏈狀、星狀和放射狀。除了細胞外形（圓形、舟形、菱形、楔形、彎月形、三角形、多角形）、細胞大小、細胞對稱性、細胞壁表面結構等差別外，殼面（valve）線紋（stria）的粗細鬆密、孔紋（areolae）的樣式，有無殼縫（raphe），殼縫在殼面中心域（central area）和極域（terminal area）的樣式，以及殼面上特異性結構和小孔形狀，均是矽藻重要的屬種鑑定特徵依據（Spaulding *et al.*, 2021）。

矽藻分布極廣，一年四季都能生長，但偏好冷至涼的水體。浮游生活的浮游性藻（phytoplanktons）懸浮在平靜的水面生長，例如水庫的表層及河口附近（周傳鈴等人，2014b）；底棲性藻（benthic algae）在淺水水底基質或沉積物裡游走，對環境營養需求比較高（Berthon et al., 2011；Tudesque et al., 2012；Lengyel et al., 2015）；附著性藻（periphytons）附著在水裡的各種基質上生長，耐急流沖刷擾動。湖庫區的矽藻大多出現在冰冷的秋冬季節，包括四棘藻（*Acanthoceras*）、根管藻（*Rhizosolenia*）、尾管藻（*Urosolenia*）、針杆藻（*Synedra*）、星桿藻（*Asterionella*）和小環藻（*Cyclotella*）。由於深水型水庫冬季水體翻轉時期，水質混濁並帶出湖庫底沉積營養，此時耐受低光照混濁水體的溝鏈藻（*Aulacoseira*）和脊肋藻（*Spicaticribra*）取代適應貧養的水體的藻類。藻類組成隨環境轉變快速發生變化。大多淡水矽藻對環境生態無害，惟冬季大量矽藻生長形成之危害如針桿藻會產生令人厭惡的味道，或是糾結成絮狀物堵塞濾床間隙，提高過濾成本。圖 9-7 為常見的矽藻。

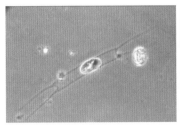 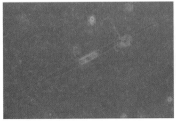 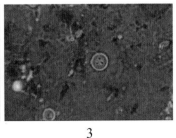

1   2   3

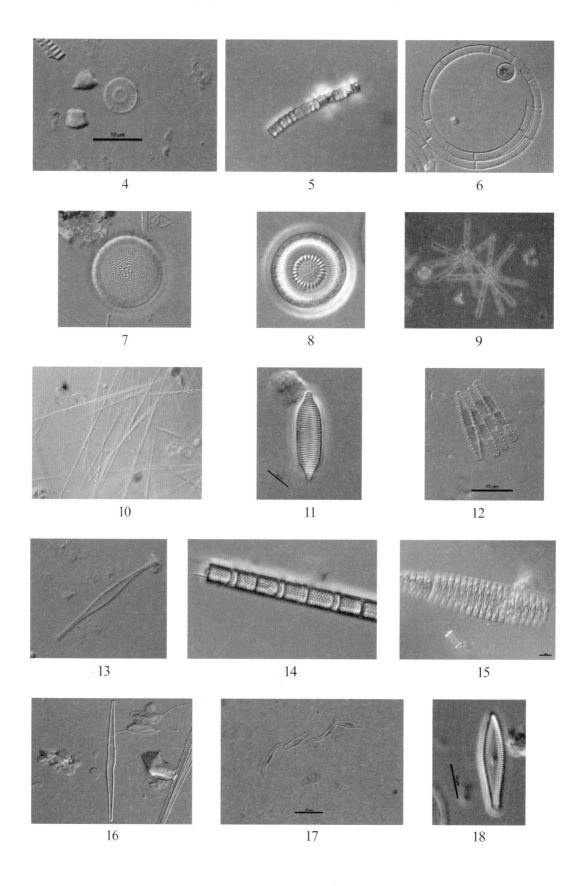

4

5

6

7

8

9

10

11

12

13

14

15

16

17

18

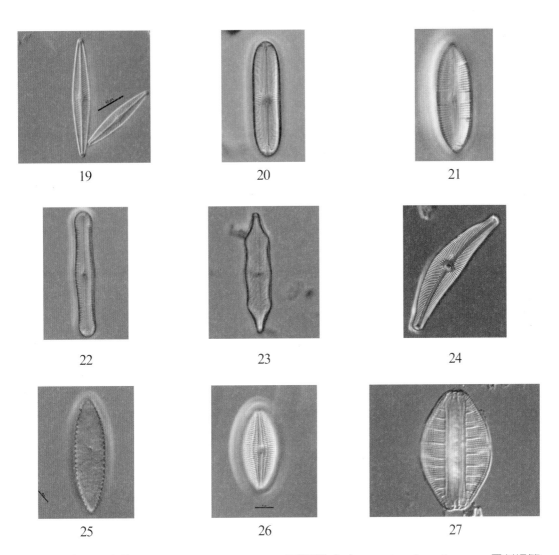

圖 9-7 常見之矽藻：1. *Acanthoceras zachariasii* 四棘藻（**A**），2. *Urosolenia longiseta* 長刺根管藻（**A**），3. *Pantocsekiella ocellata* 眼斑小環藻（**B**），4. *Discostella stelligera* 具星小盤藻（**B**），5. *Aulacoseira pusilla* 小型溝鏈藻（**B**），6. *Aulacoseira ambigua f. japonica* 模糊溝鏈藻（**C**），7. *Spicaticribra kingstonii* 脊突藻（**C**），8. *Discostella asterocostata* 星肋小盤藻（**C**），9. *Asterionella formosa* Hassall 美麗星桿藻（**C**），10. *Ulnaria acus* 尖針桿藻（**D**），11. *Synedra lanceolata* 針桿藻（**D**），12. *Nitzschia lacuum* 菱形藻（**D**），13. *Nitzschia subacicularis* 菱形藻（**D**），14. *Aulacoseira granulata* 顆粒溝鏈藻（**P**），15.（400x）及 16. *Fragilaria crotonensis* 克羅脆桿藻（**P**），17. *Achnanthes minutissima* 微細曲殼藻（**T_B**），18. *Gomphonema clevei* 異極藻（**T_B**），19. *Navicula leptostriata* 舟形藻（**T_B**），20. *Navicula bacillum* 舟形藻（**T_B**），21. *Caloneis bacillum* 美壁藻（**T_B**），22. *Pinnularia acrosphaeria* 羽紋藻（**T_B**），23. *Neidium hitchcockii* 長蓖藻（**T_B**），24. *Cymbella tumida* 橋灣藻（**T_B**），25. *Surirella linearis* 雙菱藻（**T_B**），26. *Diploneis ovalis* 雙壁藻（**T_B**），27. *Rhopalodia acuminata* 棒桿藻（**T_B**）

9.2 生長環境決定優勢藻群

水體的物理因子（如光照、溫度、水色、水深和流速等）、化學因子（如酸鹼度、導電度、營養鹽濃度、鹽度或是重金屬等有毒物質）和生物因子（如養分競爭、空間競爭和動物掠食）都會直接或間接影響藻類的生長和組成（Lavoie et al., 2008; Smucker and Vis, 2011）。

9.2.1 藻類體型大小和群體策略與環境

湖庫藻類生存取決於其留在光區的能力。抵抗沉降之能力則取決於藻的浮力及水體垂直混和強度。如 8.6 節及 8.7 節所述之微囊藻，能在有溫度梯度的穩定水體形成團聚取得優勢。有些單細胞的矽藻則利用細胞彼此鏈結，形成鏈條狀如圖 9-7（14）溝鏈藻（*Aulacoseira granulate*）、緞帶狀的如圖 9-7（15）脆杆藻（*Fragilaria crotonensis*）、星狀的如圖 9-7（9）星杆藻（*Asterionella formosa*）等鏈結方式，拉長體型提高懸浮能力（Becker et al., 2008），較重的藻類則需等到水體混和期才能保留在水柱的光區（Rimet et al., 2009）。

全球暖化使得水體分層期拖長，因而有利於小尺寸藻類成為湖庫區主要優勢藻。以矽藻為例，體型小的小環藻類（cyclotelloid diatoms）有相對較低的沉降率，細胞 S/V（表面積／體積）比大，有利於取得養分及高生產力（Rühland et al, 2015），使其生存能力遠勝大體型矽藻。直到低溫或極端降雨和強風擾動等因素打破水體分層，水體透明度降低，才排擠掉大部分浮游性藻類和小型藻。類似這種氣候因素驅使湖庫藻類組成轉移的現象，隨氣候變遷加劇而越來越見頻繁。

9.2.2 藻類生理與環境優勢

如 8.3 節所述，溫度影響藻類的生長，限制了某些藻類生長的最適範圍。但是反過來說，也是孕育某些藻類的最適生態棲位（niche），讓它獨立於其他的藻類競爭壓力之外。許多環境條件影響藻類的生理及生長速率，而這些環境參數的時空變異性，也交織出無數的環境最適生態棲位，拼接出多樣化的生態系統。

9.2.2.1 擷取光照及阻擋強光傷害的能力

在第 8.2 節中我們討論了光線強度對藻類生長之影響。雖然生長速率大致都隨著光線增強而增大，但是有些藻類能在弱光環境下捕捉較多的光線，有些則能抵抗強光的傷害。圖 9-8 顯示模擬兩種藻在不同的光線強度下的生長速率。A 藻能在較弱光線下取得光能

量，維持接近最大的生長速率，但是在強光下卻受到抑制，生長減緩。B 藻則是隨光線強
度增加而漸漸提升其生長速率，在光線較強的環境取得生長優勢。雖然競爭力強的藻種會
把其他的生長資源，例如限制的營養鹽耗盡，而淘汰其他的藻種，但是當環境有物理、化
學上的空間異質性時，例如分層水庫的上層光線很強，適合沒有光抑制的藻類生長，而下
層光線較弱，適合能擷取低照度光輻射的藻類生長，於是兩種藻就都找到其最適生態棲位
（niche）而共存了。

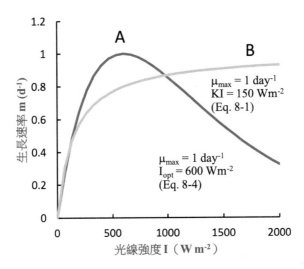

圖 9-8　模擬會受到光抑制作用之 A 藻及不受光抑制作用之 B 藻之生長速率隨光線強度之變
　　　　化。若無其他環境因素之影響，光線強度小於 1000 Wm^{-2} 時，A 藻是優勢藻；光線
　　　　強度大於 1000 Wm^{-2} 時，B 藻是優勢藻

9.2.2.2 r 型與 K 型的營養鹽攝取利用方式

　　當某一營養鹽是水庫中藻類之限制營養鹽時，藻類會競爭營養鹽來取得最大的生長
速率。由於藻類的最大生長速率，μ_{max}，及對營養鹽的親和力，即半飽和係數 K_i 的大小不
同，其生長速率與營養鹽之關係也各有不同。圖 9-9 顯示兩種不同的營養鹽競爭策略，r
型與 K 型。

　　K 競爭型的藻類能在營養鹽濃度極低的環境，利用特殊有效的生理機制攝取營養鹽而
維持相當不錯的生長速率，但是其最大生長速率不大，縱然在極高的營養鹽濃度下，生長
也不快。r 競爭型的藻無法在低營養鹽濃度下快速攝取營養鹽，但是卻能在營養鹽濃度突
然變大時，以極高的生長速率大量繁殖取得優勢。於是在水庫有劇烈變動，例如翻轉時，
r 型的藻會立即以高生長速率取得優勢，但是當水體趨於穩定，營養鹽逐漸沉降耗盡之
後，K 型藻類就會克服低營養鹽濃度的限制，取得生長優勢。所以除了營養鹽空間分布的
差異，這營養鹽的時間變動性，也造就不同時間優勢藻種的變化。

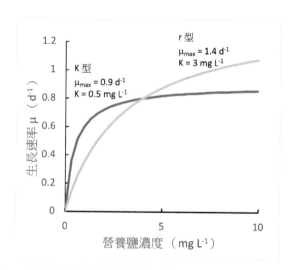

圖 9-9 藻類有 r 型與 K 型兩種不同的營養鹽競爭策略。r 型藻類在營養鹽濃度高時，有較高的生長速率（μ_{max} 較大），但是在低營養鹽濃度時，攝取營養鹽的能力較低；K 型藻類在低營養鹽濃度時仍有極大的攝取能力（K 值較小），使其在營養鹽濃度低時有較高的競爭力。兩種藻取得生長優勢之營養鹽濃度分界點約為 4.3 mg L^{-1}

9.2.2.3 捕食的壓力

　　環境條件許可時，藻類會不斷繁殖生長，不會死亡。藻類被移除的主要機制是被浮游動物及魚類捕食。當湖庫生態系統達穩定平衡時，獵食者的總攝取率會等於藻類的淨基礎生產率（$CGI_i = \mu_i$），所以是淨基礎生產率控制了藻類的濃度與獵食者的濃度，而不是獵食者的濃度控制藻類的濃度（見第 8 章）。但是獵食者的種類、數量與濃度，會隨季節及環境變化。例如魚類從幼體（larva）、到幼魚（juvenile）、到小魚、到大魚，其捕食的對象不一樣。

　　不同的藻類發展出不同抵抗動物捕食的能力例如：1. 體型很小或很大，不利浮游動物的吞食；2. 產生浮游動物厭惡或有毒性的化學物質，例如聚非飽和醛（polyunsaturated aldehydes, PUAs）（Leflaive and Ten-Hage, 2009）、藍綠菌毒素（cyanotoxins）、化感物質（allelochemicals）及二甲基硫（dimethyl sulfide）等；3. 有尖刺及突角的形狀或黏滑的外膜質料，使浮游動物無法捕捉或吞食；4. 利用垂直移動或游動的能力閃避獵食者群聚之處；5. 躲在寄主體內，如甲殼類、軟體動物類體內，躲避浮游動物的捕食。

　　j 獵食者對 i 藻種之食性比率 $DC_{i,j}$（參見 8.9 節）及獵食者之密度的時空變化，共同構築了無數不同型態的捕食壓力區。當自然演替或季節變化使浮游動物及魚類的組成改變時，藻類也因應獵食者捕食型態的變化，有些被捕食殆盡而消失，有些成功地抵抗捕食壓力而找到時空上最適生態棲位，占得生存優勢。

9.2.2.4 自由移動或上下沉浮的能力

　　有移動能力的藻類，有趨吉避凶的優勢，例如躲避浮游動物群、趨光性、趨向高營養鹽濃度、抵抗水流沖刷而留在原處等。有上下浮沉能力的藻類，可以在溫度分層的水體中，營養鹽與光線兩者在空間上被區隔之情況下，取得營養鹽與光線兩個生長的資源而成為優勢（見 8.7 節）。

9.2.2.5 耐受低溶氧的能力

　　藻類在沒有日照的時候，可以在短時間內，以好氧（嗜氧）呼吸方式代謝體內儲存的醣類等物質獲取能量而生存。缺氧狀態對一般藻類是有害的，但是有些藻類卻可以在無氧又無光線的時候，利用元素硫為電子接受者行無氧呼吸，或行醱酵作用，從外來的有機物獲取能量，例如 *Nostoc sp.*, *Oscillatoria terebriformis* 及 *Microcystis aeruginosa*（Stal and Moezelaar, 1997）。這些藻類可以在長期優養的水庫底層水或有機汙染嚴重及缺氧的水體維持生長而不被淘汰。

9.2.2.6 代謝有機物的能力

　　雖然藻類主要以光合作用為能量來源，屬於光合自營性（photoautotrophy），但是某些藻種能在特殊情況下行化學異營生長（chemoheterotrophy），在有光線（photoorganitrophy）或無光線（chemoorganotrophy）下利用代謝有機物取得能量及碳源（Wetzel, 2001），這使得這些藻類（如 *Trachyneis aspera*、*Scenedesmus quadricauda*、*S. intermedius*、*Monoraphidium contortum*、*Oscillatoria limnetica*、*Lyngbya contorta*、*Merismopedia punctata*、*Fragilaria construens*、*Nitzschia acicularis*、*Euglena* 及 *Chlorella*）能在長期無光線的環境，例如地球極區、冰覆深水下、缺光線的底泥表面藻層或固體表面的附著藻層中，及高有機物濃度下得以生存（Tuchman, 1996; Wetzel, 2001）。

　　筆者相信這些代謝有機物的能力使某些藻類較能有效取得氮及磷等營養鹽。在 1980 至 1990 年間，台灣德基水庫上游集水區主要都是果園。農友在春季施用大量雞糞補充氮肥及磷肥，以致使得德基水庫水中溶解性磷有 90% 是有機磷，相較於同時期的翡翠水庫只有 43% 的溶解性磷是有機磷。而那段時期水庫中春夏秋三季的優勢藻都是坎寧頓擬多甲藻（*Peridinium cunningtonii*）。Grigorszky 等人（1997）指出甲藻 *Peridinium platinum* 在匈牙利的湖泊化學需氧量（Chemical Oxygen Demand, COD）大於 16.2 mg L^{-1} 時大量出現，若 COD 小於 6.3 mg L^{-1} 就絕對不會出現。可見某些甲藻確實可以利用有機物而取得優勢。筆者推測可能坎寧頓擬多甲藻能代謝有機物，藉以攝取有機物中之營養鹽成分，取得優於其他藻種的生長優勢。2000 年之後因為台灣管制德基水庫上游種植果樹，及大量開放水果進口，果園面積縮減，施肥量也減少，水庫之優勢藻就不再是甲藻了。

9.3 依環境生態功能取向的藻類分類法

9.3.1 藻種組成反映水庫環境

　　藻群分布反映水庫特殊的生態環境變化。簡鈺晴（2005）將 1995 至 2003 年翡翠水庫各種藻類數目（cells ml^{-1}）之對數值與水庫環境中化學因子及物理因子做相關性分析，發現藻類數目與氮、磷、溶氧及有機碳等水質化學因子皆無明顯之相關性，反而與溫度、垂直溫度梯度及混合層深度有較明顯之相關性。可知季節性的物理環境因子影響水庫藻類優勢。簡鈺晴（2005）再取月平均垂直溫度梯度、月平均混合深度及月平均表水溫三個因子，依群集分析之結果將水庫採樣時間的環境情境分為三種湖泊狀態群集（cluster）。此三群集各因子之數值分布如圖 9-10，其水體溫度之垂直結構示意圖如圖 9-11。

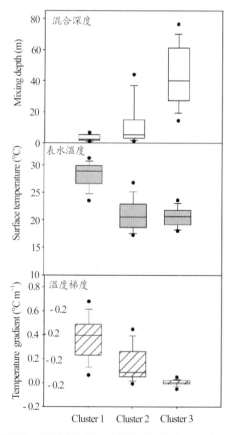

圖 9-10　取平均垂直溫度梯度、平均混合深度及平均表水溫三個因子，依群集分析之結果將水庫採樣時間的環境情境分為三種湖泊狀態群集。圖示此三群集各因子數值之分佈。矩形表示一個標準差（對數平均值之標準差）之範圍，中間線為平均值，黑點為最大及最小值。溫度梯度為水下 1 m 至 10 m 之水溫變化，混合深度為水溫驟降轉折點之深度，表層水溫為水下 1 m 測得之溫度（簡鈺晴，2005）

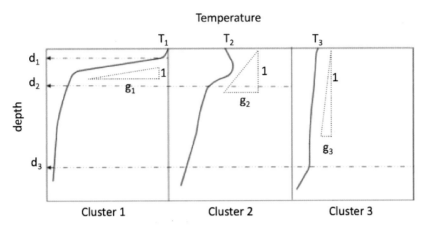

圖 9-11 三群集（cluster）水體溫度之垂直結構示意圖。g_i、d_i 及 T_i （$i = 1, 2$ or 3），分別表示垂直溫度梯度、平均混合深度及平均表水溫。群集 1 的溫度結構是強日照、表水溫度高及上下層溫度差很大的夏季；群集 2 的溫度結構是屬於剛翻轉後或正要開始翻轉的劇烈變動期；群集 3 的水體是屬於充分翻轉且維持上下無梯度的冬季穩定狀態（簡鈺晴，2005）

　　依季節性來分，在 5、6、7、8 及 9 月，翡翠水庫的環境多屬於群集一。其溫度結構是日照強、表水溫度高及上下層溫度差很大的夏季穩定分層型態；在 2、3、4 及 10 月則屬於群集二，溫度結構是屬於剛翻轉後或正要開始翻轉的劇烈變動期；在 11、12 及 1 月則屬於群集三的水體結構，其水體是屬於充分翻轉且維持上下無梯度的冬季穩定狀態。

　　而每個不同的群集情境中，藻類組成也不相同。群集一的水樣中常見的藻類為藍綠藻及綠藻，例如 *Ankistrodemus fusiformis* Corda.，*Aphanocapsa delicatissima* W. et. G. S. West (**K**)，*Chroococcus minutus* (Kg.)Naeg. (**Lo**)，*Coelastrum polychordum* (Korse.) Hind (**J**)，*Coelastrum polychordum* (Korse.)Senn. var. reticulated (**J**)，*Cyclotella stelligera* Cl. & Grun. (**A, B**)，*Eutetramorus dottie* (Hing.)Kom. (**F**)，*Eutetramorus tetraspores* Kom. (**F**)，*Microcystis aeruginosa* Kg. (**M**)，*Microcystis flos-aquae* (Wittr.) Kirchn. (**M**)，*Oocystis parva* W. et. G. S. West (**F, M**)，*Peridinium umbonatum* Stein. var. *umbonatum* (**Lo**) 及 *Pseudoquadrigula* sp.-1。（註：藻類學名後方之代號為功能群分類法之功能群代號，見下一節之內容說明。）

　　群集二情境中常見的藻類為渦鞭毛藻及綠藻，例如 *Ceratium hirundinella* (O. F. Mueller) Schrank (**Z_{MX}, Lo, L_M**)，*Chlamydomonas* sp-2 (**X2, Wo**)，*Gymnodinium* sp-1 (**Y, Lo**)，*Peridinium bipes* Sten. (**Lo**)，*Staurastrum biexacavatum* Hirano (**N**)，*Staurastrum gracile* Ralfs (**N**)，*Stephanodiscus astraea* var. minutia Grun. 及 *Tetraëdron regulare* Kuetz. (**J**)。

　　群集三水體中多為矽藻及隱藻，例如 *Aulacoseira distans* (Ehr.)Simonsen (**C**)，*Chlamydomonas* sp (**X2**).，*Chroomonas acuta* Uterm (**X2**)，*Cryptomonas caudata* Schiller (**Y**)，

Cryptomonas erosa Her (**Y**).，*Cryptomonas erosa* var. reflex (**Y**)，*Cryptomonas ovata* Ehr.，*Nephroselmis angulatum* (Korschikoff) Skuja 及 *Rhizosolenia longiseta* Zach (**A**).。

　　同一水庫可以在不同時間形成三個不同的最適生態棲位，各有不同的藻種因其型態與生理之特性，適合在某一最適生態棲位生長。建立這樣優勢藻類組成與環境最適生態棲位特性的關係，可有幫助我們有把握預測：有同樣環境的水庫，會有同樣的藻種出現。

9.3.2 藻類特定型態與功能特性對應環境特性的功能群分類法

　　上一小節所描述的依環境最適生態棲位而形成藻種組合（association），或可視爲另一種分類方法，可以應用在水庫水質評估上（B-Béres et al, 2016）。此藻類生態功能群（phytoplankton ecological functional group）的研究逐漸得到生態管理者的重視（Reynolds et al., 2002; Padisák et al., 2009）。

9.3.2.1 功能群分類法之源起與其意義

　　Grime（1977）主張植物因生存受到擾動（disturbance）和壓力（stress）等環境條件改變之影響，可能會導致植物發展出特殊的適應策略，故可將受到環境影響時具有相同反應的特定族群組合，提出陸域植物功能群的概念。所謂擾動是指任何破壞及限制植物生長的過程（例如棲地破壞）；所謂壓力是指限制植物成長的環境（例如溫度、光線和水分太多或缺乏）。由擾動和壓力兩種因子至少可組合成三種環境：(1) 高擾動─低壓力、(2) 低擾動─高壓力、(3) 低擾動─低壓力，可對應出三種植物生長策略，分別是：

　　(1) R 型雜生者（ruderals）（R-strategists）：有能力在棲地頻受擾動下生存，將大部分能量用在繁殖上：

　　(2) S 型抗壓者（S-strategists）：能忍受某些特定不利環境，擅長利用短暫有利條件保存資源和繁殖：

　　(3) C 型競爭者（C-strategists）：具有強勢競爭力，能取得光線、養分和水各種資源。

　　Grime 指出：雜生者繁殖快、體型小，生長策略吻合 r 競爭型；抗壓者生長慢、體型大，生長策略吻合 K 競爭型；競爭者則介於 r 競爭型和 K 競爭型兩個極端生長策略型的中間（參見 9.2.2.2 小節）。

　　Reynolds（1997）將 Grime 的 C-R-S 植物功能群概念引入水域生態。因爲考慮藻類生長涉及形態、增長率和相關生理特性，Reynolds 將擾動和壓力兩個環境限制因子，置換爲水域環境的光照能量和營養物質，並加入跟沉降率有關的藻類體型，由此建立的 C-R-S 分別是：

　　(1) C- 競爭策略（competitive strategy）：具有高的養分吸收效率（高表面積與體積比）以及小體型，在充分的能量（光）和物質（養分）供給下，具有最高的生長速率和較低的

沉降率，Reynolds 將它們歸於 r 競爭型。

　　(2) S- 抗壓策略（stress-tolerant strategy）：具有較低的養分吸收效率、生長緩慢、體型小、沉降速率較低、能在物質缺乏的條件下利用游泳移動、利用氣泡調控浮力及釋放胞外磷酸酶等方式獲取額外資源。Reynolds 將它們歸於 K 競爭型。

　　(3) R- 先驅策略（ruderal strategy）：能以高的養分吸收效率獲取資源。此類型大多是非運動大體型藻類或絲狀藍綠菌，具有最大的體型，能夠容忍光線能量過多或缺乏形成的干擾，R 型環境經常性出現在秋季湖泊分層結束時期，水體濁度高，Reynolds 將它們歸於 W 競爭型。

　　基於 CRS 藻類生長策略理論的基礎，Reynolds 擴展環境參數至湖泊環境物理、化學和生物特性（例如混合層深度、光、溫度、磷濃度（P）、氮濃度（N）、矽濃度（Si）、CO_2 濃度和捕食壓力）。Reynolds 依此參數特性組合，定義了 31 個功能群，各有不同之棲地特性，及其對應之藻種、藻種的耐受特性與敏感特性（Reynolds et al., 2002）。

　　此分類方法是依據水體環境的特徵，例如優養程度高或低、完全混合或分層、低光照強度或高光照強度等區分成功能群，而一藻種常出現於某一功能群所描述的特別環境中，即認定彼此之間有關聯性。Berthon 等（2011）及 B-Béres 等人（2016）分析不同的底棲矽藻藻種在 20 個不同生態特性與型態特性的功能群（Eco-Morphological Functional Groups）出現的頻率與數量，找出每個功能群的代表藻種群。當然一藻種也會出現於一個以上的功能群，因為藻類有適應及變異之能力（Reynolds et al., 2002; Padisák et al., 2009; B-Béres et al., 2017）。經過研究者協助制定參數及藻類組合，目前應用最多的功能群共有 40 個（Reynolds et al., 2002; Padisák et al., 2009），每個功能群都有一個字母代號（或稱密碼子，codon）來表示。

9.3.2.2 功能群特性描述

　　表 9-8 為歸納 Reynolds 等人（2002）、Padisák 等人（2009）及後續研究者觀察補充之藻類功能群分類之例。附錄 9-1 則列出個功能群常見之藻種供讀者參考。

表 9-8　藻類生態功能群分類法

代號	功能群描述									
	喜好的環境因子描述							耐受性	敏感的條件	
	優養程度	水深	潔淨	大小	清濁	混合程度	光照	溫度		
A	貧養	深水	潔淨						貧養	pH
B	中養	淺水體		中小型或大型					低光照	pH 升高，缺乏矽，水體分層

代號	功能群描述								
	喜好的環境因子描述						耐受性	敏感的條件	
	優養程度	水深	潔淨	大小	清濁	混合程度	光照	溫度	
C	富營養			中小型水體					低光照，低含碳量	缺乏矽，水體分層
D	含營養鹽				混濁				沖刷	營養缺乏
E	貧營養或異營性	淺水		小型水體					低營養（有賴於混合營養）	二氧化碳缺乏
F	中到富營養		潔淨			混合強			低營養高濁度	二氧化碳缺乏
G	高營養					停滯水體			高光照	營養鹽缺乏
H1	富營養，低氮					分層			低含氮量，低含碳量	水體混合，低光照，低含磷量
H2	貧到中營養	深水					光照好		低含氮量，低含碳量	水體混合，低光照
J	高營養	淺水				混合				高光照
K	富營養	淺水								水體高度混合
L_M	富到超營養			中小型水體					很低碳含量	水體混合，低光照
L_O	貧到富營養	可深可淺		中到大型水體					營養分層	長時間或深層的混合
M	富到超營養			小到中型	透明度較高	穩定			曝曬	沖刷作用，低光照
M_p		淺水			混濁（無機性）	經常性攪動			混合攪動	
N						2～3 m 混合層[1]		溫帶湖泊	低營養	水體分層，pH 升高
N_A	貧到中養					靜水		低緯度地區		水體混合
P	稍營養					2～3 m 混合層[1]		溫帶湖泊	中低光照和低碳含量	水體分層和矽缺乏
Q	富含有機質，酸性[2]			小型						

代號	功能群描述									
	喜好的環境因子描述						耐受性		敏感的條件	
	優養程度	水深	潔淨	大小	清濁	混合程度	光照	溫度		
R	貧到中營養					分層			低光照,較強的分層作用	水體不穩定
S_1	適藍綠藻[3]				混濁,透明度低	混合			極低的光照	沖刷作用
S_2		淺水						溫暖	低光照,高鹼性	沖刷作用
S_N						混合		溫暖	低光照低營養	沖刷作用
T						持續深混合水層			低光照	營養缺乏
T_B						強急流			沖刷	
T_C	富營養					淨水或緩流[4]				沖刷作用
T_D	中營養					淨水或緩流[4]				沖刷作用
U	貧到中養的上下梯度[5]					分層			低營養之大型藻[6]	二氧化碳缺乏
V	富營養,具明顯氧化還原梯度[7]					分層			極低光照,強分層(還原層)作用	水體不穩定
W_1	富有機汙染	淺水池							高生化需氧量	捕食作用
W_2	中營養	淺水池								
W_O	富有機腐敗物[8]	河或池								
W_S	富含腐植質、pH中性	池								酸性
X_1	超富營養	淺水							分層	營養缺乏,捕食作用

代號	功能群描述									
	喜好的環境因子描述							耐受性	敏感的條件	
	優養程度	水深	潔淨	大小	清濁	混合程度	光照	溫度		
X2	中到富營養	淺水							分層	水體混合，捕食作用
X3	貧養	淺水				混合			惡劣環境條件	水體混合，捕食作用
X$_{Ph}$	含高鈣，鹼性	小型水體					光照佳			酸性，低營養
Y	無強捕食者[9]								低光照	獵食作用
Z	貧養水體之變溫層或底水層之上沿								低營養	低光照，捕食作用
Z$_{MX}$	寡養	深水						高山區		

1. 水體持續或半持續地維持 2～3 m 深的混合層。
2. 富含有機質或水生生物腐敗物之酸性水體。
3. 適合耐弱光線藍綠菌生長之水體。
4. 淨水或流動緩慢具挺水植物生長之水體。
5. 貧到中營養，上層營養被耗盡而深層仍有。
6. 耐受低營養，能移動之大型藻。
7. 富營養，具明顯氧化還原梯度、適合紫硫細菌（purple sulphur bacteria）與綠硫細菌（green sulphur bacteria）生長之分層水體。
8. 富含有機質或水生生物腐敗物。
9. 屬廣泛之環境，無強捕食者，主要為 cryptomonads 生存環境。
資料主要來源：Reynolds 等（2002）；Padisák 等（2009）。

9.3.3 藻類生態功能群分類法的生態意義及應用

一個功能群是一群有極相似特性的生物出現在同一時空領域，縱使在演化的親緣上不一定源自同一祖先，但是它們在某一生態棲地中表現相同的生態功能（Pla et al., 2012）。也可以說這群生物分享同一最適生態棲位（ecological niche），並使得此區之生態功能達到最大，例如生產量最大、能量或還原物質代謝最順暢。

藻類功能群（Phytoplankton functional groups）分類已漸漸應用在湖泊水域浮游植物生態學研究，以及湖泊群之間的比較（Kruk et al., 2017; Hu et al., 2013; Salmaso et al., 2015;

Salmaso and Padisák, 2007）。天然湖泊或水庫因季節、溫度或是水質理化環境發生變化，會出現一群共存優勢藻類。若要具體預測出現哪一藻種或許有些困難，因為藻類仍有隨機分布的現象，但預測適應某一環境出現的藻群則更為可行（Sommer et al., 1993）。例如 L_M 功能群及 M 功能群通常在強日照之下的優養平靜水體快速繁殖成為強勢競爭者。當亞熱帶水庫在夏季水體分層期間，甚至蒙古湖泊在夏天時，幾天強日照照射下，水體趨向穩定，包含微囊藻在內的 L_M 及 M 功能群出現機率大為增加（參見附錄 9-1）。

　　反過來說，水庫管理者可以觀察水體藻類呈現之功能群為何，而更了解水庫當時的水文、優養及外界干擾程度等現象，而做適當之因應。甚至在缺乏水文與水質監測資料時，僅由藻類組成就可以診斷出水庫的健康狀態。

9.3.4 如何定義功能群

　　從表 9-8 可以看出來，表中的 40 個功能群是依據不同的環境條件組合來定義的。除了 8 個喜好的環境因子之外，其實耐受性與敏感因子也是關鍵的環境因子，此二者其實包含了含碳量、pH、沖刷、矽供給、二氧化碳、含氮量、還原性梯度、有機物濃度等環境因子。每個環境參數可以視為生態環境特性領域中的一個維度，而該參數之大小強弱則是維度上之尺度。在表 9-8 中 16 個環境參數（維度（dimension）），視其分級的解析度大小，就定義出環境特性空間中許多的環境生態區位。假定以 3 個環境因子，優養、光照及溫度，又每個因子分為強與弱兩個尺度，就可以得到 $2 \times 2 \times 2 = 8$ 個環境生態區位。分隔得越細，例如把優養程度分為 5 級而不是只有優養或貧養 2 級，就可以創造出 20 個環境生態區位。

　　一個生態區位形成之後，就孕育出一群有極相似特性的生物來據此為最適棲位。占據此環境生態區位的藻種，也就是這個功能群的定義。附錄 9-1 就是將藻類按照其共同之最適生態棲位來區分為 40 個功能群的實例。

　　其實按照上述藻類功能群分類的例子，十多個環境生態參數定義下，應該有更多的功能群，但是因為下列的原因，無法將解析度提高。第一，數據不夠多。尤其是生物調查的同時，環境資訊的收集常被忽略，而生物調查的頻率太低，物種變動的資訊非常缺乏。現今數據分析的計算能力應該不是問題，若有更多生物及環境因子的連續監測資料，應該可以使功能群的的定義更精準，解析度更高。

　　第二，許多環境因子尚未有一致認同的參數化方法。例如混合程度、溫度梯度、捕食強度、混濁度等，甚至優養程度、水體大小、深淺等都尚未參數化，有待更多的數據來研究及校正。

　　第三，生物個體的歷史資料缺乏，也常常被忽略。如前一章所敘述，藻類前數天的經

歷，會影響藻類當天的生理與生長速率，而環境的動態變動，例如水體翻轉、激烈的逕流輸入等，更影響後續藻類的生長。這些動態因子也必須參數化，納入功能群的定義與藻種的歸類中。

9.3.5 藻類生態功能群分類法的應用案例

翡翠水庫係供應大台北地區自來水的主要水源，其特性如表 9-9。作者團隊利用翡翠水庫 2 年（2021 年 8 月～2023 年 4 月），每月一次，共 21 月次水質調查資料進行藻類組成分析和功能群分組。

表 9-9　翡翠水庫基本資料

特性參數	數值
Latitude	24°54'33"N
Longitude	121°34'48"E
Mean elevation (m)	122.5
Length (m)	510
Surface area (Km^2)	10.2
The maximum depth (m)	112.4
Annual precipitation (mm)	> 2000
Total capacity (10^6 m^3)	406
Catchment area (Km^2)	303
Main tributaries	南勢溪、北勢溪

9.3.5.1 水質狀況

翡翠水庫位於亞熱帶，最冷的月份是一月與二月份，溫差變化引起水庫水體翻轉，一年通常發生一次較完整的翻轉。水體參數平均值及範圍如表 9-10 所示。翡翠水庫夏季水體透明度高，冬季受水體翻轉擾動導致濁度上升；總磷濃度介於 3.0～22.0 µg/L 之間；葉綠素 a 介於 0.8～15.9 µg/L 之間。藉由透明度、葉綠素 a 和總磷含量等資料計算得到翡翠水庫之平均卡爾森指數（Carlson Trophic State Index (CTSI)）（CTSI 之定義見第 12 章 12-2 節）小於 40，屬於偏貧養水質之水庫。

表 9-10 翡翠水庫 2021～2023 年環境因子平均值及範圍

Parameter	mean values	range
Secchi disk visibility, SD (m)	4.5	1.9-8.0
Water temperature (°C)	24.5	18.2-33.0
Turbidity (NTU)	1.2	0.4-11.0
pH	7.8	6.6-9.1
Ammonia nitrogen, NH_4-N (mgL^{-1})	0.0	0-0.2
Dissolved oxygen, DO (mgL^{-1})	8.1	6.6-10.4
Chemical Oxygen Demand, COD (mg L^{-1})	2.3	0-8.6
Suspended solids, SS (mgL^{-1})	1.2	0.1-5.4
Conductivity, COND (µs cm^{-1})	71.6	60.0-122.0
Total coliform (CFU/100 mL)	448.7	0-8500
Total organic carbon, TOC (mgL^{-1})	0.8	0.2-2.4
Total phosphate, TP (µgL^{-1})	10.1	3.0-22.0
Chlorophyll a (µg L^{-1})	3.2	0.8-15.9
Carlson Trophic State Index (CTSI)[a]	39.3	27.7-48.9

資料來源：臺北翡翠水庫管理局，2023。
註 a：Carlson Trophic State Index（CTSI）之定義可參見第 12 章。

9.3.5.2 翡翠水庫的藻類功能群

　　水庫中可觀察到的藻類包括藍綠菌、隱藻、矽藻、裸藻、綠藻、甲藻、淡色藻（金黃藻）等 7 大類，共 75 屬 172 種。若將出現的藻種分配到各所屬的功能群，其中出現頻率最高的 5 個功能群為 **F**（38.9%）、**M**（16.3%）、**B**（8.4%）、**N**（8.0%）和 **C**（6.7%）（圖 9-12）。其中 **F** 群組多數為具有群體膠被的浮游綠藻如 *Eutetramorus spp.*、*Oocystis spp.*、*Coenochlorys sp.* 及 *Sphaerocystis spp.*；**M** 群組主要是藍綠菌類的微囊藻如 *Microcystis spp.*；**B** 群組是矽藻類的小環藻 *Cyclotella stelligera* 及溝鏈藻 *Aulacoseira pusilla*；**N** 群組多數是鼓藻如 *Cosmarium spp.* 及 *Staurodesmus spp.*；**C** 群組也是矽藻如 *Aulacoseira ambigua f. japonica* 及 *Spicaticribra kingstonii*。

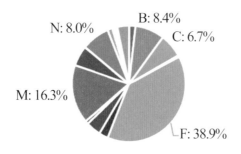

圖 9-12　翡翠水庫 2021～2023 年觀察到藻類歸屬之功能群比例。圖内英文字母為功能群之代號，其功能特性及群内藻種可參見表 9-8 及附錄 9-1。圖中 P_I 功能群為作者在受到沖刷經常擾動、混合均勻水體發現的一群體型小之先驅型藻所暫時賦予的編號（周傳鈴，未發表資料）

9.3.5.3 藻類功能群反應水庫水質狀況

由上述全年之優勢平均功能群，**F**，僅可知翡翠水庫的狀況主要為中度營養的潔淨水體，混合程度高且濁度高。如果進一步檢視每個月藻類所屬功能群的變化，可見每個月的藻群組成是有變化的（見表 9-11）。2021 年的 8，9 及 10 月是 **M** 及 **N** 功能群，表示是營養鹽有效性高、透明度高的、陽光強、水體分層的穩定水質。2021 年冬季及 2022 年全年都是 **F** 功能群為主，但是參雜一些 **M** 與 **N** 功能群的藻。2023 年 1 月開始是完全不一樣的藻群。**B**、**C** 與 **F** 功能群的藻混雜出現，顯示水庫趨向貧養、潔淨及低光照的狀態，與前一年冬天的水庫水質完全不同。

對照簡鈺晴（2005）的水體群集分類，功能群 **M** 與 **N** 是屬於群集 1 的夏天分層水庫，功能群 **F** 是屬於群集 2 的屬於剛翻轉後或正要開始翻轉的變動期水體，至於功能群 **B** 與 **C** 則代表完全混合、濁度高、水溫低適合矽藻生長的群集 3 水體。

本書作者採用冗餘分析（redundancy analysis, RDA）來檢視翡翠水庫藻類功能群與水庫水質狀況的關係（周傳鈴，2023）。研究採用 168 組調查樣本，自變數為 13 項環境因子，包括 pH、Temp、DO、Conductivity、NH_4-N、TP、COD、SS、SD、大腸桿菌群（Coliform bacteria）、Chl a、TOC 和 Turbidity，以及採樣當日的前 30 天之降雨量，蓄水量、出水量、進水量以及水體水力滯留時間（hydraulic retention time, HRT）（台北翡翠水庫管理局，2023）。因變數為 22 個藻類功能群，包括 **A**、**B**、**C**、**D**、**E**、**F**、**G**、**J**、**K**、**M**、L_O、M_P、**N**、**P**、T_B、T_C、T_D、**W1**、**X1**、**X2**、**Y** 及 P_I。

表9-11 2021年8月至2023年4月各月份主要功能群藻種出現比率變化 (%)

功能群	2021					2022												2023			
年/月	Aug	Sep	Oct	Nov	Dec	Jan	Feb	Mar	Apr	May	Jun	Jul	Aug	Sep	Oct	Nov	Dec	Jan	Feb	Mar	Apr
A																					
B					14.3											11.7	12.2	54.9	14.9	19.2	17.7
C										8.5								20.8	35.4	9.2	35.9
F	20.8	22.3	21.3	44.9	37.5	28.1	54.1	42.7	66.0	55.3	42.0	34.4	43.2	52.3	53.4	44.7	52.0	5.1	18.8	52.6	24.4
J											13.7	33.9									
M	58.4	40.5	29.9					11.8	25.4	14.1	33.4	23.7	28.9	16.4	8.2						
Lo					10.7	14.8											10.9				
N		27.1	36.3	11.9										12.0	29.2	12.2		5.1			
P					10.1								10.5								
P₁	6.8					8.2															
主要功能群	M F	M N F	N M F	F N F	F B Lo	F Lo P₁	F	F M	F M	F M	F M J	F J M	F M N	F M N	F M N	F N B	F B Lo	B C	C F B	F B	C F B

a：表中P₁功能群為作者在受到沖刷經常擾動、混合均勻水體發現的一群體型小之先驅型藻所暫時賦予的編號（周偉鈴，未發表資料）。

　　冗餘分析結果（圖9-13）顯示22個功能群中多數分布在第三及四軸區（圖左半邊），反映其與水體透明度、蓄水量和水溫有關，尤其水庫常見的 **B** 功能群（包含之藻類為矽藻 *Pantocsekiella ocellata*、*Cyclotella stelligera* 及 *Aulacoseira pusilla*）和 **C** 功能群（包含之藻類為矽藻 *Aulacoseira ambigua f. japonica* 及 *Spicaticribra kingstonii*）。此關聯性表示這群藻類消長可以反應水庫蓄水量增加以及低水溫和高透明度有關。位於第一及二軸區（圖右半邊）的 **M** 功能群（包含藍綠菌的微囊藻 *Microcystis spp.*）則與導電度、懸浮固體、化學需氧量和水溫有正相關。微囊藻具有垂直浮游能力，因此水中濁度或懸浮固體增加不致影響其生長，不過生長仍需要相關的營養因子（氨氮和化學需氧量）支持。

　　其次位於第二軸區的 **N** 功能群（包含鼓藻如 *Cosmarium spp.* 及 *Staurodesmus spp.*）跟降雨量和總有機碳增加有關，這類體型大的藻類數量增加，很容易使水中葉綠素 a 濃度上升。最後 **F** 功能群（包含綠藻如 *Eutetramorus* spp.、*Oocystis* spp.、*Coenochlorys* sp. 及 *Sphaerocystis* spp.）這類具有群體膠被的浮游綠藻雖然細胞數量龐大，倒是在各種環境條件下都有存在。

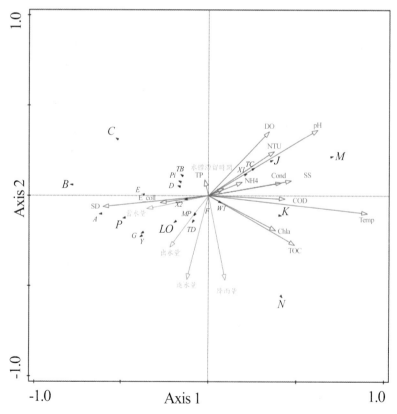

圖 9-13　藻類功能群與環境變數之 RDA 雙序圖。圖中黑色英文字母為功能群代號，紅色字母為水質參數（可參考表 9-10 之水質參數名稱），綠色為水庫水文相關參數。圖中 Pₗ 功能群為作者在擾動快速、混合均勻、偏冷、貧養水體發現的一群藻所暫時賦予的編號（周傳鈴，未發表資料）

　　將翡翠水庫實際的水質條件比對藻類功能群之描述（表 9-8），確實符合翡翠水庫在不同季節的環境條件。因此以藻類功能群來分類，除了簡化鑑定藻類的分類過程，分群結果也能良好解釋環境生態特徵，大大提高藻類分類學的實用意義，提高水庫管理者對水庫狀態的瞭解與管理能力。但是目前功能群著重於藻種的歸類，對於各功能群性質之描述尚未完備與細緻，例如對於溫度的區分，混合程度及水體分層，透明度及各因子的量化描述不足，使得應用於水體狀態之研判上仍有待加強之處。

參考文獻

Abidizadegan, M., Blomster, J., Fewer, D. and Peltomaa, E., 2022. Promising biomolecules with high antioxidant capacity derived from Cryptophyte algae grown under different light conditions, *Biology*, 11(8), 1112.

B-Béres, V., Lukács, Á., Török, P., Kókai, Zs., Novák, Z., T-Krasznai, E., Tóthmérész, B. and Bácsi, I., 2016, Combined eco-morphological functional groups are reliable indicators of colonisation processes of benthic diatom assemblages in a lowland stream, *Ecol. Indic.*, 64, 31-38.

B-Béres, V., Török, P., Kókai, Zs., Lukács, Á., T-Krasznai, E., Tóthmérész, B. and Bácsi, I., 2017, Ecological background of diatom functional groups: Comparability of classification systems, *Ecol. Indic.* 82: 183-188.

Becker, V., Huszar, V. L. M., Naselli-Flores, L., and Padisák, J., 2008, Phytoplankton equilibrium phases during thermal stratification in a deep subtropical reservoir. *Freshw Biol*, 53, 952-963.

Berthon, V., Bouchez, A., and Rimet, F., 2011, Using diatom lifeforms and ecological guilds to assess organic pollution and trophic level in rivers: a case study of rivers in south eastern France. *Hydrobiologia*, 673, 259-271.

Borics, G., Várbíró, G., Grigorszky, I., Krasznai, E., Szabó, S., and Kiss, K. T., 2007, A new evaluation technique of potamoplankton for the assessemnt of the ecological status of rivers, *Large Rivers*, 17. Archiv für Hydrobiologie Supplement 161: 465-486.

Callieri, C., Caravati, E., Morabito G., and Oggioni, A., 2006, The unicellular freshwater cyanobacterium *Synechococcus* and mixotrophic flagellates: Evidence for a functional association in an oligotrophic, subalpine lake. *Freshwater Biology* 51: 263-273.

Grigorszky, L.; Padisák, J.; Borics, G and Vasas, G., 1997, Data on the knowledge of *Peridinium platinum* Lauterborn (Dinophyta) in Körös area (SE Hungary), In Hamar, J. ed. *The Cris-Körös Rivers' Valleys*: 123-133, Tiscia Monograph Series, Szolnok, Szeged, Targu Mures.

Grime, J. P., 1977, Evidence for the existence of three primary strategies in plants and its relevance to ecological and evolutionary theory, *American Naturalis,* 111, 1169-94.

Guiry, M. D., and Guiry, G. M., 2023, *Algae Base*, World-wide electronic publication, National University of Ireland, Galway.

Hu, R., Han, B. and Naselli-Flores, L., 2013, Comparing biological classifications of freshwater phytoplankton: a case study from South China. *Hydrobiologia*, 701, 219-233.

Kingston, M. B., 2002, Effect of light on vertical migration and photosynthesis of *Euglena proxima* (euglenophyta), *Journal of phycology*, 35 (2), 245-253.

Kruk, C., Devercelli, M., Huszar, V. L. M., Hernández, E., Beamud, G., Diaz, M., Silva, L. H. S. and Segura, A. M., 2017, Classification of Reynolds phytoplankton functional groups using individual traits and machine learning techniques, *Freshwater Biology*, 62(10), 1681-1692.

Lavoie, I., Campeau, S., Darchambeau, F., Cabana, C., Dillon, P. J., 2008, Are diatoms good integrators of temporal variability in stream water quality? *Freshwater Biol.*, 53, 827-841.

Lee, R. E., 2008, *Phycology*, 4th Edition, Cambridge University Press, New York, 645.

Leflaive, J. and Ten-Hage, L., 2009, Chemical interactions in diatoms: role of polyunsaturated aldehydes and precursors, *New Phytologist*, 184(4), 794-805.

Lengyel, E., Padisák, J., Stenger-Kovács, Cs., 2015, Establishment of equilibrium states and effect of disturbances on benthic diatom assemblages of the Torna-stream, Hungary, *Hydrobiol.*, 750, 43-56.

Liu, T., Yu, J., Su, M., Jia, Z., Wang, C., Zhang, Y., Dou, C., Burch, M. and Yang, M., 2019, Production and fate of fishy odorants produced by two freshwater Chrysophyte species under different temperature and light conditions, *Water Research*, 157, 529-534.

Naselli-Flores L. 2014. Morphological analysis of phytoplankton as a tool to assess ecological state of aquatic ecosystems: the case of Lake Arancio, Sicily, Italy, *Inland Water*, 4(1):15-26.

Padisák, J., Barbosa, F. A. R., Koschel, R. and Krienitz, L., 2003, Deep layer cyanoprokaryota maxima are constitutional features of lakes: Examples from temperate and tropical regions, Archiv für Hydrobiologie, Special Issues, *Advances in Limnology*, 58, 175-199.

Padisák, J., Grigorszky, I., Borics, G., and Soróczki-Pintér, É., 2006e, Use of phytoplankton assemblages for monitoring ecological status of lakes within the Water Framework Directive: The assemblage index. *Hydrobiologia* 553: 1-14.

Padisák, J., Crossetti, L.O. and Naselli-Flores, L., 2009, Use and misuse in the application of the phytoplankton functional classification: a critical review with updates, *Hydrobiologia,* 621, 1-19.

Paerl, H. W., Fulton, R. S., Moisander, P. H. and Dyble, J., 2001, Harmful freshwater algal blooms, with an emphasis on Cyanobacteria. *Sci. World*, 1, 76-113.

Pla, L., Casanoves, F., and Di Rienzo, J., 2012, *Quantifying Functional Biodiversity*, Springer Briefs in Environmental Science, Springer, Dordrecht, Heidelberg, London, New York. DOI: 10.1007/978-94-007-2648-2_1.

Raven, P. H., Evert, R. F. and Eichhorn, S. E., 2005, *Biology of Plants*, 7th edition, W.H. Freeman and Company.

Reynolds, C. S., 1997, *Vegetation Processes in the Pelagic. A Model for Ecosystem Theory*. ECI, Oldendorf.

Reynolds, C. S., Huszár, V., Kruk, C., Naselli-Flores, L. and Melo, S., 2002, Towards a functional classification of the freshwater phytoplankton. *J. Plankton Res.*, 24, 417-428.

Rimet, F, Druart, J. C., and Anneville, O., 2009, Exploring the dynamics of plankton diatom communities in Lake Geneva using emergent self-organizing maps (1974-2007), *Ecol Informatics,* 4, 99-110.

Rühland, K. M., Paterson, A. M., and Smol, J. P., 2015, Lake diatom responses to warming: Reviewing the evidence. *Journal of Paleolimnology*, 54(1), 1-35.

Salmaso, N. and Padisák, J., 2007, Morpho-Functional Groups and phytoplankton development in two deep lakes (Lake Garda, Italy and Lake Stechlin, Germany). *Hydrobiologia*, 578(1), 97-112.

Salmaso, N., Naselli-Flores, L. and Padisák, J., 2015, Functional classifications and their application in phytoplankton ecology, *Freshwater Biology*, 60, 603-619.

Smucker, N. J. and Vis, M. L., 2011, Diatom biomonitoring of streams: reliability of reference sites and the response of metrics to environmental variations across temporal scales. *Ecol. Indic.*, 11, 1647-1657.

Sommer, U., Padisák, J., Reynolds, C. S. and Juhász-Nagy, P., 1993, Hutchinson's heritage: the diversity-disturbance relationship in phytoplankton, *Hydrobiologia*, 249, 1-8.

Song Y., Shen, L., Zhang, L. L., 2021, Study of a hydrodynamic threshold system for controlling dinoflagellate blooms in reservoirs, *Environmental Pollution*, 278, 116822.

Souza, M. B. G., Barros, C. F. A., Barbosa, F. A. R., Hajnal, É., and Padisák, J., 2008, The role of atelomixis in phytoplankton assemblages' replacement in Dom Helvécio Lake, SouthEast Brazil, *Hidrobiologa*, 607: 211-224.

Spaulding, S. A., Potapova, M. G., Bishop, L. W., Lee, S. S., Gasperak, T. S., Jovanoska, E., Furey, P. C., Edlund, M. B., 2021, Diatoms.org: supporting taxonomists, connecting communities. *Diatom Research*, 36(4), 291-304. doi:10.1080/0269249X.2021.2006790.

Stal, L. J. and Moezelaar, R., 1997, Fermentation in cyanobacteria, FEMS *Microbiology Reviews*, 21(2), 179-211.

Tuchman, N. C., 1996, The role of heterotrophy in algae. In R. H. Stevenson, M. L. Bothwell and R. L. Lowe, eds. *Algal Ecology: Freshwater Benthic Ecosystems,* Academic Press, San Diego, 299-319.

Tudesque, L., Grenouillet, G., Gevery, M., Khazraie, K. and Brosse, S., 2012, Influence of small-scale gold mining on French Guiana stream: Are diatom assemblages valid disturbance sensors? *Ecol. Indic.*, 14, 100-106.

Wetzel, R. G., 2001, *Limnology, Lake and River Ecosystems*, 3rd de. Academic Press, San Diego.

臺北翡翠水庫管理局，2023，翡翠水庫藻類與水質關係研究報告，2021～2023 年。

周傳鈴，2023，應用藻類功能群分類方法探討台灣水庫水質變化之原因，國立臺灣大學生態學與生物演化學論文集（尚未發表）。

周傳鈴、陳慶旺、譚智宏、蔡逸文，2014，以藻類消長探討河道施工對生態環境之衝擊——以北勢溪及金瓜寮溪為例，農業工程研討會論文集，1025-1036。

經濟部德基水庫集水區管理委員會，2021，德基水庫 110 年度水質與藻類監測計畫成果報告書。

簡鈺晴，2005，翡翠水庫藻類多樣性之分析及消長動態之模擬，國立臺灣大學環境工程學研究所碩士論文。

附錄 9-1　功能群分類表

　　每一功能群表包含第一列為功能群之字母碼，第二列開始為該功能群之物理化學環境特徵、第三列為該群藻種能忍耐之特殊環境特徵及第四列為對該群藻類生長影響最敏感的環境因子。表中第五列以下為屬於該功能群之藻種。〔主要參考文獻：Reynolds 等人（2002）、Padisák 等人（2009）、Naselli-Flores（2014）〕

Codon A (Reynolds *et al.*, 2002)		*Rhizosolenia spp.*	*Cyclotella baicalensis,*
環境特徵	貧養、潔淨、深水	*Brachysira vitrea*	*Cyclotella. ornata,*
耐受	貧養	*Acanthoceras spp.*	*Cyclotella minuta*
敏感	高 pH	*Thalassiosira spp.*	*Cyclotella rhomboideoelliptica*
Urosolenia spp.		*Cyclotella comensis*	*Cyclotella wuethrichiana*
		Cyclotella glomerata	*Cyclotella stylorum*

| *Cyclotella sp.* |
| *Cyclostephanos spp.* |

Codon B (Reynolds *et al.*, 2002)	
環境特徵	中養、中小型或大型淺水體
耐受	低光照
敏感	pH 升高、缺乏矽、水體分層

| *Aulacoseira islandica* |
| *Aulacoseira subarctica* |
| *Aulacoseira italica* |
| *Aulacoseira hergozii* |
| *Stephanodiscus neoastraea* |
| *Stephanodiscus rotula* |
| *Stephanodiscus meyerii* |
| *Stephanodiscus minutulus* |
| *Cyclotella bodanica* |
| *Cyclotella comta* |
| *Cyclotella operculata* |
| *Cyclotella kuetzingiana* |
| *Pantocsekiella ocellata* |
| *Discostella stelligera* |
| *small Cyclotella spp.* |

Codon C (Reynolds *et al.*, 2002)	
環境特徵	富營養、中小型水體
耐受	低光照低含碳量

敏感	矽缺乏、水體分層
Aulacoseira ambigua	
Aulacoseira ambigua f. japonica	
Aulacoseira distans	
Stephanodiscus sp.	
Stephanodiscus rotula	
Cyclotella meneghiniana	
Pantocsekiella ocellata	
Asterionella formosa	
Asterionella sp.	

Codon D (Reynolds *et al.*, 2002)	
環境特徵	含營養鹽、混濁淺水甚至河流
耐受	沖刷
敏感	營養缺乏可能影響

| *Synedra/Ulnaria acus* |
| *Synedra ulna* |
| *Synedra delicatissima* |
| *Synedra nana* |
| *Synedra sp.* |
| *Nitzschia acicularis* |
| *Nitzschia agnita* |
| *Nitzschia spp.* |
| *Fragilaria/Synedra rumpens* |
| *Encyonema silesiacum* |
| *Stephanodiscus hantzschii* |
| *Skeletonema potamos* |

| *Skeletonema subsalsum* |
| *Actinocyclus normannii* |

Codon E (Reynolds *et al.*, 2002)	
環境特徵	貧營養、淺水、小型水體，或異營性池塘
耐受	低營養（有賴於混合營養）
敏感	二氧化碳缺乏

| *Dinobryon spp.* |
| *Mallomonas spp.* |
| *Epipyxis sp.* |
| *Salpingoeca sp.* |
| *Erkenia* |
| siliceous Chrysophyceae |

Codon F (Reynolds *et al.*, 2002)	
環境特徵	中到富營養、潔淨、混合強
耐受	低營養高濁度
敏感	二氧化碳缺乏

| *Botryococcus braunii* |
| *Botryococcus terribilis* |
| *Botryococcus neglectus* |
| *Botryococcus protuberans* |
| *Botryococcus sp.* |
| *Oocystis lacustris* |
| *Oocystis parva* |
| *Oocystis borgei* |

Oocystis marina
Oocystis spp.
Kirchneriella pseudoaperta
Kirchneriella pinguis
Kirchneriella lunaris
Kirchneriella obesa
Kirchneriella sp.
Coenochlorys/ Sphaerocystis spp.
Pseudospaherocystis lacustris
Lobocystis planctonica (Dictyosphaeriu m planctonicum)
Lobocystis sp.
Dictyosphaerium spp.
Eutetramorus spp.
Nephroclamys spp.
Nephrocytium sp.
Willea wilhelmii
Elakatothrix spp.
Eremosphaera tanganykae
Planktosphaeria gelatinosa
Micractinium pusillum
Treubaria triappendiculata
Fusola viridis
Coenococcus sp.
Strombidium sp.
Dimorphococcus spp.

Codon G
(Reynolds *et al.*, 2002)

環境特徵	高營養、停滯水體
耐受	高光照
敏感	營養鹽缺乏
Volvox spp.	
Eudorina spp.	
Pandorina spp.	
Carteria sp.	

Codon H1
(Reynolds *et al.*, 2002)

環境特徵	富營養、分層、含氮低
耐受	低含氮量、低含碳量
敏感	水體混合、低光照、低含磷量
Anabaena affinis	
Anabaena circinalis	
Anabaena circinalis	
Anabaena flos-aquae	
Anabaena planctonica	
Anabaena perturbata	
Anabaena schermetievi	
Anabaena solitaria	
Anabaena sphaerica	
Anabaena spiroides	
Anabaena viguieri	
Anabaena spp.	
Anabaenopsis arnoldii	
Anabaenopsis cunningtonii	
Anabaenopsis elenkinii	

Anabaenopsis tanganykae
Anabaenopsis sp.
Aphanizomenon flos-aquae
Anabaenopsis gracile
Anabaenopsis klebahnii
Anabaenopsis issatschenkoi
Anabaenopsis ovalisporum
Anabaena aphanizomenoides
Aphanizomenon spp.

Codon H2
(Reynolds *et al.*, 2002)

環境特徵	貧到中營養、深水、光照好
耐受	低含氮量、低含碳量
敏感	水體混合、低光照
Anabaena lemmermannii	
Gloeotrichia echinulata	

Codon J
(Reynolds *et al.*, 2002)

環境特徵	高營養、混合、淺水
耐受	
敏感	高光照
Pediastrum spp.	
Coelastrum spp.	
Scenedesmus spp.	
Golenkinia spp.	
Actinastrum spp.	

Goniochlorys mutica
Crucigenia spp.
Tetraëdron spp.
Tetrastrum spp.
補充 (Naselli-Flores, 2014)
Pediastum
Coelastrum micropoum
Coelastrum astroideum
Hariotine reticulata
Scenedesmus spp.
Desmodemus spp.
Crucignia spp.
Tetraëdron spp.
Golenkiniopsis sp.

Codon K (Reynolds et al., 2002)	
環境特徵	富營養的淺水
耐受	
敏感	水體高度混合
small-celled (often picoalgal cell size), colonial, non gas-vacuolated Cyanoprokaryota of the genera *Aphanocapsa*, *Aphanothece* and *Cyanodictyon*	
Synechococcus nidulans	
Synechococcus elongatus	
S. elegans	
Synechococcus sp	
Synechocystis spp.	
picoacyanobacteria	
picoplankton	

Chlorella minutissima

Codon L_M (Reynolds et al., 2002)	
環境特徵	富到超營養、中小型水體
耐受	很低碳含量
敏感	水體混合、低光照
Ceratium hirundinella and/or *Ceratium furcoides* co-occurring with *Microcystis spp.*	
Peridinium cf. cinctum	
Gomphosphaeria sp.	
Coelomoron tropicalis cooccurring with *Ceratium* and *Microcystis*	
補充 (Naselli-Flores, 2014)	
Ceratium hirundinella	
Ceratium furcoides	
Microcystis spp.	

Codon L_O (Reynolds et al., 2002)	
環境特徵	貧到富營養、中到大型水體、可深可淺
耐受	營養分層
敏感	長時間或深層的混合
Peridinium cinctum	
Peridinium gatunense	
Peridinium incospicuum	
Peridinium umbonatum	

Peridinium willei
Peridinium volzii
Peridinium spp.
Peridiniopsis durandi
Peridiniopsis elpatiewskyi
Gymnodinium uberrimum
Gymnodinium helveticum
Ceratium hirundinella
Ceratium cornutum
Merismopedia glauca
Merismopedia minima
Merismopedia punctata
M. tenuissima
Merismopedia spp.
Snowella lacustris
Woronichinia elorantae
W. naegeliana
Synechocystis aquatilis
Woronichinia sp.
Chroococcus limneticus
Chroococcus turgidus
Chroococcus minutus
Chroococcus minor
Coelosphaerium kuetzingianum
Coelosphaerium evidentermarginatum
Coelosphaerium sp.
Eucapsis minuta
Gomphosphaeria lacustris
Radiocystis fernandoi

Codon M (Reynolds et al., 2002)	
環境特徵	小到中型、富到超營養、穩定、透明度較高
耐受	曝曬
敏感	沖刷作用，低光照
Microcystis species	
Sphaerocavum brasiliense	
補充 (Naselli-Flores, 2014)	

Codon MP (Padisák et al., 2006)	
環境特徵	經常性擾動，混濁淺水
耐受	混合攪動
敏感	
Surirella spp.	
Campylodiscus spp.	
Fragilaria construens	
Ulnaria ulna	
Cocconeis sp.	
Gomphonema angustatum	
Navicula cuspidata	
Pleusosigma sp.	
Nitzschia sigmoidea	
Navicula spp.	
Eunotia incisa	
Ulothrix	
Ulothrichales	
Lyngbya sp.	

Oscillatoria sancta
Oscillatoria spp.
Pseudanabaena galeata
Cylindrospermum cf. muscicola
Chlorococcum infusorium
Achnanthes microcephala
Achnanthes sp.
Desmidium laticeps var. quadrangulare

Codon N (Reynolds et al., 2002)	
環境特徵	持續或斷續混合 2～3 m 淺水水湖或表層、溫帶湖泊
耐受	低營養
敏感	水體分層，pH 升高
Cosmarium spp	
Staurodesmus spp.	
Xanthidium spp.	
Pleurotaenium spp.	
Staurastrum species	
Staurastrum leptocladum	
Teilingia spp.	
Spondylosium spp.	
hard-water species	
Tabellaria taxa	

Codon NA (Souza et al., 2008)	
環境特徵	貧到中養、低緯度地區頻繁上層混合、下層靜水湖（atelomictic）
耐受	
敏感	水體完全混合
small, isodiametric desmids	
Cosmarium	
Staurodesmus	
Staurastrum	

Codon P (Reynolds et al., 2002)	
環境特徵	持續或斷續混合之淺水湖或表層水、稍營養溫帶湖泊
耐受	中程度的低光照和低碳含量
敏感	水體分層，高pH和矽缺乏
Fragilaria crotonensis	
Fragilaria spp.	
Aulacoseira granulata	
Aulacoseira granulata f. curvata	
Aulacoseira granulata var. angustissima	
Melosira lineata	
Melosira sp.	
Staurastrum chaetoceras	
Staurastrum pingue	

| Staurastrum planctonicum |
| Staurastrum gracile |
| Staurastrum sp. |
| Closterium aciculare |
| Closterium acutum |
| Closterium acutum var. variabile |
| Closterium gracile |
| Closterium parvulum |
| Closterium navicula |
| Closterium sp. |
| Closteriopsis acicularis |
| Spirotaenia condensata |

Codon Q (Reynolds *et al.*, 2002)	
環境特徵	富含有機質或水生生物腐敗物
耐受	
敏感	
Gonyostomum spp.	
Gonyostomum semen	
Heterosigma cf. akashiwo	

Codon R (Reynolds *et al.*, 2002)	
環境特徵	貧到中營養、分層
耐受	低光照、較強的分層作用
敏感	水體不穩定
Planktothrix rubescens	

| Planktothrix mougeotii |

Codon S1 (Reynolds *et al.*, 2002)	
環境特徵	混濁混合水體
耐受	極低的光照
敏感	沖刷作用
此群為耐陰之藍綠菌	
Planktothrix agardhii	
Planktothrix sp.	
Geitlerinema unigranulatum	
Geitlerinema amphibium	
Geitlerinema sp.	
Limnothrix redekeii	
Limnothrix planctonica	
Limnothrix amphigranulata	
Pseudanabaena limnetica	
Pseudanabaena sp.	
Planktolyngbya limnetica	
P. circumcreta	
Planktolyngbya spp.	
Lyngbya sp.	
Jaaginema subtilissimum	
Jaaginema quadripunctulatum	
Limnothrichoideae	
Phormidium sp.	
Isocystis pallida	
Leptolyngbya tenue	
L. antarctica	
L. fragilis	

Codon S2 (Reynolds *et al.*, 2002)	
環境特徵	溫暖、高鹼性、淺水
耐受	低光照
敏感	沖刷作用
Spirulina spp.	
Arthrospira platensis	

Codon S$_N$ (Reynolds *et al.*, 2002)	
環境特徵	溫暖、混合
耐受	低光照、低營養
敏感	沖刷作用
Cylindrospermopsis raciborskii	
Cylindrospermopsis catemaco	
Cylindrospermopsis philippinensis	
Cylindrospermopsis sp.	
Anabaena minutissima	
Raphidiopsis mediterranea	
Raphidiopsis/Cylindrospermopsis	
Raphidiopsis sp.	

Codon T (Reynolds *et al.*, 2002)	
環境特徵	持續混合水層，甚至夏季深水湖之清澈表水層

耐受	低光照
敏感	營養缺乏
Geminella spp.	
planktonic	
Mougeotia spp.	
Tribonema spp.	
Planctonema lauterbornii	
Mesotaenium chlamydosporum	
Mesotaenium sp.	

Codon TB (Borics *et al.*, 2007)	
環境特徵	流動之溪流
耐受	沖刷
敏感	
epilithic diatoms	
Didymosphaenia geminata	
Gomphonema spp.	
Fragilaria spp.	
Achnanthes spp.	
Surirella spp.	
Nitzschia	
Navicula	
Pennales	
Gomphonema parvulum	
Melosira varians	

Codon TC (Borics *et al.*, 2007)	

環境特徵	富營養靜水或流動緩慢具挺水植物
耐受	
敏感	沖刷作用
epiphytic cyanobacteria	
Oscillatoria spp.	
Phormidium spp.	
Lyngbya spp.	
Rivularia spp.	
Leptolyngbya cf. notata	
Gloeocapsa punctata	

Codon TD (Borics *et al.*, 2007)	
環境特徵	中營養靜水或流動緩慢具沉水植物
耐受	
敏感	沖刷作用
desmids (epiphytic and metaphytic desmids)	
green algae (filamentous green algae)	
diatoms (sediment dwelling diatoms)	

Codon U (Reynolds *et al.*, 2002)	
環境特徵	貧到中營養、分層、上層營養被耗盡而深層仍有
耐受	低營養
敏感	二氧化碳缺乏

Uroglena spp.

Codon V (Reynolds *et al.*, 2002)	
環境特徵	富營養、具明顯氧化還原性
耐受	極低的光照、強分層作用
敏感	水體不穩定
Chromatium	
Chlorolobium	

Codon W1 (Reynolds *et al.*, 2002)	
環境特徵	有機汙染、淺水
耐受	高生化需氧量
敏感	獵食作用
Euglenoids (*Euglena spp.*, *Phacus spp.*, *Lepocinclis spp.*) except bottom dwelling species	
Vacuolaria tropicalis	

Codon W2 (Reynolds *et al.*, 2002)	
環境特徵	中營養、淺水
耐受	
敏感	
Euglenoids as *Trachelomonas spp.*	
Strombomonas spp.	

Codon W0 (Borics *et al.*, 2007)	

環境特徵	富含有機質或水生生物腐敗物
耐受	
敏感	
Chlamydomonas	
Pyrobotrys	
Chlorella	
Polytoma	
Oscillatoria chlorina	
sulphur-bacteria as *Beggiatoa alba*	

Codon Ws
(Padisák *et al.*, 2003)

環境特徵	富含植物分解有機質
耐受	
敏感	酸性
Synura spp.	
Synura uvella	
Typical representatives: *Synura spp.* as *S. uvella, S. pettersonii* but not *S. sphagnicola*, which is not planktonic	

Codon X1
(Reynolds *et al.*, 2002)

環境特徵	超優養、淺水
耐受	分層
敏感	營養缺乏、獵食作用
Monoraphidium contortum	

Monoraphidium convolutum

Monoraphidium griffithii

Monoraphidium minutum

Monoraphidium circinale

Monoraphidium pseudomirabile

Monoraphidium dybowskii

Monoraphidium pseudobraunii

Monoraphidium tortile

Monoraphidium arcuatum

Monoraphidium pusillum

Monoraphidium cf. nanum

Monoraphidium spp.

Ankyra spp.

Chlorolobium sp.

Didymocystis bicellularis

Ankistrodesmus spp.

Chlorella vulgaris

Chlorella homosphaera

Chlorella spp.

Pseudodidymocystis fina

Keryochlamys styriaca

Ochromonas cf. viridis

Choricystis minor

Chroricystis cylindraceae

Schroederia sp.

Schroedriella setigera

Codon X2
(Reynolds *et al.*, 2002)

環境特徵	中到富營養、淺水
耐受	分層
敏感	水體混合、濾食作用

Plagioselmis/Rhodomonas

Chrysocromulina sp.

Carteria complanata

Chlamydomonas depressa

Chlamydomonas microsphera

Chlamydomonas passiva

Chlamydomonas cf. muriella

Chlamydomonas planctogloea

Chlamydomonas sordida

Chlamydomonas spp. (From meso-eutrophic environments)

Pedimonas sp.

Pteromonas variabilis

Pyramimonas tetrarhynchus

Spermatozoopsis sp.

Scourfeldia cordiformis

Katablepharis

Kephyrion

Pseudopedinella

Chrysolykos

Coccomonas sp.

Ochromonas sp.

Chroomonas sp.

Cryptomonas pyrenoidifera

Cryptomonas brasiliensis

Codon X3 (Reynolds *et al.*, 2002)	
環境特徵	貧養、混和、淺水
耐受	惡劣環境條件
敏感	水體混合、牧食作用

Koliella spp

Chrysococcus spp.

Chlorella spp.

(from oligotrophic environments)

eukaryotic picoplankton

Chromulina spp.

Ochromonas spp

Chrysidalis sp.

Schroederia antillarum

Schroederia setigera

Codon XPh (Padisák *et al.*, 2009)	

環境特徵	（縱使短暫）含高鈣、光照、鹼性、小型水體
耐受	酸性、低營養
敏感	

Phacotus lenticularis

Phacotus sp.

Codon Y (Reynolds *et al.*, 2002)	
環境特徵	靜水環境
耐受	低光照
敏感	浮游動物獵食

主要是大型 *cryptomonads* 及小型 *dinoflagellates*

Cryptomonas spp.

Glenodinium spp.

small *Gymnodinium spp.*

Teleaulax sp.

Komma caudata

補充 (Naselli-Flores, 2014)

large *Cryptomonas spp.*

small *Gymnodinium spp.*

Codon Z (Reynolds *et al.*, 2002)	
環境特徵	貧養湖之變溫層或底水層上部
耐受	低營養
敏感	低光照、獵食作用

unicellular prokaryote picoplankton

Synechococcus spp.

Cyanobium spp.

Codon ZMX (Callieri *et al.*, 2006)	
環境特徵	深水、高山、寡養
耐受	
敏感	

Synechococcus spp.

Ceratium hirundinella

第五部分　水質管理
Part 5. Reservoir Water Quality Management

10. 集水區衝擊的管理
    Management of the Impacts from Catchments

11. 水庫內優養控制
    In-Reservoir Control of Eutrophication

12. 生態系統模擬與水質管理方案評估
    Modeling of Ecosystems and Evaluation of Water Quality Management Alternatives

10. 集水區衝擊的管理
Management of the Impacts from Catchments

    人類爲了清潔與充足的用水，興建與營運水庫，改變了原有的地理環境、水文與生態，加上人類活動，及氣候的變化，往往造成對水庫生態環境的衝擊，其中影響最大的莫過於集水區中的自然及人爲的活動所釋出的物質流入水庫，成爲水庫無法承受的負荷。

    水庫集水區管理的目的是要使水庫的水質水量達到預期的目標，所以必須掌握集水區各種自然及人爲活動對水庫的影響程度，進而能預測及評估各種管理方案對水質水量之改善程度，方能選擇最經濟有效的方案來執行。

10.1 集水區物質輸出量

    要了解集水區整體的物質輸出量，也即是進入水庫的輸入量，最準確的方法是實測水庫入流水的水質及水量。由連續監測的流量乘上連續監測物質在水中的濃度，就可以知道物質的即時輸入通量，也可以用這些實測資料來校正其他的各種預測模式。

    雖然監測技術已有很大的進步，但是有些水質項目，例如需要經過消化處理才能得到正確濃度的水質項目，如總磷、總氮、總有機碳（total organic carbon, TOC）、重金屬等，要進行即時監測仍有困難。懸浮固體顆粒濃度雖大致與濁度或透光度有些相關性，可以用替代指標估計，但是高濃度的懸浮固體常因伴隨颱風或暴雨的惡劣天氣同時發生，以致常常無法即時監測到，而失去這些有重大影響的數據。水質自動監測技術仍有改進的需要，是保護水庫水質所需的重要研發項目。

10.1.1 預測山坡地年平均土壤流失量

    泥沙是除了水之外，集水區最大量的輸出物。泥沙輸入水庫造成水庫淤積，降低水庫的有效容量，也帶來許多營養鹽與汙染物質，包括有機質、氮、磷及病原生物等。這些汙染物對水庫都有相當的衝擊，而且與輸沙量都有相當的正比關係。我們稱這種分散在大面積土地平均釋出的汙染爲非點源汙染源（nonpoint pollution sources），與從一家、一戶或一個設施所排出的點汙染源（point pollution sources）不同。

    除人爲傾倒土石或自然崩塌進入水庫外，泥土會受到雨水及地面逕流的沖擊而流

失。山坡地平均一年的土壤流失量（long-term average annual soil loss），常用土壤流失公式（Universal Soil Loss Equation, USLE）（Renard et al., 1977；行政院農業委員會，2020）估計之，其公式如下：

$$A_m = R_m \times K_m \times L \times S \times C \times P \qquad (10\text{-}1)$$

其中

A_m：年平均土壤流失量（ton ha^{-1} year^{-1}），體積可以用每立方公尺（m^3）1.4 公噸（ton）計之，

R_m：降雨沖蝕指數（rainfall erosivity factor）（MJ mm ha^{-1} hr^{-1} year^{-1}），

K_m：土壤沖蝕指數（soil erodibility factor）（ton hr MJ^{-1} mm^{-1}），

L：坡長因子（無單位），

S：坡度因子（無單位），LS 合為地形因子（topographic factors），

C：覆蓋與管理因子（crop/vegetation and management factor）（無單位），

P：水土保持處理因子（support practice factor）（無單位）。

以上公式中的參數，可由實際應用的經驗中，由有關的一些水文、氣象、地形、地貌、土壤性質、土地管理方式等條件，用統計方法找出的經驗公式來推估其值。估算各地山坡地的年土壤流失量時，宜儘量使用該地經過驗證的參數值。

10.1.1.1 降雨沖蝕指數

各地區的降雨沖蝕指數，R_m，因水文、氣象之不同而異。降雨（包含逕流）沖蝕指數，R_m，表示在標準試區條件（即坡長 22.1 m，坡度 9% 之均勻坡面，順坡耕作，連續兩年休耕）下，降雨對土壤的侵蝕指標，單位是 MJ mm ha^{-1} hr^{-1} year^{-1}。降雨與逕流侵蝕指數對土壤的侵蝕包括兩種機制，一是降雨的雨滴動能對土壤的擊濺，二是降雨形成逕流後逕流的沖刷對泥砂的搬運。

在降雨以外其他因子不變的情況下，R_m 值與降雨的動能和最大降雨強度有關，它反映了雨滴擊濺及逕流擾動對田間土壤顆粒遷移的綜合影響。許多研究建立 R_m 與降雨動能，E，和最大 30 分鐘降雨強度，i_{30}，的關係（Renard, et al., 1977；行政院農業委員會水土保持局，2017），如下式：

$$R_m = \Sigma E \times i_{30} \qquad (10\text{-}2)$$

式中，

E＝某次暴雨過程中某個時段降雨量所產生的動能（MJ ha^{-1}），

i_{30}＝某次降雨過程中連續 30 分鐘最大降雨強度（mm hr^{-1}）。

一次降雨過程中連續 30 分鐘最大降雨強度 i_{30}，可以從自記雨量計記錄曲線上查得，

而降雨過程中某時段所產生的動能，E，可表爲（行政院農業委員會水土保持局，2017）

$$E = E_o \Delta V_x \tag{10-3}$$

式中，

ΔV_x：某降雨時段之降雨量（mm），

E_o：降雨過程中單位降雨量的降雨動能（MJ ha^{-1} mm^{-1}）。

此 E_o 之值與地區特殊的降雨樣態有關，因此不同地區的研究者利用當地的雨量紀錄及雨滴大小及速度等，發展出各地不同的經驗公式來預測 E_o，其通式如下：

$$E_o = a + b \log i_x \tag{10-4}$$

a、b：經驗參數，

i_x：降雨過程中降雨強度。

例如台灣農業委員會建議的經驗公式如下：

$$E_o = 0.119 + 0.0873 \log i_x \qquad 當 i_x \leqq 76 \text{ mm hr}^{-1} \tag{10-5}$$
$$E_o = 0.283 \qquad 當 i_x > 76 \text{ mm hr}^{-1} \tag{10-6}$$

其中

E_o：單位降雨量的降雨動能（MJ ha^{-1} mm^{-1}），

i_x：降雨過程中降雨強度（mm hr^{-1}）。

也有學者對不同地區之單位降雨量的降雨動能做出該地區之經驗公式，例如表 10-1 列出一些台灣地區不同區域之經驗公式，也可參考利用。

利用上述方法，可以計算出某一地區某一段時間的降雨沖蝕指數，也可以將一次降雨事件的每個時段的指數累加起來，得到一次降雨事件的降雨沖蝕指數，也可以通過逐次計算而求出每旬、每月及每年的沖蝕指數。某一地區多年的沖蝕指數加上一起，除以年份數，即爲平均的年降雨沖蝕指數，亦即通用土壤流失公式中的 R_m 值。

附錄 A10-1 爲台灣地區 R_m 之參考值、台灣年降雨沖蝕指數等高地圖及 2020 年的年雨量圖。比較年降雨沖蝕指數地圖及 2020 年的年降雨量圖可看出：影響降雨沖蝕指數最顯著的就是降雨量，所以也有國內的研究成果，係以年（或月）降雨量推估年（或月）降雨侵蝕指數（例如表 10-1），其通式如下：

$$R_m = a \, P^b \tag{10-7}$$

其中

R_m：年降雨侵蝕指數（MJ mm ha^{-1} hr^{-1} year^{-1}），

a, b：經驗參數（無單位），

P：年降雨量（mm）。

表 10-1　台灣不同地區之降雨動能與降雨強度關係及年降雨侵蝕指數與年降雨量關係經驗式

降雨動能 E_o 與降雨強度 i 關係式			年降雨侵蝕指數 R_m 與年降雨量 P 關係式		
地區	$E_o = a + b \log i$		降雨氣候分區	$R_m = a P^b$	
	a	b		a	b
台北陽明山	0.246	0.123	北部地區（台北試區）	0.0174	1.71
台北地區	0.210	0.104	東北部地區（基隆試區）	0.000247	2.19
基隆地區	0.238	0.0954	宜蘭地區（宜蘭試區）	0.00196	1.99
花蓮地區	0.223	0.0789	花蓮地區（花蓮試區）	0.0170	1.78
台東地區	0.217	0.0680	台東地區（台東試區）	0.0578	1.66
新竹地區	0.226	0.0678	西北部地區（新竹試區）	0.00560	1.92
台中地區	0.237	0.0811	中部地區（台中試區）	0.0622	1.63
嘉義地區	0.230	0.0951	中南部地區（嘉義試區）	0.0223	1.80
屏東地區	0.268	0.0705	南部地區（高雄試區）	0.127	1.59
南投蓮花池地區	0.258	0.0717	中部、中南部山區（南投蓮花池試區）	0.394	1.35
台灣地區	0.252	0.0925			

註：
1. 資料來源：行政院農業委員會水土保持局（2017）參考盧昭堯等（2005）及吳嘉俊及王阿碧（1996）。
2. 各參數之單位：E_o (MJ ha^{-1} mm^{-1})；R_m (MJ mm ha^{-1} hr^{-1} year^{-1})；i (mm hr^{-1})；P (mm year^{-1})。
3. 英制與公制之單位換算：1 ft tonf = 0.003037 MJ, 1 in = 25.4 mm, 1 acre = 0.4047 ha, 100 ft-tonf in acre^{-1} hr^{-1} yr^{-1} = 19.06 MJ mm ha^{-1} hr^{-1} yr^{-1}, 1 ft-tonf acre^{-1} in^{-1} = 0.0002954 MJ ha^{-1} mm^{-1}。
4. 高雄試區降雨資料係以高雄氣象站歷年降雨資料為主。

10.1.1.2 土壤沖蝕指數，K_m

土壤沖蝕指數，K_m，是與土壤性質有關的參數，其實即是在標準試區條件下土壤沖蝕量除以降雨沖蝕指數的值，單位為 ton ha^{-1} year^{-1} (MJ mm ha^{-1} hr^{-1} year^{-1})$^{-1}$，或是 ton hr MJ^{-1} mm^{-1}。土壤侵蝕指數為土壤抵抗侵蝕之分離及搬運作用的一種量化指標，它與土壤本身特性有關。一般，影響 K_m 值的土壤特性有土壤的質地、結構、有機質含量、滲透性等。推估方法可以在標準試區實測得到，或用經驗公式推估，亦可參考「水土保持手冊」（行政院農業委員會水土保持局，2017）。

Wischmeier 等人（1971）及 Wischmeier 及 Smith（1958）根據土壤的 5 個參數建議 K_m 值的估算式為：

$$K_m = 0.001317\{2.1 \times 10^{-4} \times [d\,(d + e)]^{1.14} \times (12 - a) + 3.25(b - 2) + 2.5\,(c - 3)\} \quad (10\text{-}8)$$

式中,

　　a:有機質含量（%）,當土壤之有機質含量超過 4% 時,仍以 4% 計算;

　　b:土壤結構參數（見表 10-2）,

　　c:土壤滲透性參數（見表 10-2）,

　　d:土壤坋粒（silt）及極細砂（粒徑:0.002mm～0.1mm）含量（%）,

　　e:土壤粗砂（粒徑:0.1mm～2.0mm）含量（%）。

不過,上式僅能應用於 d < 70% 的條件。

　　根據此方法亦有以圖解法（行政院農業委員會水土保持局,2017）,或是網路互動程式（行政院農業委員會,2022,行動水保服務網）幫助計算其值。

表 10-2　土壤結構及滲透性參數（行政院農業委員會水土保持局,2017）

土壤結構參數 b			土壤滲透性參數 c		
參數值	土壤	粒徑（mm）	參數值	滲透速度	mm/hr
1	極細顆粒	<1.0	6	極慢	<1.25
2	細顆粒	1～2	5	慢	1.25～5.0
3	中或粗顆粒	2～10	4	中等慢	5.0～20.0
4	塊狀或片狀或粗顆粒	>10	3	中等	20.0～62.5
			2	快	62.5～125.0
			1	極快	>125.0

10.1.1.3 地形因子

　　地形因子包括地面坡度及坡長。坡度與坡長增加,都會增加土壤流失量。通用土壤流失公式中,坡長及坡度的影響因子分別用 L 及 S 來代表。坡長係指從地表逕流的起點至坡度降到足以發生沉積的位置或逕流進入一個規定渠道的入口的距離。坡度是田面或部分坡面的傾角,用 % 表示。不過,通常把它們作為一個獨立的地形因子來估算,表示特定坡面單位面積上土壤流失量與標準試區單位面積土壤流失量之比,其計算式可表示為:

$$LS = \left(\frac{1}{22.1}\right)^k (65.41\sin^2\theta + 4.56\sin\theta + 0.065) \tag{10-9}$$

式中

　　l:坡長（m）,

　　θ:坡度（°）,

　　k:指數,與坡面坡度 S_o 相關:

$S_o > 5\%,$ $\quad\quad k = 0.5$

$S_o = 3.0\%\sim5.0\%,$ $\quad k = 0.4$

$S_o = 1.0\%\sim3.0\%,$ $\quad k = 0.3$

$S_o < 1.0\%,$ $\quad\quad k = 0.2$

式中 S_o 為坡面坡度（%）（$S_o = \tan(\pi\times(\theta/180°))\times100\%$）。

此經驗公式是在單向規則的坡面上發展起來的，故它們只適用於這類坡面。當應用於凹型坡面時，會有高估的問題；反之，應用於凸型坡面時，則有低估之虞。因此，在應用時必須注意複雜坡面地形因子的推估問題，例如可將一坡面分割成兩段或三段，再用經驗得到的加權值，找出平均坡度（行政院農業委員會水土保持局，2017）。在地形類似的區域，常用平均坡度與平均坡長來計算平均的單位面積土壤流失量。

10.1.1.4 覆蓋與管理因子

覆蓋與管理因子，C，係表在相同的土壤、地形和降雨等條件下，實際地上的土壤流失量與標準坡地上的土壤流失量之比。依現地上不同種類之植生、生育狀況、季節、覆蓋及敷蓋程度而定。C 值越大，代表土壤流失量越嚴重，休耕地處於裸露狀態，沒有植被，土壤流失量嚴重，C = 1.0；開挖整地處 C 值大於 0.05，而生長茂密的林地，因植被良好，C = 0.01。

(1) 以地面植被種類估計 C 值

估計 C 值時可以較粗略地，用地面植被的種類來估計，見表 10-3。雖然因為地表植被會隨著季節、收成、植物疏密程度而有差別，表中的 C 值有些不準確，但是卻是山坡地管理上一個很好的指標。由 C 值可以判斷，種植百喜草的山坡地較裸露的山坡地，可以減少 99% 的土壤流失量，甚至讓山坡地長雜草，都還可以減少 95% 的土壤流失。

表 10-3　C 值與現地之地表及植被狀況之對照表

地表及植被狀況	C 值	地表及植被狀況	C 值
百喜草	0.01	裸露地	1.00
水稻	0.10	水泥地	0.00
雜作	0.25	瀝青地	0.00
果樹	0.20	雜石地	0.01
香蕉	0.14	水體	0.00
鳳梨	0.20	建屋用地	0.01
林地（針業、闊葉、竹類）	0.01	牧草地	0.15
蔬菜類	0.90	高爾夫球場植草地	0.01

地表及植被狀況	C 值	地表及植被狀況	C 值
茶	0.15	雜草地	0.05
特用作物	0.20	墓地	0.01
檳榔	0.10	～	～

資料來源：行政院農業委員會水土保持局（2017）

(2) 以遙測地面影像估計 C 值

由於衛星及無人機攝影技術，及人工智慧影像辨識等技術之發展，以遙測之地面影像資料來估計 C 值，有相當的準確度，而且可以提高監測的頻率，呈現 C 值季節性，甚至即時的變化。例如 Almagro 等人（2019），利用衛星影像之色譜計算出標準歸一化之植物覆蓋密度指標（Normalized Difference Vegetation Index, NDVI）

$$NDVI = \frac{NIR - RED}{NIR + RED} \tag{10-10}$$

其中

NIR：近紅外線帶的表面光譜反射率（surface spectral reflectance in the near-infrared band），

RED：紅色帶的表面光譜反射率（surface spectral reflectance in the red band）。

然後利用 NDVI 去估計 C 值：

$$C = a\left(\frac{-NDVI + c}{b}\right) \tag{10-11}$$

其中 a、b 及 c 為參數值，分別為 0.1、2 及 1。

Almagro 等人（2019）發現在巴西中西部以牧場為主的 Guariroba 河谷，用此方法估計所得之土壤流失量，與用上述傳統方法（植被種類法）得到之 C 值所估計之土壤流失量極為接近（相差 28%），而且此遙測方法所估計的土壤流失量與實測入流泥沙通量所估計之流失量僅有高估 13%。

此以遙測資料估計土壤流失量的方法仍有需要克服之困難，例如對於植被種類、水田、礫石表面及人工鋪面等之辨認，及 C 值之估計不易準確，對於裸露地及尤加利樹林的估計誤差頗大。但是由於遙測技術與人工智慧之快速發展，此方法非常有發展性，而且可以很容易根據各地實測資料修改 10-10 式及 10-11 式中之參數值，使其更具有彈性與準確度。

10.1.1.5 水土保持處理因子

水土保持處理因子（P）係表有水土保持措施土地上的土壤侵蝕量與順坡耕作的農田

上的土壤侵蝕量之比，故值主要是根據水土保持措施來選取適當的值；例如水土保持措施好的農地值小，開挖整地處值大於 0.5，未採取任何水土保持措施者、或棄土場、或陸砂及農地砂石開採處，等於 1.0（行政院農業委員會水土保持局，2017）。許多水土保持措施皆可降低 P 值。

(1) 旱田採用等高耕作

有實施等高耕作（contouring）之旱作農地，可改變逕流方向及沖刷流速，並且滯留泥沙於畦溝（furrows）中。其 P 值可小於 1.0，見表 10-4。在坡度不大的農地，可明顯見到等高耕作對水土保持的效果。

表 10-4　等高耕作之農地之 P 值及臨界坡長

地面坡度（%）	P 值	臨界坡長（m）
1～2	0.6	120
3～5	0.5	90
6～8	0.5	60
9～12	0.6	36
13～16	0.7	24
17～20	0.8	18
21～25	0.9	15

1. 資料來源：行政院農業委員會水土保持局（2017）
2. 超過臨界坡長時等高耕作的效果不顯著，P 值應設為 1。臨界坡長與表面覆蓋狀況及降雨強度有關（Renard et al., 1977）。

P 值與一場暴雨之降雨強度、田地之大小、坡長、透水性、畦的高度、畦溝表面是否有植物、畦溝的實際坡度與粗糙度皆有關係，故有不準確性，較詳細之分析可參考 Renard 等（1977）。

(2) 等高帶狀耕作、緩衝帶及過濾帶

等高帶狀耕作（cross-slope strip cropping）是於坡地耕作時將裸露或接近裸露的一條條作物田塊，中間用密植的草地或綠肥植物隔開，且實際上常將作物田與綠肥植物田進行輪作，及田塊儘量沿等高線配置。

緩衝帶（buffer strips）是在坡地田區的上緣種植多年生的草本植物，可以阻滯泥沙移動、減少沖刷。此區植物不與作物區輪作，甚至永久保留，寬度也比作物區窄。過濾帶（filter strips）是在作物田區的坡面的下緣，或沿著水岸設置，用以減少泥沙進入水體。

各區塊及作物區之水土保持力，可用前述之 $A_m = R_m \times K_m \times L \times S \times C \times P$ 計算之。綜

合之土壤沖蝕量可以顯示以上三種管理方式的整體效果。對於作物區本身之土壤沖蝕量來說，僅有等高帶狀耕作因為有輪作的管理方式，捕集的泥土可以回到作物田區，P 值降低較大；緩衝帶有減緩逕流沖刷的作用，對降低作物區 P 值有一點貢獻；過濾帶對於作物區的 P 值降低沒有貢獻。

(3) 平台階段（terracing）

設計得當的平台階段（terracing），可以大大減少逕流的沖刷力，並幾乎完全儲留泥沙，例如水稻梯田。若在旱田中每隔一段坡長，設置一道平台，則其 P 值即可下降，其值與上下兩平台的水平距離及坡度有關（表 10-5）。

表 10-5　水土保持計畫中旱田採用平台階段的 P 值[1]

平台水平間距 (m)	P 值			
	無排出口[2]	有排出口的平台及及百分坡度（%）		
		0.1-0.3	0.4-0.7	> 0.8
< 33.6	0.5	0.6	0.7	1.0
33.6～42.8	0.6	0.7	0.8	1.0
42.8～55.0	0.7	0.8	0.9	1.0
55.0～68.7	0.8	0.8	0.9	1.0
68.7～91.6	0.9	0.9	1.0	1.0
>91.6	1.0	1.0	1.0	1.0

1. 將此 P 值與其他水土保持管理措施，例如等高耕作、帶狀耕作等之 P 值相乘起來，便可得到綜合管理措施之總 P 值。
2. 無排出口、有地下排出口及水平的平台可用此。
3. 資料來源：Renard et al.（1977）

平台階段阻截泥沙流失的效率與平台間作物區的泥沙輸出量及平台的泥沙儲存量有關，如果泥沙輸出量大於平台的儲存量，平台階段的效果為 0，P 值為 1。使用表 10-5 計算 P 值時，當百分坡度大於 0.8% 時，P 值皆為 1，所以此經驗值適用範圍也有限。在亞熱帶季風氣候區，雨量豐沛，山坡地受到侵蝕較劇烈，坡度都很大，平台階段必須要配合地面排水溝渠及滯洪沉砂池等設施，才能發揮效用。

平台的坡度影響其所儲存泥沙的再輸出量（見表 10-6）。總體之 p 值還要乘上平台所儲存泥沙的排出量次因子（P_y）。

表 10-6 平台的坡度與其所儲存泥沙的排出量次因子（P_y）之關係[1]

平台坡度	泥沙的排出量次因子（P_y）
%	
無出口平台	0.05[2]
0（水平的平台）	0.1
0.1	0.13
0.2	0.17
0.4	0.29
0.6	0.49
0.8	0.83
0.9	1
> 1[3]	1

1. 本表包括有地下排水口之平台。
2. 數值出自 Foster and Highfill（1983），其他數值由 $P_y = 0.1\ e^{2.64s}$ 計算出來，其中 e 是自然對數，s 是平台之坡度（%）。
3. 因平台上水路之水力因素及土壤沖蝕度高，致產生沖蝕量比沉積量大時，$P_y > 1$。
4. 資料來源：Renard et al.（1977）。

(4) 地下排水區

有地下排水方式的作物區，其 P 值可達到 0.6（Renard et al., 1977），但是不同狀況下實測的數據仍然不多。應用地下排水的概念，可以設置類似的設施來防止泥土流失，例如透水性截水井等。

(5) 牧場的水保措施

在牧場（rangeland）上製造地面裂痕（ripping）、深耕（root plowing）、等高掘畦溝（contour furrowing）、鏈錨處理使表面粗糙化（chaining）等方式都可以改變過於順直的逕流路線，減緩逕流速度及沖刷力，增加雨水入滲量，降低逕流量（Renard et al., 1977; Madsen et al., 2015）。表 10-7 列出一些用機械方法改變地貌對降低土壤沖蝕，及改變逕流方向與逕流量的效果。

表 10-7 牧場上用機械方法改變地貌及地表性質的適用性及效果評比 [1]

可能影響	處理方法 [2]											
	LP	PT	CH	BP	RP	RI	CF	BR	RD	TR	FL	BU
增加表面入滲	3	3	1	2	3	1	3	2	1	3	1	0
增加滲流速度	2	2	1	1	3	3	3	1	0	3	0	0
增加孔隙率	2	2	1	2	2	3	3	1	0	1	0	0
增加水分保持力	3	3	1	2	2	3	3	2	1	3	1	0
增加表面孔隙	1	2	0	2	3	1	2	2	1	1	0	0
增加表面穩定性	3	2	1	2	2	1	1	3	1	1	1	0
增加表面粗糙度	3	3	1	2	2	1	2	3	1	1	0	0
增進幼苗成活率	3	2	0	1	2	0	2	1	2	1	0	1
降低表面緊密度	0	2	0	3	3	1	2	2	0	1	0	0
降低水分蒸發	2	1	1	1	1	0	1	2	0	0	3	0
降低表面逕流	2	2	1	1	2	1	3	1	1	2	1	0
降低土壤沖蝕	2	2	1	1	3	2	2	1	1	2	1	0
降低枝葉遮蓋	3	2	2	2	2	1	1	3	0	0	3	3
降低競爭	1	1	2	2	3	0	1	1	0	0	1	2
改善方法對牧場狀況之適用性	LP	PT	CH	BP	RP	RI	CF	BR	RD	TR	FL	BU
陡坡	3	1	3	1	2	3	1	3	2	3	3	3
礫石土	3	1	3	1	2	1	2	3	2	3	3	3
黏土	2	2	3	1	3	3	2	2	3	3	3	3
淺土層	3	3	3	3	3	2	3	3	3	3	3	3
灌木叢生地	3	2	3	2	3	3	2	3	1	3	3	3
草地	3	3	0	3	0	0	3	0	1	3	0	3
持效性	3	1	3	2	3	3	2	1	1	3	0	2
回收及成本	3	1	3	1	2	1	2	1	3	3	1	2
總評點數	53	43	34	38	51	34	46	39	27	43	28	28

1. 代號意義

LP＝打印（inprinting）及撒種（broadcast seeding） CF＝等高畦溝及撒種
PT＝造坑及撒種 BR＝滾輪處理
CH＝鏈錨法使表面粗糙 RD＝鑽孔（播種）
BP＝耕犁灌木地 TR＝平台及撒播
RP＝深耕及條狀播種 FL＝連枷（flail）耕犁
RI＝刮裂（ripping）土表 BU＝焚燒

2. 等級意義

從 0＝無效，至 3＝極有效

3. 資料來源：Renard et al. (1977)

10.1.1.6 土壤流失公式（USLE）之適用範圍

土壤流失公式（USLE）是美國農業部發展出來的土壤沖蝕量估計公式，其中各因子之估計經驗式之發展，多數基於美國農業區之水文、氣象、地形、植被、農耕習慣等環境下所得到之數據，因此最適用於北美洲大陸型地理環境。利用 USLE 推估土壤沖蝕量時，較準確的是對中等質地土壤、坡長小於 133 m、大於 5 m、坡度在 3% 至 18% 之間、降雨強度在 76.2 mm h^{-1} 以下，且為一致的栽作及表面處理（歐陽元淳，2003）。

當應用於潮濕、多雨、地形崎嶇及陡峭之亞熱帶季風氣候區，有些環境參數就超出經驗式的適用範圍了。例如此公式中假設其他因子不變時，土壤流失量與 EI（降雨能量與 30 分鐘最大雨量強度的乘積）成正比。但是事實上在瞬時雨量強度非常大時，土壤表面結構及植被狀況都會被改變，不但有沖刷力更強的沖蝕溝形成，土壤因為含有過多水分而成為流體狀，大量順坡而下，也就是形成所謂的土石流（landslide），而使得流失量陡增，以致實際土壤流失量會比預測值大很多。

又如計算地形因子，LS，時，經驗式只適用到坡度為 5% 之坡面（見 10-9 式）；計算水土保持處理因子，P，時（見表 10-4），地面坡度只考慮到 25% 以下之坡面。用此土壤流失公式估計超過此坡度範圍的山坡地之土壤流失量，可能會低估流失量。

10.1.1.7 土壤崩塌造成的流失量

如上節所述，土壤流失公式（USLE）有其適用範圍，亞熱帶地區常發生的土壤崩塌造成的土壤流失的狀況就超出其適用範圍。吳先琪等（1991）發現 1973 年至 1987 年間台灣德基水庫年平均淤積量為每年 172 萬噸，比利用土壤流失公式所得之沖蝕量每年 163 萬噸多了 6%。而當年翡翠水庫實測平均每年底泥淤積量為 138 萬頓，比土壤流失公式所得之沖蝕量每年 38 萬噸，多了 4 倍。歐陽元淳（2003）以實際測量崩塌面積與厚度，估計台灣石門水庫集水區土壤因崩塌而流失之量，並且與利用土壤流失公式所得之沖蝕量比較，發現石門水庫於 1986 至 1998 年間之年平均土壤總沖蝕量為 1.80×10^6 m^3，其中 26%為來自崩塌所產生的土壤沖刷。

有時候地震及暴雨之後，土壤流失量會大增。例如台灣在 1999 年 9 月 21 日大地震，造成德基水庫集水區土質鬆化，後續大雨造成的土石崩塌量陡然上升。僅 2004 年至 2007年四年間，德基水庫平均淤積容量就達每年 638 萬立方公尺，比前述利用土壤流失公式所得之沖蝕量每年 163 萬噸多了近 4 倍（謝平城等，2010）。

此外，水岸崩塌也是常常被忽略的土壤流失。在乾季與濕季分明的亞熱帶地區，水庫水位會有明顯的上下變化。水位下降時，若水岸植物得到適當的降雨滋潤，或許可以生長；但是待水位上升時，這些植物因不是水生植物，不耐長期浸水環境而死亡。這種反覆的乾濕交替，使水岸無法長成穩定的植物覆蓋，於是土壤就鬆動而崩塌（見圖 10-1）。對

於新建於山區，庫岸蜿蜒曲折的水庫，庫岸崩塌尤其嚴重。估計此種崩塌量可以約略用單位岸邊長度的年崩塌量，乘上未設護岸的岸長得到。但是首要之務，還是趕緊設置蛇籠或砌石護岸，將岸邊表土保護起來。

(a) (b)

圖 10-1　(a) 及 (b) 2001 年中國浙江千島湖（水庫）湖岸植物無法生長，以致土壤裸露及崩塌的狀況。(a) 中可見船隻航行造成之波浪拍擊沒有保護之湖岸，使崩塌更為嚴重

10.1.1.8 其他估計長期平均土壤沖蝕量之方法

藉由長期實測的泥沙輸出量及雨量資料，可以用統計迴歸方法得到某一特定小集水區之泥沙輸出量與雨量的關係。例如 Elliott 及 Sorrell（2002）就用以下這種經驗通式來預測紐西蘭八個不同地域的泥沙輸出量。

$$\log A_m = a + \log P \qquad\qquad (10\text{-}12)$$

其中 A_m 為年平均泥沙輸出量，P 為年雨量，a 及 b 為經驗係數，隨地區而異。要確定此集水區之地質、雨量、地形及土地用途等狀況都沒有改變，才能以此模式預測輸砂量。

10.1.1.9 用模式推估隨時間變化的土壤沖蝕量

若要估計隨時間變化的土壤沖蝕量，可以使用一些集水區非點源汙染模式，例如 AGNPS（Agricultural Non-Point Source Pollution Model）（United States, Department of Agriculture (USDA), Natural Resources Conservation Service, 2022）或 SWAT（Soil and Water Assessment Tool）（United States, Department of Agriculture, 2022）來進行模擬與預測。此二模式估計土壤輸出量時，仍基於土壤流失公式所得之沖蝕量，但是必須輸入時間連續的雨量數據，以及隨時間變化的耕作型態及土地利用型態。

10.1.2 集水區營養鹽的輸出量

利用水質與河川流量資料來估計集水區的汙染物輸出量是最準確的方法,但是在資料不足下及為了預測未來集水區管理方案下的汙染物輸出量,就得採用一些經驗公式或模式了。

10.1.2.1 利用水質與河川流量資料

此方法很簡單,例如集水區磷的淨輸出量(也就是承受水體的磷負荷量),是入流水磷濃度的流量加權累積值或平均值。

$$L_P = \frac{\int_t^{t+\Delta t} C_P \times Q dt}{\Delta t} \times \frac{1}{1000} \qquad (10\text{-}13)$$

其中

L_P:磷的平均負荷量（Kg d^{-1}）,

C_P:磷的濃度（μg L^{-1}）,

Q:入流流量（m^3 d^{-1}）,

t:時間（day）,

Δt:總加總時間（days）。

磷濃度的數據通常不連續,甚至檢測頻率很低,這時就必須用內插或外插的方法補足缺少的數據。

10.1.2.2 由集水區土壤沖蝕量及平均溶解性磷濃度推估總磷負荷量

由於逕流水、土壤中間流及地下水中的溶解性磷會與固態土壤顆粒或水中懸浮固體中的磷含量有一平衡的關係,所以水中溶解性磷濃度與地區性的地質、土壤種類、地面植物相,甚至與人類活動有關,變動不大;同時土壤的高含磷量及吸附平衡關係,對於溶解性磷之變動造成緩衝效果。若是地質及土壤因子,以及人類活動大致不變時,一個集水區地面水中的溶解性磷濃度常常是很穩定的(見 7.7 節)。而逕流中懸浮性磷濃度則會隨懸浮泥沙的濃度變動。利用此一特性,可以用懸浮固體濃度及溶解性總磷的平均值來推估總磷的負荷量,其通式如下。

$$L_P = DP \times Q_T + f_P \times A_m \times A \qquad (10\text{-}14)$$

其中

L_P:磷的平均負荷量（以一年之量表示）（Kg y^{-1}）,

DP:溶解性磷平均濃度（Kg m^{-3}）,

Q_T:單位時間內之總流量（含中間流及地下水）（m^3 y^{-1}）

f_P:懸浮固體中之磷含量（g g^{-1}）,

A_m：為年平均泥沙輸出量（$Kg\ ha^{-1}\ y^{-1}$），

A：集水區面積（ha）。

溶解性磷的平均濃度及懸浮固體中之磷含量之平均值可以由歷年的河川水質檢測資料得到。年平均泥沙輸出量可以用土壤流失量公式（Universal Soil Loss Equation, USLE）或集水區模式預測得到。

10.1.2.3 以文獻上單位面積非點源負荷量推估

　　研究者利用長期水質、水文監測資料，及土地利用方式之資料，建立起集水區中不同土地使用狀態下的年平均單位面積營養鹽，如總氮與總磷之負荷量（Cooke et al., 1993; USEPA, 2008; Lin, 2004）。表 10-8 及表 10-9 列出一些常被引用的文獻值。由於總氮與總磷之輸出量與土地之使用方法有密切關係，縱然是農地，也有水田與旱田之分別。同樣地縱使是旱田，也有作物不同之分別。因此文獻中建議的單位面積之負荷量差別範圍很大，仍需要更多本地區的實測資料來改善此經驗值。

表 10-8　集水區中總磷的單位面積負荷量

土地狀態	單位面積負荷量 $Kg\ ha^{-1}\ y^{-1}$
林地	$0.2^a, 0.11^b, 0.02\sim0.45^c, 0.007\sim0.83^d, 0.39^e, 0.2^g,$
農地	$0.32\sim4.0^a, 0.15\sim3.0^c, 0.08\sim3.25^d,$
水稻	$0.3^f, 0.4^g,$
菜園	$8.0^g,$
茶園	$4.0^f,$
玉米田	$2^b,$
棉花田	$4.3^b,$
大豆田	$4.6^b,$
穀類	$1.5^b,$
果園	$4.0^f,$
檳榔園	$0.318^g,$
市集	$1.3^a,$
草地	$0.2^a, 0.1^b, 0.01\sim0.25^d, 0.46^e,$
養殖場	$220^b,$
荒地	$0.1^b,$

土地狀態	單位面積負荷量
	Kg ha^{-1} y^{-1}
濕地	0.001～0.2[d],
都市地區	0.5～5.0[c],
住宅區	1.2[b], 0.19～6.23[d], 5.0[f],
商業區	3[b],
工業區	3.8[b], 1.11～1.29[d],

a. 張尊國、張文亮，2006；
b. USEPA, 2008；
c. Reckhow and Chapra, 1983；
d. Özcan et al., 2016；
e. Elliott and Sorrell, 2002；
f. 經濟部水利署北區水資源局，2009；
g. 張又仁，2005。

表 10-9 集水區中總氮的單位面積負荷量

土地狀態	單位面積負荷量
	Kg ha^{-1} y^{-1}
林地	3.0[a], 1.8[b], 0.69～6.26[c], 3.0[d],
農地	26～15[a], 2.82～41.5[c],
水稻	2.25[e], 0.63[f],
茶園	26.0[e],
菜園	26.0[f],
玉米田	11.1[b],
棉花田	10[b],
大豆田	12.5[b],
穀類	5.3[b],
果園	26.0[e]
檳榔園	14.9[f],
市集	5.1[a],
草地	0.74[a], 3.1[b], 1.2～7.1[c], 5.2[d],
養殖場	2900[b],
荒地	3.4[b],

土地狀態	單位面積負荷量	
	$Kg\ ha^{-1}\ y^{-1}$	
濕地	$0.5 \sim 6.0^c$,	
都市地區		
住宅區	7.5^b, $0.6 \sim 30.8^c$, 8.5^e,	
商業區	13.8^b,	
工業區	4.4^b, $3 \sim 20^c$,	

a. 張尊國、張文亮，2006；
b. USEPA, 2008；
c. Özcan et al., 2016；
d. Elliott and Sorrell, 2002；
e. 經濟部水利署北區水資源局，2009；
f. 張又仁，2005。

10.1.2.4 用模式推估集水區非點源營養鹽輸出量

若要推估集水區營養鹽輸出量每日的變化，或是將季節因素，如作物週期、施肥事件、甚至短期降水量之影響，則必須要有頻率更高的數據及利用數學模式來預測營養鹽輸出量。

例如美國農業部發展的 SWAT（Soil and Water Assessment Tool）模式，是以日為時間計算單位，模擬複雜流域中地表和地表下的各種水文過程、土壤沖蝕、農藥和營養鹽循環和傳輸過程，可以評估集水區在不同土地利用、土壤分布與管理作業下對水文、泥砂、營養鹽和農藥施用之輸出通量（朱子偉，2009；US Department of Agriculture, 2022）。

對於營養鹽的負荷量，SWAT 模式中加入氮和磷在土壤和水中的循環與傳輸過程，考慮土壤中不同型態的氮，由礦化、硝化、脫氮及固氮作用形成氮之循環；氮於水中傳輸包括地表逕流、地表下側向流動與滲漏中傳輸之硝酸鹽，以及地表逕流挾帶泥砂所附著之有機氮；而河道中的氮則包含有機氮、硝酸鹽、亞硝酸鹽及氨氮之轉換。至於土壤中的磷，主要考慮礦化、分解和吸附作用形成磷循環；以及溶解性磷於地表逕流、地表下側向流動與滲漏中之傳輸，以及地表逕流挾帶泥砂所附著之有機磷和無機磷。而於河道中則考慮到有機磷、無機磷及溶解性磷之轉換。

如果有足夠充足的輸入數據，可以用此模式預測營養鹽對水庫造成的負荷量的每日變化。使用複雜的模式來預測營養鹽的負荷量，最大的困難還是在需要各項傳輸（transport）、相間轉換（transfer among phases）及生化變化（transformation）速率模式之參數，以及能先產生虛擬的連續氣象與水文資料。

除了上述的模式，還有很多集水區營養鹽輸出模式，有些是根據長期資料統計所得

的輸出係數，不考慮傳輸的機制；有些則很細緻的量化水文、沉積物傳輸、土壤化學、生物轉換等機制；以及許多複雜度介於上兩者中間的模式。每一模式有其考慮之環境因子，也有不同的參數數量及校正參數所需數據的需求，Elliott 及 Sorrell（2002），USEPA（2008），及 Hamilton et al,.（2018）曾經對如何選擇適當模式做過比較與討論。

選擇使用哪一種模式時要考量：一、越複雜的模式包含越多參數，這些參數雖有建議之預設值，但是仍要足夠實際數據加以校正及驗證，才能適用於當地的環境狀況。二、沒有連續的氣象、水文、輸入流量、濃度等資料就不需要時間變化（transient）模式，也許用穩態（steady state）模式，或是統計模式就夠了。

10.1.2.5 人類活動發生（點狀）的營養鹽輸入量

除了土地自然狀態及土地利用型態造成的非點狀的汙染之外，人類的活動更增加集水區輸出的汙染負荷。居民及遊客產生的汙水及廢棄物、工廠及商業排放的廢水、畜牧業所豢養動物排出的廢汙等都含有氮、磷等營養鹽。這些集水區中人類活動所產生的營養鹽總產量，可以依據過去的經驗，以單位產量與產生源的數量來估計，如下式。

$$L = \sum_i \lambda_i n_i \left(1 - \frac{\tau_i}{100}\right)\left(\frac{\phi_i}{100}\right) \tag{10-15}$$

其中

L：營養鹽之總產量（Kg y^{-1}），

λ_i：第 i 類汙染源單位時間內之單位產生量（Kg d^{-1}），

n_i：在集水區內第 i 類汙染源之數目，

τ_i：第 i 類汙染源經過處理後的營養鹽去除率（%），

ϕ_i：i 類汙染源排出營養鹽後，營養鹽最後進入水庫之比率（流達率）（%）。

估計汙染源單位時間內之單位產生量，可參考文獻中各種汙染源之氮與磷的單位產生量如表 10-10。若集水區中有商業、工廠、礦場等活動，必須各別檢測其排放廢汙水中氮與磷的濃度，再乘上排放體積來估計其產生量。

表 10-10　各種汙染源之氮與磷的單位產生量

營養鹽汙染源	單位	總氮單位產量	氨氮單位產量	總磷單位產量	參考文獻
居民	g d^{-1} per person	15	9	1.8	a
遊客	g d^{-1} per person		4.5	0.9	a
豬	g d^{-1} Kg-bw^{-1}	0.42		0.16	b
	g d^{-1} per head	26.7	16	5.4	c
	g d^{-1} per head	32		4.6	d

營養鹽汙染源	單位	總氮單位產量	氨氮單位產量	總磷單位產量	參考文獻
雞	$g\,d^{-1}Kg\text{-}bw^{-1}$	0.83		0.31	b
鴨	$g\,d^{-1}Kg\text{-}bw^{-1}$	0.7		0.3	b
鵝	$g\,d^{-1}Kg\text{-}bw^{-1}$	0.7		0.3	b

a. 經濟部水利署北區水資源局，2009；
b. 張尊國、張文亮，2006；
c. 嘉義市環保局，2005；
d. 徐玉標，1988。
$Kg\text{-}bw^{-1}$. 表示每公斤體重。

　　如果社區、畜牧場及養豬場等已設置汙水或糞尿等廢汙處理系統，則要將單位產生量減去處理的去除量，才是真正的輸出量。例如一般有三段式去氮磷之生物處理程序，可以將總氮去除 74～83%，將總磷去除 60～78%（經濟部水利署北區水資源局，2009）。又例如生活汙水經生物處理方法處理，可去除 42～59% 的總氮及 66～78% 的總磷（Qiu et al., 2010）。近年來甚至分別達到 60～70% 及 90% 的去除率（Tong et al., 2020）。計算居民或遊客總氮、總磷或是氨氮的輸出量，要將該汙染源產生之廢汙水經過處理後的去除量扣掉。

　　10-15 式中的流達率是表示汙染物產出之後，在經過地面、中間流、地下水層、各種儲留設施及溝渠等，經由自然的自淨作用，例如生物分解、脫氮、揮發、不可逆的吸附於土壤固體中、永久性的沉積等，最後真正到達水庫水體的比率。此自淨作用的影響隨集水區本身之自然環境、人為的土地利用型態、及土地管理措施及汙染發生源與承受水體的距離而變化。表 10-11 是文獻上引述的流達率。

表 10-11 集水區中汙染物之流達率

汙染物種類	汙染產出源	流達率	出處
汙染物	居民（汙水未接入下水道）	0.5	張尊國、張文亮，2006
汙染物	露營者	1.0	同上
汙染物	農場	1.0	同上
汙染物	牲畜	0.2	同上
汙染物	汙水處理廠	1.0	同上
$NH_3\text{-}N$	主要為生活汙水	0.34～0.43	嘉義市環保局，2005

　　突發的高量汙染產生事件，例如春耕施肥，在短時間內，會因為高濃度汙染物暫時性的被滯留或是被土壤吸附等原因，而觀察到偏低的流達率，但是經過一段時間之後，汙染

物又從土壤中釋出或被沖刷出來，使得平均長時間的流達率仍然接近 1。例如在估計長時間的汙染負荷量時，將總磷的流達率設定為 1，產生的誤差不會很大。

　　氨氮在一般的自然環境，都會經過微生物的消化作用轉變為硝酸鹽，所以若僅針對氨氮的負荷，其流達率是很低的。硝酸鹽不易被土壤吸附，幾乎完全隨著雨水逕流流入水庫中。但是在集水區中傳輸的過程中，若有經過濕地、厭氧的地下水層、或溝渠及滯洪池的底泥層，硝酸鹽會因為生物脫氮作用轉變為氮氣而逸失，如此會造成總氮的流達率小於 1。長期觀測集水區氮磷的輸出通量，並與汙染源產生量比較，就可以得到該集水區氮與磷特有的流達率。

10.2　集水區管理

10.2.1 集水區管理的目標與策略

　　除了滿足供水水量的需求之外，集水區管理的目標就是要控制汙染物的負荷，使水庫水質符合水庫所要求的水質標準。使用水質模式進行模擬，可以由可接受的水庫水質，回推可接受的汙染物負荷量，或回推隨時間變化的每日最大總負荷量（Total Maximum Daily Load, TMDL）。若集水區的總負荷量大於容許的最大負荷量，水庫及集水區管理者就必須以最經濟有效的方法，分配各個汙染源某一汙染輸出削減量，使水庫的總負荷量降到容許的最大負荷量以下。

　　降低汙染輸出量的管理策略可以略分為非結構性管理及結構性管理兩種類型。非結構性管理方法是以較好的土地使用的方法來降低汙染量，例如耕作方法、施肥方法等，而不需要硬體設備或改變地貌的行為。結構性管理則是仰賴一些硬體設施來達到降低汙染量的方法，例如沉沙滯留池等。很多管理方法其實是兩者兼具（表 10-12）。

表 10-12　消減集水區汙染輸出量的管理策略

非結構性管理方法		結構性管理方法	
方法	作用機制（可改變 10-1 式中的土壤沖蝕影響因子）	方法	作用機制（可改變 10-1 式中的土壤沖蝕影響因子）
保守性耕犁、等高耕犁、深耕	減少土壤及汙染物流失（P）	護岸、邊坡穩定、堆石、穩定樁	防止土石崩塌流失（C）
防土壤裸露農法、綠肥、輪作	減少土壤及汙染物流失（C、P）	降低坡長及坡度、階段平台	降低雨水沖刷力（LS、P）

非結構性管理方法		結構性管理方法	
等高種植、條狀間隔種植、	降低逕流量及沖刷力（LS、P）	草溝（grassed waterway）、透水鋪面、入滲池、入滲溝、地下入滲床、入滲井	增加入滲、減少逕流量（C）
適當施肥法	節省肥料，減少營養鹽汙染量	河岸緩衝植生過濾帶、等高種植緩衝帶（contour buffer strips）	緩衝逕流速、過濾汙染物（LS、P）
適時耕犁	降低暴雨衝擊裸露地	避免土壤裸露：植生覆蓋、其他覆蓋物、稻稈麥稈等柴捆、護根覆蓋層（mulching）、乾草堆	減少雨水衝擊（C）
計畫性放牧	維持植生密度、減少土壤及汙染物流失（C）	排水溝、分水渠、蝕溝控制、暗溝	減少下切侵蝕（LS）
殘留作物體管理、不耕除、	減少土壤及汙染物流失（C）	滯洪沉砂池、儲留池	降低（尖峰）逕流量、去除泥沙及汙染物（C、P）
適當道路設計	降低逕流量及沖刷力（LS）	人工濕地、水田、水塘	降低（尖峰）逕流量、去除汙染物（C、P）
汙染行為之削減或禁止	降低汙染源強度	生物活性濾槽	去除汙染物
		逕流水處理	去除汙染物
		防風林（wind barriers）	降低土壤風蝕
		河岸牲畜柵欄	降低直接糞尿汙染及擾動河川底泥

10.2.2 非結構性管理

10.2.2.1 保守性耕犁、等高耕犁、深耕

　　旱田播種前不全面翻耕，或用條耕機翻耕，保留一部分前一期作物的殘茬，只翻耕播種所需的部分，或是用點狀播種，讓種子精準落在挖開的穴中，讓殘留根莖保護土壤表面，減少風蝕及土壤與營養鹽隨雨水流失。惟農地長期不翻耕，容易發生壓實及病蟲害，仍要偶而輪流翻耕，並注意病蟲害防治。

　　等高耕犁所形成的土畦，與雨水逕流線直交，可以縮短逕流坡長，減少逕流流速、向下切割力，及減少土壤與營養鹽流失（圖 10-2）。

　　深耕或 10.1.1.5.(5) 段落中所述及的多種耕犁方法，都可以改變過於順直的逕流路線，減緩逕流速度及沖刷力，增加雨水入滲量，降低逕流量，切斷土壤毛細作用，減緩土壤水分蒸發。

圖 10-2　等高耕犁所形成的土畦，與雨水逕流線直交，可以縮短逕流坡長，減少逕流流速、向下切割力

10.2.2.2 防土壤裸露農法、綠肥、輪作

　　農作過程會遇到土壤裸露的時段，例如作物剛收割後，或作物幼株樹冠未能全面覆蓋地表，不但雜草滋生，土壤及營養鹽也容易流失，這時可以在植株間間植草類或豆科綠肥作物。如此以植生覆蓋地表可以防止地表沖刷或減緩雨水沖蝕力，待植生成熟腐爛進入土中，還可增加土壤有機質，改善土壤結構與肥力，同時因土壤團粒孔隙多，透水性強，可

讓大量雨水入滲，減少逕流量（圖 10-3）。百喜草、類地毯草、黑麥草、豆科綠肥作物魯冰（黃花羽扇豆）等是茶園及菜園常用的植生植物（陳柏蓁等，2022）。

　　(a) 　　　　　　　　　　　　　　　　　　　　　(b)

　　(c) 　　　　　　　　　　　　　　　　　　　　　(d)

圖 10-3　作物樹冠未長成至遮蔽地面前，可以用一些植生或覆蓋物保護裸露的土表。(a) 茶園行間種植蔓草；(b) 菜園菜苗行間鋪設木屑保護土表；(c) 菜園行間鋪設稻草桿或稻蓆抑制雜草，保護地面；(d) 茶樹間種植綠肥魯冰

　　在間作期間種植綠肥可兼收水土保持及增加土壤有機物及營養鹽的效果；輪作可調整作物對土壤養分的吸收，減少肥料的浪費。兩者皆對於減少集水區營養鹽負荷有幫助。

10.2.2.3 等高種植、條狀間隔種植

　　有實施等高耕作（contouring）之旱作農地，可改變逕流方向及沖刷流速，並且滯留泥沙於畦溝（furrows）中，降低土壤沖蝕影響因子中的坡長因子，L，降低逕流量及沖刷力（圖 10-4）。

(a)   (b)

圖 10-4　等高耕作可改變逕流方向及沖刷流速，並且滯留泥沙於畦溝中，降低土壤沖蝕影響
因子中的坡長因子

10.2.2.4 耕犁管理與施肥管理

在季節適當的時間耕犁或施肥，例如不要在暴雨來臨前翻耕及施肥，可以避免土壤及
肥分流失。控制施肥的頻率與每次的作物需要量，以及點狀施肥，或地面下定點注入等施
肥方法，可以讓肥料更有效地被作物吸收，減少剩餘未利用的肥料流失，也可以減少總的
施肥量。

10.2.2.5 計畫性放牧

有計畫地規劃一塊牧草地的放牧時間週期，讓牧草能有足夠的時間恢復生長力，也可
避免土壤因為缺少牧草覆蓋而流失。過度放牧（overgrazing），會使得牧草覆蓋不足，土
壤容易流失或遭風蝕。

圖 10-5　因放牧過度（overgrazing），使得牧草覆蓋不足，土壤侵蝕的狀況

10.2.2.6 殘留作物體管理

　　作物殘體可以當作覆蓋物保護土壤表面，減少土壤及營養鹽流失，但是要有特殊措施防止殘留植株影響種子發芽生長、增加病蟲害，及過多有機物分解引發的厭氧環境及作物病害問題。

10.2.2.7 適當道路設計

　　未經適當設計的道路，例如近年來越野車運動碾壓出的通路、私人非法闢建的產業道路，因為未有妥善之設計，造成暴雨時路基流失、邊坡崩塌流失、逕流順著路勢匯集造成嚴重沖刷等。因此道路一定要經過適當設計施工，才能減輕道路對於集水區自然環境的影響。

10.2.2.8 汙染行為之削減或禁止

　　人類的各種行為，無一不造成集水區某種程度的破壞及汙染。其中對於土壤及營養鹽流失影響較大的莫如非法砍伐林木、設置汙染性工廠並且排放含營養鹽之廢水、傾倒汙染性廢棄物、飼養家畜及家禽、採礦、開闢道路、居住、露營、水產養殖、興建高爾夫球場及其他運動場地等。如果要容許這些活動在集水區進行，一定要確實做好水土保持，完整收集處理汙水及廢棄物。若汙染防制措施無法達到集水區可接受的汙染物負荷量，或每日最大總負荷量（Total Maximum Daily Load, TMDL），就必須禁止某些型態的人類活動。

10.2.3 結構性管理

10.2.3.1 護岸、邊坡穩定

　　有些不穩定的庫岸及坡地是人為造成的，有些是自然演變產生，但是都須要令其穩定，防止崩塌及土壤與營養鹽流失進入水庫。

　　護岸是防止水流沖刷水岸的設施，從完全工程方法的建築，混合工程與近自然的工法，到接近自然的工法，包括如混凝土牆、砌石、漿砌石護岸、拋石護岸、箱籠護岸、箱籠蓆護岸、蛇籠、混凝土格框護岸、混凝土型框填石植生護岸、樺接護坡塊及生態護岸、木樁捲包護岸（李素馨，2013；行政院農業委員會，2022）。圖 10-6 至圖 10-8 為一些護岸工法之例子。

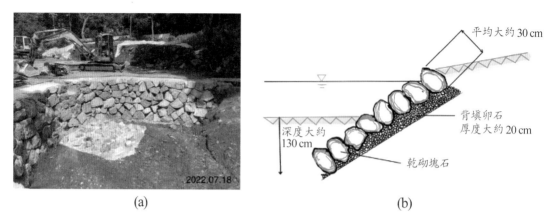

圖 10-6　(a) 砌石護岸及 (b) 砌石護岸施工剖面圖

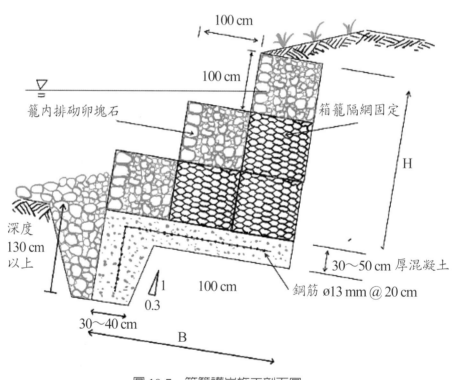

圖 10-7　箱籠護岸施工剖面圖

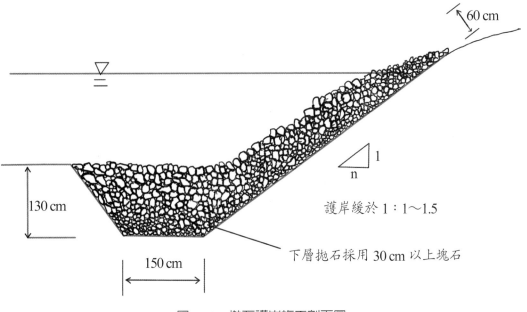

圖 10-8　拋石護岸施工剖面圖

　　邊坡穩定的方法包括改善不穩定地質、擋土牆及前述護岸的工法之外，也還有不少較為接近自然的工法，例如：砌石邊坡、打樁編柵護坡、木排樁護坡、蜂巢圍束網格堆疊護坡（李素馨，2013）。接近自然的工法就是儘量保留原來的自然狀態，少用鋼筋水泥等人造物，多利用現地天然材料，例如多利用現地石塊及木材。構造物也儘量保留孔隙，形成自然透水環境及生物棲息與著生的環境。整體設計儘量性質多樣化，營造生物多樣化的環境。近自然的工法可以增進水分的涵養，減少逕流洪峰強度，促進營養鹽有效循環利用，削減汙染物，降低汙染負荷，是在不得已必須改變自然環境下，對於集水區環境傷害較少，甚至有益的工程措施。圖 10-9 及圖 10-10 為較近自然的護坡工法例子。

　　筆者曾在台灣阿里山附近茶園見過一種砌石護坡，茶園主人扦插愛玉子（Jelly Fig 或 Awkeotsang，學名：*Ficus pumila* var. *Awkeotsang*）於砌石縫中，愛玉子的攀緣莖及根系，緊緊包抓住砌石，使砌石護坡很穩固又非常美觀，且還可以定時採收愛玉果實，是近自然工法的好例子。

圖 10-9　果園的平台階段及砌石護坡

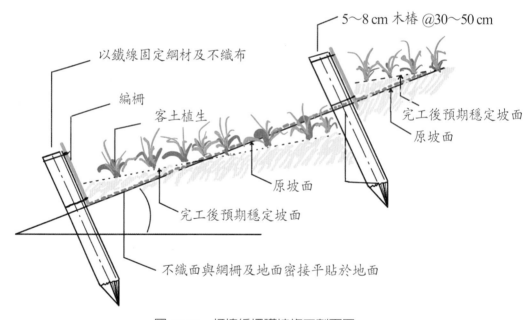

圖 10-10　打樁編柵護坡施工剖面圖

10.2.3.2 降低坡長及坡度、設平台階段

　　降低坡長及坡度可以減緩逕流流速及流量，增加雨水入滲的機會，減少土壤及營養鹽流失。平台階段（bench terraces）是在坡面上，沿等高方向，每隔適當垂直距離所構築而成的連續式水平或微斜的階段地形，是最傳統的農地水土保持工法，可達到抑制逕流、安

全利用土地、保蓄土壤水分、防止土壤沖蝕的效果。連續式的階段地形能改善陡坡地區的
土地利用率，是坡地農作經常使用的水土保持設施（圖 10-11）。

　　梯田可以說是發揮平台階段與沉砂滯留池兩種水土保持措施功能的極致方法。梯田的
極度水平及精緻的田埂，構成滯留雨水及清除逕流中泥沙的有效設施，不但能有效緩衝暴
雨造成的高逕流量，且有效降低逕流中的泥沙及營養鹽濃度。

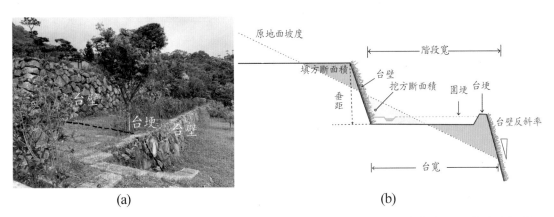

(a)　　　　　　　　　　　　　　　(b)

圖 10-11　(a) 平台階段水土保持工法及 (b) 其施工剖面圖（參考行政院農業委員會水土保持
　　　　　局，2017）

10.2.3.3 草溝（grassed waterway）、透水鋪面、入滲池、入滲溝、地下入滲床、入滲井

　　凡是能增加地表滲透性的措施都對於減少土壤流失，降低水庫的營養鹽負荷有幫助
（參見表 10-3）。草溝就是將排水溝之裸露土壤或人工表面以植草代替，例如種植百喜
草、假儉草、類地毯草等匍匐性草類，可防止土壤沖蝕，保護溝身安全，增加土壤孔隙
及入滲率（圖 10-12）（行政院農業委員會水土保持局，2005）。與其他植生保育措施一
樣，草溝需要有良好的土壤、適當的日照量及草生植物的養護。若草溝溝長太長，可以設
置一些橫斷節制堤，例如礫石堤，減緩水流流速。

　　透水鋪面則可應用於空地、廣場及停車場等（見圖 10-13）。入滲池、入滲溝、地下
入滲床及入滲井等則是利用地形或排水及集水設施，改以滲透性材料鋪設及構築，以利雨
水入滲。圖 10-14 為入滲溝構築剖面圖及小型入滲槽之示意圖。

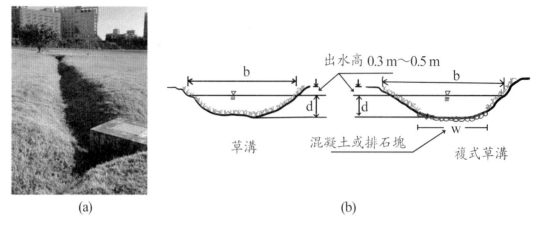

圖 10-12　(a) 草溝工法，(b) 草溝施工斷面示意圖〔參考行政院農業委員會水土保持局，中華水土保持學會，2005，水土保持手冊（94 年版）〕

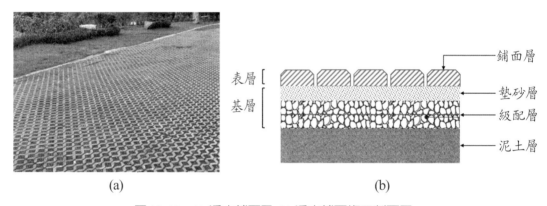

圖 10-13　(a) 透水鋪面及 (b) 透水鋪面施工剖面圖

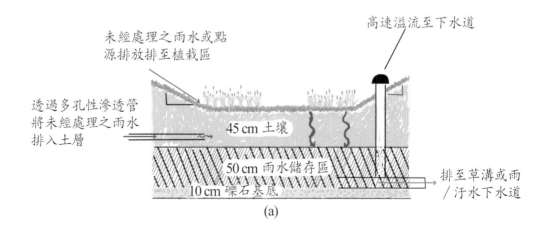

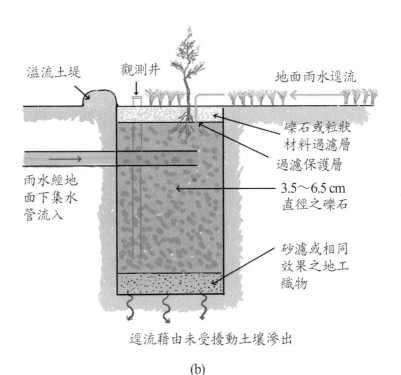

(b)

圖 10-14 入滲溝為利用多孔管由地面下將雨水引入多孔礫石層中，令雨水入滲。表面仍鋪
上土壤，營造成植生滲透區。(a) 入滲溝施工剖面圖，(b) 表面有植生且兼具過濾
（可能有生物作用）效果之小型入滲槽。（原始圖參考資料來源：Pennsylvania
Department of Environmental Protection, 2006）

10.2.3.4 草溝河岸緩衝植生過濾帶、等高種植緩衝帶

如 10.1.1.5(2) 所述，緩衝植生過濾帶及等高種植緩衝帶對於緩衝逕流速度，攔截泥沙
及增加入滲都有幫助。

10.2.3.5 避免土壤裸露

用植生覆蓋裸露的土壤，或是用其他覆蓋物，如稻稈麥稈等柴捆，護根覆蓋層
（mulching）及乾草堆等覆蓋，都可以降低雨水對土壤的衝擊，減少土壤及營養鹽的流失
（見 10.2.2.2. 小節），甚至塑膠布也可以。

10.2.3.6 排水溝、分水渠、蝕溝控制、暗溝

降雨量大過入滲量時，自然產生地面逕流。逕流沖蝕下，土表會產生蝕溝（圖 10-
15），若不減緩逕流流速或設置耐沖刷的排水溝，蝕溝會加深及擴大，引發溝壁土壤崩塌。
表 10-13 列出各種排水溝最大安全流速，若流速超過此安全流速就要改善排水系統，以免
造成嚴重土壤侵蝕。

　　排水溝以作用分，可分為橫向截水溝及縱向排水溝。橫向排水溝沿近似垂直逕流流動方向，設置於保護對象之上方，以攔截逕流導引至安全地點，以免下方坡面發生沖蝕或災害。縱向排水溝則順地面坡度構築，以宣洩逕流，設計流速須在允許範圍內。

(a)   (b)

圖 10-15　(a) 及 (b) 降雨量大過入滲量時，自然產生地面逕流。逕流沖蝕下，土表會產生蝕溝（蒙古高原 Orkhon River 河谷）

表 10-13　各種排水溝最大安全流速（m/sec）

土質	最大安全流速	土質	最大安全流速
純細砂	0.23～0.30	平常礫土	1.23～1.52
不緻密之細砂	0.30～0.46	全面密草生	1.50～2.5
粗石及細砂土	0.46～0.61	粗礫、石礫及砂礫	1.52～1.83
平常砂土	0.61～0.76	礫岩、硬土層、軟質水成岩	1.83～2.44
砂質壤土	0.76～0.84	硬岩	3.05～4.57
堅壤土及黏質壤土	0.91～1.14	混凝土	4.57～6.10

資料來源：行政院農業委員會水土保持局，中華水土保持學會，2005，水土保持手冊（94 年版）工程篇 2.18 排水溝。

　　渠道之平均流速 V 可由下式求之：

$$V = \frac{1}{n} R^{\frac{2}{3}} S^{\frac{1}{2}}$$

（10-16）

其中

　　V = 平均流速（m/sec），

　　n = 曼寧粗糙係數（可參考表 10-14），

　　R = 水力半徑（m）（= 通水斷面積 / 濕周），

　　S = 水面坡度（可用溝底坡度代替）。

由此式所得之平均流速 V 應小於規定安全流速。

表 10-14　曼寧粗糙係數 n 值

無內面工之溝渠			有內面工之溝渠		
溝面物質	n 值範圍	平均值	溝面物質	n 值範圍	平均值
黏土質，溝身整齊者	0.016～0.022	0.020	漿砌磚	0.012～0.017	0.014
砂壤，黏壤土，溝身整齊者	-	0.020	漿砌石	0.017～0.030	0.025
稀疏草生	0.035～0.045	0.040	乾砌石	0.025～0.035	0.033
全面密草生	0.040～0.060	0.050	有規則土底，兩岸砌石	-	0.025
雜有直徑 1～3 公分小石	-	0.022	不規則土底，兩岸砌石	0.023～0.035	0.030
雜有直徑 2～6 公分小石	-	0.025	純水泥漿平滑面	0.010～0.014	0.012
平滑均勻岩質	0.030～0.035	0.0325			
不平滑岩質	0.035～0.045	0.040			

　　溝寬 5 m 以下之蝕溝，可以運用排水系統分散逕流，或攔截至安全的滯洪池或排水溝，以減少沖蝕。設置系列節制壩並配合溝岸植生工法，可以調整溝床坡度、減緩水流速度及穩定溝岸。蝕溝彎道處或是溝岸脆弱處，可設置保護工程，如護岸或植生覆蓋（行政院農業委員會水土保持局，2017）。

10.2.3.7 滯洪沉砂池、儲留池

　　當坡度與逕流量都太大，無法用前述的一些方法阻止土壤沖刷及流道侵蝕，則必須要設置滯洪池（flood detention pond）、儲留池（retention pond）、沉沙池（sedimentation pond）或緩衝池（buffering pond）等儲存過多的逕流水，且兼具沉澱泥沙，甚至具有去除營養鹽，或生物分解汙染物的設施。

　　滯洪沉沙池可以暫時儲留雨水，然後以低流量排放，達到緩衝逕流洪峰，又可去除泥沙（圖 10-16）。視可利用之地面積，池體越大，滯留逕流洪峰的效果越好，停留時間越長，沉砂的效果也越好。如果滯洪池位於透水性好的地區，且停留時間夠長，它就成為滲濾池，可以讓雨水有充分時間補注入地下水層。

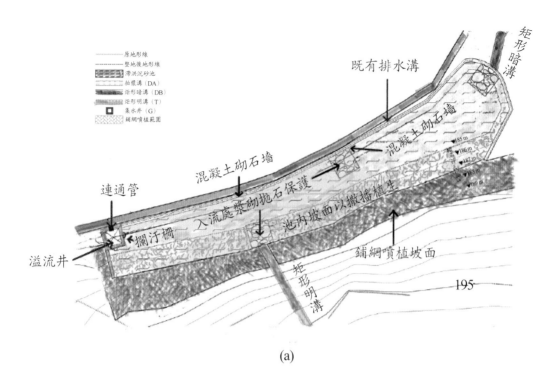

(a)

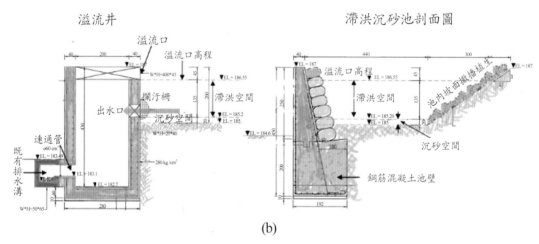

(b)

圖 10-16　(a) 滯留沉砂池平面圖及 (b) 滯留沉砂池施工剖面圖。

　　滯洪池與儲留池的差別在於出流口的高程。滯洪池出流口除保留沉砂空間外，很接近池底，所以沒有下雨時，滯洪池的水是近乎流乾的，以便騰出空間來接納下一場大雨的逕流。儲留池的出流口距離池底有相當深度，故可保留雨水，讓水慢慢入滲，或甚至做為灌溉、淨化水質、養殖及觀光等之用。

　　以上各種池沼的滯留與沉砂性能，與其體積、停留時間及深度有關。滯洪池為了減少下游水量負荷，其體積應大於某一時距（如一小時）該集水區之最大逕流總體積，減去下

游水道能承受之流量乘以時距。滯留池出水口之大小可依此設計，令從空池到滿池之平均流出量與下游水道能承受之流量相等（行政院農業委員會水土保持局，2017）。

　　沉砂池深度以一點五公尺至三點五公尺為宜。池水太淺，水流速太快，土粒易被沖走；若停留時間不長，池水太深，細顆粒未能沉澱下來即便被排出。不同大小土粒之移除率，可以用下式估計。

$$\eta = 1 - e^{-\frac{w_s}{H}t_r} \tag{10-17}$$

其中
　　η：某一大小之土粒自水中沉降而被移除之比率，
　　w_s：某一大小土粒之沉降速度（$m\,d^{-1}$），
　　H：水深（m），
　　t_r：水停留時間（d）。

　　藉由集水區土壤沖蝕率乘上土壤不同粒徑重量分量加權平均之沉降移除率，可得到淤泥產生率。淤泥產生率除以淤泥容積比重，再乘上兩次清淤間的時間週期，即是池底須留給淤泥的沉砂空間（圖 10-16）。

10.2.3.8 人工濕地、水田、水塘

　　人工濕地可收集處理下雨時附近林地及農地的表面逕流水，甚至農家的汙水，藉由濕地中沉澱的作用、水生植物的吸收、收穫水生植物及底泥的微生物作用，例如脫氮作用，可去除水中的泥沙及營養鹽。翡翠水庫上游曾設置一座人工濕地，串連較淺的滯留沉降濕地、較深的水生植物濕地，及石灰石與礫石生物濾床，可以去除從附近農村聚落收集的汙水中 54% 以上的總磷，74% 以上的氨氮（李衍振，2008）。

　　濕地中泥沙沉降及營養鹽的生物作用較慢，因此人工濕地與一般汙水處理設施相較，水力停留時間必須要較長。滯留及汙染物分解型的濕地，停留時間最好有 1 天以上，水力負荷 $1\ m^3m^{-2}d^{-1}$ 以下。水生植物生態池的停留時間要有 3 天以上，水力負荷 $0.4\ m^3m^{-2}d^{-1}$ 以下，也因此人工濕地需要較大的土地面積。

　　水田與水塘也同樣具有濕地相同滯留泥沙及去除營養鹽的功能。過去農村常常保留水塘，一方面儲存灌溉用水，一方面也可以淨化雨水帶來的泥沙與汙染物。

10.2.3.9 逕流水處理

　　當集水區中有相當大面積的社區、露營區、休閒遊憩區、開發工地或工商業區時，除了汙水必須以汙水下水道收集處理之外，雨水也會帶起廣大地面的汙染物，使逕流水含有高濃度的汙染物，例如有機物、油脂、懸浮固體、重金屬、及營養鹽等。有些天然坡地、裸露地、礦區及農地，也輸出大量的有機物、農藥、肥料及懸浮固體到逕流水中。如果

這些汙染源對水庫造成的汙染負荷超過水庫容許的負荷量，而本章前述之各種管理措施或設施都無法降低逕流水帶來的汙染負荷，吾等就必須考慮收集逕流水加以處理後排放的策略。篩除、沉降分離、過濾甚至生物處理，或是彼之組合，都是可以採用的逕流水處理方法。

10.2.3.10 河岸牲畜柵欄

任由牲畜直接進入水庫水體中不但會攪動底泥，使營養鹽釋出，也會因排泄糞尿增加水體營養鹽的負荷。若不妨礙牲畜用水的需求，豎立柵欄來防止牲畜進入水體，可以讓牲畜在距離水岸較遠的地方排泄，令營養鹽有機會滲入土壤中，被分解、被土壤吸附或被植物吸收，減少水庫的負荷。

10.2.3.11 防風林（wind barriers）

在較為乾燥及地面植被不密的地區，應種植防風林，降低地面風速，減少土壤被風侵蝕，及衍生的土壤流失。

參考文獻

Almagro, A., Thomé, T. C., Colman, C. B., Pereira, R. B., Marcato, J. Jr., Rodrigues, D. B. B. and Oliveira, P. T. S., 2019, Improving cover and management factor (C-factor) estimation using remote sensing approaches for tropical regions, *International Soil and Water Conservation Research*, 7, 325-334.

Cooke, D. S., Welch, E. B., Peterson, S. A. and Newroth, P. R., 1993, *Restoration and Management of Lakes and Reservoirs*, 2nd ed., Lewis Publishers, Coca Raton.

Elliott, S. and Sorrell, B., 2002, *Lake Managers' Handbook, Land-Water Interactions,* Ministry for the Environment, Wellington, New Zealand.

Foster, G. R. and Highfill, R. E., 1983, Effect of terraces on soil loss: USLE P-factor values for terraces, *J. Soil and Water Cons.*, 38(1), 48-51.

Hamilton D. P., Collier, K. J., Quinn, J. M. and Howard-Williams, C. Eds., 2018, *Lake Restoration Handbook, A New Zealand Perspective*, Springer, https://doi.org/10.1007/978-3-319-93043-5

Lin, J. P., 2004, *Review of Published Export Coefficient and Event Mean Concentration (EMC) Data*. ERDC TN WRAP 04 03. U.S. Army Corps of Engineers, Engineer Research and Development Center, Vicksburg, MS.

Madsen, M. D., Zvirzdin, D. L., Petersen, S. L., Hopkins, B. G. and Roundy, B. A., 2015, Anchor chaining's influence on soil hydrology and seeding success in burned Piñon-Juniper Woodlands, *Rangeland Ecology and Management*, 68, 231-240.

Özcan, Z., Kentel, E. and Alp, E., 2016, Determination of unit nutrient loads for different land uses in wet periods through modeling and optimization for a semi-arid region, *Journal of Hydrology*, 540, 40-49.

Pennsylvania Department of Environmental Protection, 2006, *Pennsylvania Stormwater Best Management Practices Manual*, Department of Environmental Protection, Bureau of Watershed Management.

Qiu, Y., Shi, H.C. and He, M., 2010, Nitrogen and phosphorus removal in municipal wastewater treatment plants in China: A review, *International Journal of Chemical Engineering*, 2010, Article ID 914159, doi:10.1155/2010/914159.

Reckhow, K. H. and Chapra, S. C., 1983, *Engineering Approaches for Lake Management, Vol. 1, Data Analysis and Empirical Modeling*, Butterworth Publishers, Boston.

Renard, K. G., Foster, G. R., Weesies, G. A., McCool, D. K. and Yoder, D. C. Coordinators, 1977, *Predicting soil erosion by water: A guide to conservation planning with the Revised Universal Soil Loss Equation (RUSLE)*, United States Department of Agriculture, Agriculture Handbook Number 703.

Tong Y., Wang, M., Peñuelas, J., Liu, X., Paerl, H. W., Elser J. J., Sardans, J., Couture, R-M., Larssen, T., Hu, H., Dong, X., He, W., Zhang, W., Wang, X., Zhang, Y., Liu, Y., Zeng, S., Kong, X., Janssen, A. B. G. and Lin, Y., 2020, Improvement in municipal wastewater treatment alters lake nitrogen to phosphorus ratios in populated regions, *PNAS*, 117(21), 11566-11572.

United States, Department of Agriculture (USDA), 2022, SWAT Soil and Water Assessment Tool, Homepage, https://swat.tamu.edu/.

United States, Department of Agriculture (USDA), Natural Resources Conservation Service, 2022, AGNPS Home, https://www.nrcs.usda.gov/wps/portal/nrcs/detailfull/ null/?cid =stelprdb1042468.

United States, Environmental Protection Agency (USEPA), 2008, *Handbook for Developing Watershed Plans to Restore and Protect Our Waters*, Office of Water, Nonpoint Source Control Branch, Washington, DC, USA.

Wischmeier, W. H. and Smith, D. D., 1958, Rainfall energy and its relationship to soil loss, *Transactions of the American Geophysical Union*, 39, 285-91.

Wischmeier, W. H., Johnson, C. B. and Cross, B. V., 1971, A soil erodibility nomograph for farmland and construction sites. *Journal of Soil and Water Conservation*, 26, 189-193.

中央氣象局，2020，109 年氣候資料年報第一部分—地面資料。

朱子偉，2009，應用非點源模式 SWAT 於集水區營養鹽之最大日負荷規劃研究成果報告，

國立臺北科技大學土木工程系。

行政院農業委員會，2022，專利介紹—樺接護坡塊及生態護岸，水土保持局技術研究發展平台，https://tech.swcb.gov.tw/Results/Patent_M573354。

行政院農業委員會水土保持局，2017，水土保持手冊，台灣，南投縣。

行政院農業委員會水土保持局，2022，行動水保服務網（Slopeland Info Express），https://serv.swcb.gov.tw/。

行政院農業委員會水土保持局，中華水土保持學會，2005，水土保持手冊（94年版）。

吳先琪，朱惟君，陳世裕，1991，水庫中磷的質量平衡及控制策略研究，甘泉計畫（I）維護大型計畫子計畫（三）第二年，行政院環境保護署 EPA-80-G103-09-16。

吳嘉俊，王阿碧（1996），屏東老埤地區雨滴粒徑與侵蝕動能之研究，中華水土保持學報，27(2)：pp. 151-165。

李衍振，2008，自然淨化工法除汙效率之分析，國立臺北科技大學土木與防災研究所碩士論文。

李素馨，2013，河溪生態工程護岸型態之比較，環保資訊月刊，179。

徐玉標，1988，台灣農村豬糞尿之汙染，中國農業工程學會77年度學術研討會，農業環境汙染與管理論文集，133-152。

張又仁，2005，農業灌溉水對水體水質汙染之研究，碩士論文，交通大學土木工程系，新竹。

張尊國，張文亮，2006，翡翠水庫水源保護區汙染源調查計畫，臺灣大學生態工程研究中心，行政院環境保護署 EPA94G10702230。

陳柏蓁，蔡憲宗，胡智益，2022，機械及物理防治：覆蓋與敷蓋，農業委員會茶園雜草綜合管理專區網頁，https://www.tres.gov.tw/ws.php?id=3611。

經濟部水利署，2014，中華民國103年水利統計。

經濟部水利署北區水資源局，2009，大埔水庫重生計畫委託技術服務，黎明工程顧問股份有限公司承辦。

嘉義市環保局，2005，嘉義市牛稠溪（朴子溪水系）流域水汙染整治計畫—牛稠溪（朴子溪水系）河川水質改善評估規劃工作及管制計畫期末報告。

歐陽元淳，2003，水庫集水區土壤沖蝕之研究—以石門、翡翠水庫為例，國立臺灣大學地理環境資源學研究所。

盧昭堯、蘇志強、吳藝昀，2005，台灣地區年降雨侵蝕指數圖之修訂，中華水土保持學報，36(2)，pp. 159-172。

謝平城，廖昌毅，梁家柱，2010，德基水庫淤積模擬之研究，水土保持學報，42(1)，83-98。

附錄

附錄 A10-1　台灣各地之年降雨侵蝕指數，R_m（表 A10-1 及圖 A10-1），及 2020 年總降雨量（圖 A10-2）

表 A10-1　台灣各地之年降雨侵蝕指數，R_m

單位：$MJ\,mm\,ha^{-1}\,hr^{-1}\,year^{-1}$

地區	地點	Rm	地點	Rm
台北市、新北市及基隆市	基隆	9393	台北	11800
	五堵	11674	淡水	10898
	乾溝	8842	三峽	12808
	四堵	10335	孝義	24219
	竹子湖	14035	粗坑	13907
	瑞芳	15568	富貴角	10226
	火燒寮	17030	福山	16918
桃園市	大溪	12176	石門	15737
	八德	8821	觀音	7855
	平鎮	11208	嘎拉賀	11017
	復興	17861		
新竹縣	關西	13817	白石	11533
	新竹	8352	鞍部	10447
	湖口	7429	竹東	10985
	大閣南	14205	鎮西堡	10120
苗栗縣	竹南	5908	新店	13041
	後龍	6449	卓蘭	16593
	大湖	11509	南庄	15100
	三義	11276	橫龍山	16777
	苑裡	4485	天狗	15796
	土城	16069	馬達拉	21115
台中市	台中港	7521	環山	13459
	月眉	11815	梨山	13670

地區	地點	Rm	地點	Rm
	番子寮	12037	達見	16744
	台中	13155	八仙新山	16028
	橫山	10326	天輪	15080
	雙崎	17997	大南	13676
	雪嶺	29465	鞍馬山	26192
南投縣	玉山	24830	開化	9262
	南投	14201	和社	10095
	翠巒	14879	集集	15135
	清流	13250	明潭	15090
	國姓	13677	溪頭	19582
	埔里	13305	竹山	14658
	北山	12198	龍神橋	11240
	廬山	17936	望鄉	16618
	武界	16320	卡奈托灣	8401
	奧萬大	14504		
彰化縣	大城	6560	員林	9441
	萬合	8352	彰化	9519
	溪湖	8171	二水	17165
	永靖	10105	鹿港	4982
	溪湖	8171	二水	17165
	永靖	10105	鹿港	4982
雲林縣	竹圍	9133	褒忠	8241
	大義	8183	斗南	12440
	後安寮	5737	北港	9398
	林內	17195	草嶺	17558
	飛沙	8042		
嘉義縣市	溪口	9638	達邦	18637
	月眉	11815	大埔	17175
	永和	9084	水山	20531

地區	地點	Rm	地點	Rm
	馬稠後	9276	嘉義	16407
	義竹	10600	南靖	13020
	阿里山	40191	新港	11495
	大湖山	26880	中埔	22696
台南市	崁子頭	16288	二溪	16067
	西口	19641	左鎮	18177
	柳營	11420	烏山頭	15931
	尖山埤	13293	溪海	12203
	麻豆	13310	新化	14229
	漚汪	11165	崎頂	14773
	將軍	11182	台南	13088
	玉井	20850	車路墘	13361
	照興	18082		
高雄市	天池	48008	古亭坑	13361
	土壟	24470	阿蓮	12237
	林園	12135	前峰子	13037
	甲仙	21028	本洲	13208
	美濃	23191	楠梓	14773
	小林	21294	鳳山	13650
	馬里山	30197	高雄	12918
	表湖	24511	旗山	20305
	木柵	18603		
屏東縣	古夏	24500	泰武	44712
	三地門	24556	來義	21854
	阿禮	39890	里港	19539
	龍泉	18909	大響營	17258
	屏東	19301	加祿堂	14773
	四林	18501	大漢山	53259
	萬丹	15318	牡丹	38310

地區	地點	Rm	地點	Rm
	東港	13888	恒春	23341
	新豐	22873	壽卡	46819
台東縣	向陽	35551	鹿野	11471
	紹家	32661	台東	7336
	大武	29239	里壠 2 林班	16254
	太麻里	13378	里壠 40 林班	20662
	忠勇	9679	大南	15663
	池上	11659	林班	16595
	霧鹿	10331	大武	16560
	瑞豐	12493		
花蓮縣	西林	8343	壽豐	7365
	溪畔	9172	高嶺	20826
	合歡啞口	13100	西林	11189
	托博闊	9521	玉里	9906
	陶塞	11654	富源	14307
	花蓮	9000	立山	10011
	大觀	34882	三民	8983
	鳳林	11284	奇萊	17360
	清水第一	8787	富里	11982
宜蘭縣	宜蘭	8015	池端	30110
	冬山	11191	天埤	21158
	南山	9410	南澳	21144
	太平山	19884	山腳	52250
	土場	15306	大濁水	12854

資料來源：行政院農業委員會水土保持局，2017，水土保持手冊。

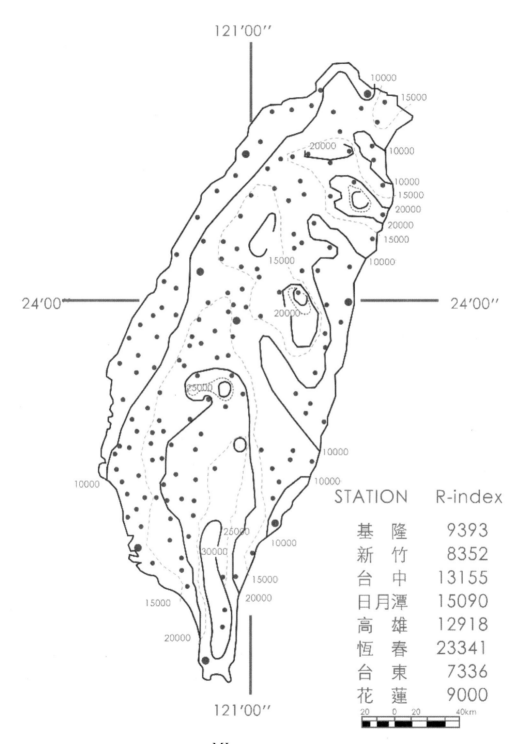

圖 A10-1　台灣各地降雨侵蝕指數（$\frac{MJ \cdot mm}{ha \cdot hr \cdot y}$）。（資料來源：行政院農業委員會水土保持
　　　局，中華水土保持學會，水土保持手冊，2005。）

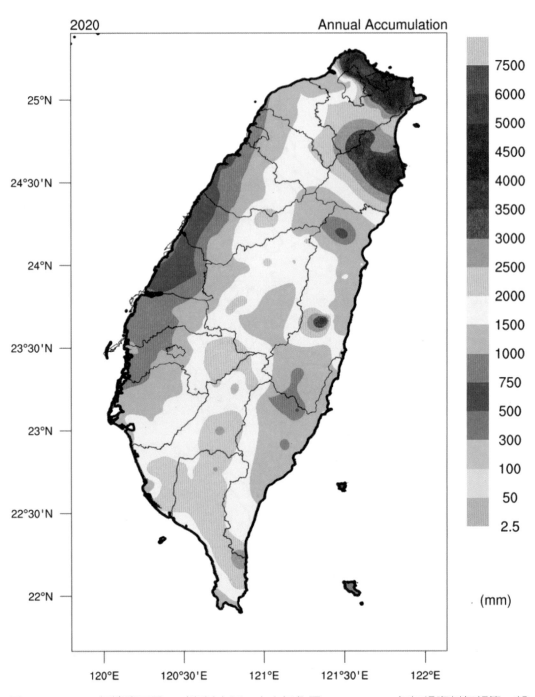

圖 A10-2　2020 年總降雨量。（資料來源：中央氣象局，2020，109 年氣候資料年報第一部
　　　　　分—地面資料。）

11. 水庫內優養控制
In-Reservoir Control of Eutrophication

　　水庫水質改善方法包括集水區汙染量之改善及庫內水質之改善兩種方法。由於水庫的水源，絕大部分是由集水區匯流而來，所以改善集水區逕流水質仍然是改善水庫水質最根本的方法。但是若水庫入流水的水質已無經濟有效的方法可進一步改善，或甚至已經改善至相當好的程度，但是水庫仍然有優養的現象，此時或許可以考慮採用一些庫內的改善措施來改善優養的狀態。本章將介紹一些庫內水質改善之方法、其改善效果及適用之情境。

　　水庫其實是一個複雜精巧的生態系統，任何一個物理、化學或生物成分的（人為或自然的）變動都會牽動整個生態系統的改變，所以庫內水質控制也可以說是這個精巧的水庫生態系統的管理。

11.1　溫度分層水庫的水質管理策略

　　由於亞熱帶水庫的特性之一就是夏季溫度分層，所以在討論水庫優養的庫內改善方法時，要先討論亞熱帶水庫有溫度分層水體的管理邏輯。由本書前述的章節可知，因為強日照及溫暖的氣溫，亞熱帶水庫在春夏秋三季常形成溫度分層，其對水庫水質之影響包括：抑制氧氣垂直傳輸、造成底層水厭氧狀態，產生氨及硫化氫等有毒物質及臭味，動物生長受影響，厭氧環境促使底泥中的磷釋出成為水庫藻類大量生長的潛在因素，尤其是水庫分層常造成團聚型藍綠菌類，如微囊藻（*Microcystis* spp.）等成為優勢藻，而有藻毒素危害的問題。

　　雖然水庫溫度分層有很多可能的危害，但是有時候因為溫度分層時，中間變溫層的重力穩定狀態，使上下層的擴散率降至極低，此時水庫似成為兩個水體，可分開檢討其管理的方法。首先，表水層若是營養鹽濃度不高，營養源來源不強，則由水體的自淨作用，例如浮游生物的清掃作用（scavenging），經由生物糞粒及殘骸的沉降作用，逐漸將表水層中的有機物及營養鹽移除，表水層的水質反而是非常好的。有時候夏天甚至出現寡養的水質狀況。這時候其實維持水體的分層，是保持表水層水質良好的方法。

　　深水層厭氧狀態是水庫管理上亟需解決的嚴重問題。以混合或強制曝氣打破分層，固然可使深水層得到氧氣，不再厭氧，但是也使原來累積在深水層之營養鹽進入藻類可生

長的光化層（euphotic zone），若未控制好營養鹽的濃度，有時候會造成更嚴重的優養狀況。所以若是能夠改善深水層的厭氧狀態，而不打破溫度分層，是一個較為安全的管理方法。

所以水溫分層未必是去之為快的現象，要打破分層時，尚需要仔細的評估後方得為之。有一些特殊情形倒是可以用打破分層來改善水質，例如當深水水庫水質尚屬中養狀態，而藍綠藻類繁生時，可以用上下混合來減少藍綠菌接受的光照，而令藍綠菌無法取得生長優勢。但是底層厭氧可以認定是一定有害的，應該要針對其原因改善之。

11.2 深層取水

11.2.1 原理

對於會分層的小水庫，當取水口由表水層向下移至深水層，可使深層水停留時間減短，較不易形成厭氧環境，故可減緩底泥磷釋出，也可減少有毒金屬、氨及硫化氫的產生。從深層取水（hypolimnetic withdrawal）可將磷濃度較高的底層水排出，除了降低磷的內部負荷之外，還可減少深層營養鹽傳輸至表水層，故可間接降低表層水磷濃度。另外，過去研究曾發現深層取水使變溫層下移 2-3 m，可增加好氧生物棲息區範圍。

11.2.2 適用時機

此方法適用於會分層的小水庫。若水庫原設有深層位置的取水口，深層取水的操作並無任何限制，即一般之取水操作。若以排除汙染物為目的，則可在深層水之汙染物濃度高於表水層時開放深層取水。若水庫有多個深度不同之取水口，且可達到需求的深度，則可視汙染物濃度的垂直分布狀況，以最適合之深度取水。為了排除上游雨水帶來的泥沙，減少水庫淤積量，翡翠水庫管理當局平時取水的原則是取三個不同取水口深度水層中濁度最高的水層（參見 5.5.2. 節）。

深層取水操作時可能有以下之風險需要注意：第一、取得的水可能溶氧偏低且含較高濃度的磷、氨氮、硫化氫、鐵、錳及有毒金屬。若出流水需供應漁業、娛樂用水或民生用水，要注意深層水之水質是否符合用水用途之水質標準，或不超過水處理廠之處理能力。若深層水水質不符合用水標準，可將其與水質較佳之表層水混合或經適當水處理，例如曝氣後，得到合格的水質。第二、當深層取水應用於天然湖泊或較小的水庫時，會加速分層水體的混合，要注意取水量不可過大，致使上層水被吸入，而抽出汙染物濃度不高的水，同時有擾動穩定分層的風險。

11.2.3 設計

　　取水深度與在水庫中的位置是深層取水工程設計的要點。若水壩興建時即有不同深度之取水口，且取水口深度已接近庫底，則無須另設取水口。既有水庫增設深層取水口，或最低出水口的深度仍然距離庫底很遠，可採取增設虹吸管的方式設計（圖 11-1）。在虹吸管最高點設排氣孔，排除管內空氣，保持虹吸效果。增設曝氣裝置，必要時可添加氧氣至厭氧的底層出水中，

　　Cooke 等人（1993）曾經檢討使用深層取水的 18 個湖，其平均深度為 3.9 m 至 25 m，最大深度為 6.8 m 至 48 m，停留時間 0.26 年至 8 年，佈管深度最深為 31 m，管徑從 10 cm 至 33 cm 不等。

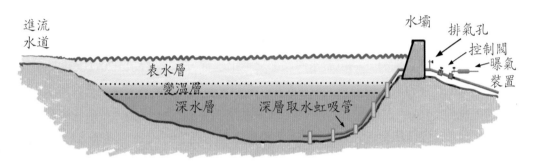

圖 11-1　水庫深層取水設施之示意圖

11.2.4 案例及效果

　　深層取水之成本及維護費用較低，但需長時間才可看出成效，平均需要五年以上才有較為明顯的效果。深層取水成功的例子很多，例如瑞士 Mauen 湖設深層取水設備後，深層水總磷濃度降低了 1500 µgL^{-1}，七年後表水層磷濃度降低 60 µgL^{-1}，全水層顫藻（*Oscillatoria*）累積濃度由 152 gm^{-2} 減少至 41 gm^{-2}。在裝設深層取水設備前，六、七月間磷內部負荷為外部負荷的 200 倍，設置六年後降低為僅 4 倍。澳洲 Piburger 湖、Reither 湖及 Hechtsee 湖設置深層取水設備後，Piburger 湖在七年內溶氧持續上升，但由於表層水總磷濃度只降低 5 µgL^{-1}，故優養情形沒有明顯改善。Reither 湖於 1974 及 1975 年，總磷濃度年平均分別減少 38 µgL^{-1} 及 43 µgL^{-1}，且於 1977 年降至 21 µgL^{-1}，沙奇盤深度在裝設四年後增為兩倍，藍綠菌也有減少的現象。Hechtsee 湖將管線設置於 25 m 深的位置，可避免取到深度 56.5 m 含有臭味的底層水，也可維持後續娛樂用水的品質。該湖深度 25 m 以上水體中之總磷由 1973 年至 1977 年降低約 70 至 80%，25 m 以下之水體中的磷濃度則

有些許增加（Cooke et al., 1993）。

美國 Wisconsin 州的 Devil's Lake 其體積爲 1.4×10^7 m³，平均水深 9.14 m，最深水深 14.3 m，是一座二次翻轉（dimictic）的冰河湖。該湖之主要水源是地下水，出水以地下滲出爲主，沒有地面出流河道。典型夏天上層水總磷濃度爲 15 μg L^{-1}，底層水爲 775 μg L^{-1}（Hoffman et al., 2013; Lathrop, 2021）。由於周邊有社區開發，湖底累積的磷在湖中成爲內部磷源，造成每年的藻華。當局設置虹吸式底層抽水系統，其湖底的管長有 1265 m，管內徑爲 47 cm，每 3.66 m 間隔用一混凝土塊壓住（可參考圖 11-1）。管線最高點處設有直徑 5.08 cm 的排氣孔，可排除管線中的空氣，形成良好之虹吸效果。由於入流水量不穩定，深層取水必須搭配水位調節，以免湖水枯竭或太高氾濫成災。從 2002 年至 2020 年抽水量爲 1.64×10^7 m³，約爲湖水體積之 1.18 倍，總共去除磷 5075 Kg（Lathrop, 2021）。平均總磷濃度從最高 2006 年的 970 μg L^{-1}，降至 2018 年的 430 μg L^{-1}，夏天不再有藍綠菌的藻華出現。

台灣新山水庫目前有一個位於水庫底部之進出水管，水庫當局自 2011 年開始持續採用深層取水的操作方式，目前最大取水量爲 1.5×10^5 m³ d^{-1}。雖然入流之基隆河水水質一直很差，例如 2014 年 3 月至 10 月平均總磷濃度爲 219 μgL^{-1}，但因爲持續底層取水，同一時期水庫水質保持相當良好，其總磷平均濃度僅 34 μgL^{-1}。

11.3 底層進水

11.3.1 原理

若進流水之水質較水庫表層水之水質差，可採取底層進水的策略，維持表層水較佳的水質不受干擾。若配合底層取水，可使底層停留時間縮短，上層照光層（euphotic zone）不受干擾，維持營養貧乏的狀態，抑制藻類之生長。

其實進入水庫水的最後深度，受進流水的溫度所控制。進流水溫若較底層水的溫度高，進流水會上浮，當進流河川水溫度很高時，進流水仍會浮起至表層，失去底層進水之效果（參見第 5 章）。但是因爲進流水上浮的捲增效果，水團在一邊上浮的過程，溫度會一邊降低，最後到達的水層，有較多機會還在底層中，仍然有將進流水的汙染物隔絕在底層的效果。

11.3.2 適用時機

此方法比較適用於用重力或動力引水進水庫的離槽水庫。當水庫已形成溫度分層，且

入流水中營養鹽濃度大於水庫表層水之營養鹽濃度時，若水庫進水口已在變溫層以下，就可採取底層進水的方式。

11.3.3 案例與效果

　　新山水庫是一座離槽水庫，水庫當局從基隆河抽水至淨水場，多餘的水就用壓力經由水庫三個進水口，送入水庫儲存。河水不足時，再從水庫底部的出口取水，送至淨水場處理。在過去十五年中，新山水庫 2009 年第三季為藻華最為嚴重的一季（圖 11-2a）。該季雨量少，河水常常不夠淨水場取用，水庫出水量很大。水庫當局在基隆河水有餘裕時，除了從底部（海平面標高 45 m）出口反向進水之外，同時用原設計的三個進水口（標高分別為 72 m，78 m 及 82 m）進水（圖 11-2b）。當此含豐富營養鹽的河水由表水層進入水體，直接提供表水層足夠的營養鹽，加上充足的光線，使藻類大量生長。

(a)

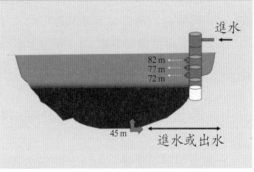

(b)

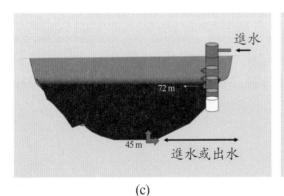

(c)

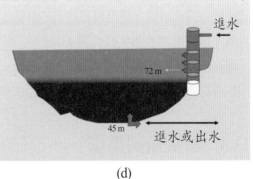

(d)

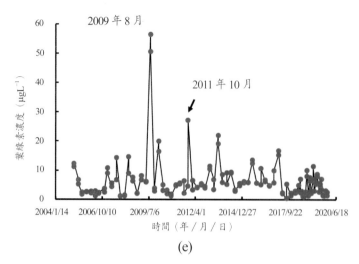

(e)

圖 11-2　(a) 2009 年 8 月新山爆發藻華；(b) 2009 年水庫當局為了搶進水時機，使用位於海平
　　　　面高度為 72 m，77 m 及 82 m 的三個進水口進水，河水進入表水層，是造成藻華的
　　　　原因；(c) 2010 年水庫改為用高度為 72 m 的進水口進水，河水進入深水層，藻華沒
　　　　有發生；(d) 2011 年水庫水位低，72 m 進水口進來的河水仍然進入表水層，造成當
　　　　年又再度爆發藻華；(e) 新山水庫 2005 年至 2019 年葉綠素濃度之季節變化。水庫
　　　　當局自 2011 年之後儘量採用底層進水方式抽入河水，葉綠素濃度就未再超過 2009
　　　　年及 2011 年之濃度。（資料來源：環境保護署水質資料網，一季一次之採樣資料。
　　　　同一日兩個數據為現場重複採樣比對之數據。）

　　水庫當局接受建議，2010 年時僅從底部及 72 m 高度的進水口進水，避免河水進入表
水層（圖 11-2c）。此進水策略很成功，以致 2010 年沒有再發生藻華。但是維持同樣的操
作模式，2011 年卻又產生大量藻華。由當年的水質及水溫資料中發現：2011 年水庫一直
處於低水位的狀態，變溫層已經低於最低的 72 m 進水口，河水仍然從 72 m 進水口進入表
水層，造成藻類大量生長（圖 11-2d）。從此之後，水庫當局採取的策略是：若不須要從
水庫取水時，儘量從底部 45 m 高度進水，非不得已不用表層的進水口。這一策略使得新
山水庫在 2011 年之後，一直保持貧養至中養的水質狀態，沒有再出現大量藻華了。

11.4　曝氣強制循環

11.4.1 原理

　　水庫人工曝氣是藉由少量動力配合流力作用，使水體產生上下循環流動（artificial
circulation），破壞水體分層或再曝氣（destratification or reaeration），一方面提供化學及
生物氧化分解有機物時所需的溶氧，增加好氧生物之棲地，避免魚類死亡；另一方面使

水體循環流動形成紊流擴散，以干擾藻類形成水華（Huisman et al., 2004; Mostefa et al., 2014），同時增進氣泡與水接觸界面之氧傳效果；也可以使底泥表面形成好氧層，抑制底泥營養鹽釋出，消除臭味，提升湖庫及自來水原水水質。

此外，因為水體完全混合，一個水團上下移動的距離加長，導致藻類平均可利用光線減少，且日照週期被破壞，進一步降低藻量。另外，此方法尚可增進氨的硝化作用及鐵錳的氧化、錯合及沉澱。去除這些還原性的物質可提高供水品質，降低內部磷的釋出，並因為鐵的氧化、吸附及混凝效果，加速水體中磷的沉澱。

11.4.2 適用時機

強制混合適用在較深的湖泊（>30 m），較不適用於淺湖泊（<10 m）（Talling, 1971）。在沒有分層、深度淺且優養化的湖泊中，底泥磷的釋出量占磷的總負荷量不大時，降低底泥磷負荷可能無法顯著降低藻類濃度。

強制循環的另外一個目的是為了去除藍綠菌（cyanobacteria）。由於上下循環，使嗜強光的藍綠菌進入無光線的水層之時間加長，平均受光量減少，生長速度慢。反而較適應較弱光線的藻類，例如綠藻（green algae）及矽藻（diatoms），取代藍綠菌成為優勢藻類。Knoechel 及 Kalff（1975）發現春天時藍綠菌的魚腥藻屬（*Anabeana*）與矽藻綱的平板藻屬（*Tabellaria*）之比生長速率差異不大，但當夏天分層形成後，魚腥藻則變為優勢藻了。人工循環可以打破營養鹽的分層，如同春天水庫剛剛混合過一樣，進一步改變藻類的生長速率。Taylor（1966）發現春天占優勢的矽藻綱的星桿藻（*Asterionella*）在七月末實施人工循環後出現第二次優勢，隨後又快速減少，可能原因為底層供應矽至光化層使其再生長，而後因營養鹽限制及快速沉降而減少。

實施強制循環需要一段時間才能看出其對於降低內部營養鹽負荷的效果。強制循環初期，因為將富營養的底層水混入整個水體，短時期內會造成水中營養鹽濃度及藻類濃度突然增高。尤其在淺水水庫或湖泊，強制循環之初期，由於強制循環使鹽類及藻類的濃度增加，旺盛的光合作用會降低表水層二氧化碳濃度並提高 pH 值，使藍綠菌仍為優勢藻，此時浮游動物對藍綠菌類的影響較小，故藍綠菌的藻華反而更嚴重。

Shapiro（1984; 1990）在湖水中添加鹽酸（hydrochloric acid，HCl）或二氧化碳皆成功將優勢種由藍綠菌轉變為綠藻，且若添加營養鹽則使情況更明顯。有研究認為藍綠菌比綠藻在二氧化碳濃度較低時具有較高競爭力，故有此變化。Shapiro et al.（1982）認為在 pH 降低後的環境適合病毒生長，也會使藍綠菌濃度降低。若曝氣系統的散氣盤位置是在變溫層之上，不去擾動溫度分層，此時人工曝氣可降低 pH 值，並提高二氧化碳濃度，可使藍綠菌優勢轉為綠藻優勢。

11.4.3 設計

曝氣強制循環可以利用很簡單的設備，包括陸地上的空氣壓縮機站房、將壓縮空氣送至湖庫內的輸氣管及水底的散氣裝置，可強制全水庫進行上下水循環混合而打破分層（圖11-3）。

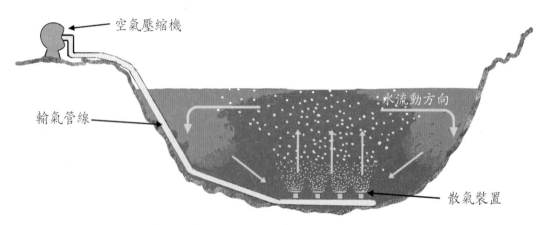

圖 11-3　湖泊曝氣強制循環系統示意圖（參考 Mostefa et al., 2014）

設計曝氣系統時，除了足夠的壓力之外，尚須足夠的空氣流量。空氣流速大小需足夠破壞分層，若仍有部分分層，則藍綠菌依舊可利用取得之光線大量生長（Brosnan and Cooke, 1987）。

循環動力是否能達到完全將分層打破，還是只是將上下水溫拉近，未達到上下溫度一致，對於消減藻類濃度或改變藻相都有很大的差別。Forsberg and Shapiro（1980）及 Shapiro et al.（1982）於兩湖泊中設置直徑 1 m，深度 7 m 之人工循環器，慢循環速度下，總磷及葉綠素 a 增加，且藍綠菌形成優勢。在中等及快速度循環下，矽藻及綠藻形成優勢，但中速度下總磷及葉綠素 a 增加，快速度時則減少。

從長時間抵消水面熱通量，使分層逐漸消失來設計，則單位湖面積鼓風機注入空氣的動力必須大於單位面積熱通量。Cooke 等人（1993）整理 38 個曝氣混合案例，發現空氣量至少要 9.2 m^3 min^{-1} km^2 才能達到破壞分層的效果。Lorenzen and Fast（1977）則建議單位面積空氣量至少要有 9.1 m^3 min^{-1} km^2。

11.4.4 曝氣強制循環之案例與效果

11.4.4.1 台灣水庫曝氣經驗

為改善公共給水水質，台灣曾在民國 81 年陸續在南部澄清湖、蘭潭及鳳山水庫設置

庫內表面曝氣機及庫底散氣盤式曝氣機進行優養水質復育，並曾考慮在寶山、永和山水庫規劃曝氣設備（開元工程顧問公司，1991）。郭振泰等（2005）曾對蘭潭及新山水庫增設及維修曝氣設備提出規劃建議。

　　吳俊宗等（1990）曾在苗栗縣拐子湖（又稱青蛙湖）使用德國引進曝氣機及生物製劑進行水質及生態復育，結果水質不再發臭，成效良好。侯文祥等人（2007）也曾在金門太湖、鯉魚潭水庫以自製曝氣設備進行小區域增氧改善研究。

11.4.4.1.1 澄清湖水庫曝氣強制循環之案例

　　澄清湖面積 103 公頃，蓄水量 2,500,000 m^3，自高屏溪取水經曹公圳再加壓送入湖內。澄清湖滿水位時水深僅 3 至 4 m，停留時間 13 至 16 天。台灣自來水公司的研究顯示：底泥不斷釋出氮、磷是優養主因（開元工程顧問公司，1991）。

　　民國 66 至 67 年水庫優養問題浮現，1991 年澄清湖淨水場出水已無法完全去除藻細胞。自來水公司開始規劃改善工程，提出「澄清湖與蘭潭水庫水質改善規劃報告」，1992年設置曝氣工程，主要有曝氣設備及導流幕。曝氣設備採用多孔管型連續曝氣強制循環系統，設置 25 HP 之空氣壓縮機，利用內徑 38 mm 之撓性聚氯乙烯（poly-vinylchloride）軟管將空氣沿湖底輸送，再分別以連接管銜接 12 套散氣器（diffuser），將空氣輸送到底層，透過氣泡上升帶動水流，使湖水上下混合而打破分層。為使水庫發揮最高滯流效果以達淨水功能，自來水公司於進水口附近設置一道塑膠布製成之導流幕（長約 530 m），直伸至湖面中央，水面設浮筒支撐，深度直達湖底，下端則以混凝土錨座固定。

　　澄清湖底泥有機物含量由民國 79 年時之 7.2%，降至民國 84 年時之 5.28%；1999 年及 2000 年有機物含量分別為 1.17% 至 2.31%，顯示歷年有機物含量有逐年降低之趨勢。河川整治成效使澄清湖外部負荷降低，汙染量減少，以及曝氣工程效益，均為底泥有機物含量降低之原因（開元工程顧問公司，1991；溫清光等，1995a）。

　　曝氣結果的確使水中溶氧量增加，但澄清湖外部負荷量仍偏高，且水庫因連續曝氣，過份擾動中、底層湖水，對浮游生物控制效果可能不足，曝氣後仍無法完全改善水質。澄清湖於 2002 年及 2004 年分期進行底泥清除工作，總計清淤量 115 萬噸，總工程費約為新台幣 10 億元。根據澄清湖底泥清除對水庫水質影響之探討研究報告（陳金花及歐麗苓，2007）指出，底泥清淤雖增加庫容量，底部磷釋出率並未顯著降低，總磷負荷仍以外部負荷占主要比例。

11.4.4.1.2 鳳山水庫

　　鳳山水庫屬離槽水庫，滿水位海平面 50 m，呆水位海平面 30 m，最大容量 8,500,000 m^3，該水庫自 1992 年起安裝曝氣裝置，採同於澄清湖水庫，多孔管型連續曝氣強制循環系統。此型在歐美廣泛使用，鳳山水庫更在表層水增設表面散氣設備，以加強曝氣量。1994 至 1995 年水質分析結果顯示嚴重優養化，總磷濃度超過甲類水質標準之濃度 60 倍，

顯示曝氣雖達到上下水體循環、改善溶氧及氨氮去除效果，但水庫整體所需的曝氣量仍不足，平均溶氧只有 2.2 mg/L，出流水氨氮平均濃度高達 2.1 mg/L，對營養鹽去除及藻類生長抑制，並無顯著效果（溫清光等，1995b）。

11.4.4.1.3 蘭潭水庫

蘭潭水庫面積 75 公頃，蓄水量 9,000,000 m³，水源取自八掌溪上游，經 5 公里導水管引入。1979 年設隧道管路自仁義潭水庫引水。1989 年水質調查顯示水面下 10 m 溶氧急遽下降，庫底溶氧為零，水中總磷濃度已超過優養濃度。1991 年水庫管理當局規劃報告指出：蘭潭水庫水深 15 至 20 m，清泥不切實際。底層溶氧常低於 2.0 mgL⁻¹，甚至無氧。蘭潭水庫過去常發生冬季翻轉，水質在一夜之間惡化，此顯示庫底內部負荷偏高，應降低底泥營養鹽的釋出量。

1991 年安裝強制曝氣設備破壞分層，抑制藻類生長，裝設之曝氣設施包括兩組空氣壓縮機及沉水式曝氣系統（開元工程顧問公司，1991）。該設備是自兩組空壓機接引出一段不打孔之空氣輸送管至湖中，續接已鑽孔曝氣管，於末端再續接一小段的空氣洩壓管，如此可產生細微氣泡，對氧傳輸有較佳的效率。所埋設曝氣管藉混凝土塊加重錨定於底泥上方約 1 m 處，除維持應有曝氣效能，也避免因底泥懸浮，濁度升高而影響曝氣能力。設備共設置 200 個散氣盤，輸送氣體管線 3,200 m。此曝氣改善措施運作開始後，藻細胞濃度及總磷濃度都有明顯下降（圖 11-4）（曾四恭等，1995）。該曝氣系統持續運作至今（2022 年），對於維持蘭潭水庫水質相當有幫助。

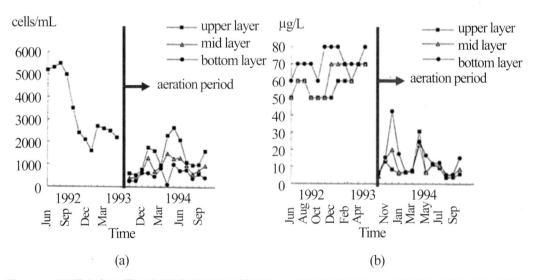

圖 11-4　蘭潭水庫以曝氣強制循環改善水質前後 (a) 藻細胞濃度及 (b) 總磷濃度隨時間之變化　　　（曾四恭等，1995）

11.4.4.2 其他水庫曝氣經驗

美國地區在 1981 年前曾有 38 個水庫湖泊使用強制循環法，德國、瑞典、英國、加拿大、瑞士、澳洲及波蘭等國家也都有案例。在處理的效果上，以總磷爲例，20 個例子中，增高的有 5 例，降低的有 6 例，無明顯變化的有 8 例，狀況不確定的有 1 例。對於 33 個案例中，藻類密度有 6 個上升，14 個下降，8 個沒有變化，5 個不確定（Cooke et al., 1993）。Pastorok 等人（1982）也整理了 24 個湖庫整治案例，發現其中有 12 個湖庫藍綠菌濃度下降，8 個湖庫反而升高，4 個湖庫濃度未改變。檢討上述曝氣失敗結果有以下原因：(1) 混合反而讓下層營養鹽被帶到表水；(2) 受制於湖庫地形，混合效果不足；(3) 混合程度不足以使 pH 值下降。

藍綠菌是對光及營養鹽限制均特別敏感的浮游植物，如果該水體中的藍綠菌主要的限制因子不是光限制（light limited）而是營養鹽限制（nutrient limited），反而可能由於底層水營養鹽被帶到表水層，造成水表的藍綠菌藻華大量生長。故全層強制循環法有其特定使用限制如下：第一、平均水深在 5 公尺以上；第二、較適用於湖水較深、有分層、底層水缺氧之優養湖泊或水庫。美國有不少淺水湖泊或水庫使用本法控制浮游生物，但必須和殺藻劑合併使用。

有研究發現，如果有人工曝氣產生強力混合，形成紊流擴散流場，可降低微囊藻生長優勢，減少微囊藻生長（Toetz, 1981; Visser et al., 1996; Visser et al., 2016）。表層優勢藻微囊藻細胞自身具有氣囊浮力調控能力，可在水體自主的上下沉浮，這也是它取得生長優勢的重要因素。荷蘭 Lake Nieuwe Meer 採用人工曝氣實驗得知，曝氣形成紊流時，在深度 18 公尺處的臨界擴散係數若高於 3.4 cm^2/sec，微囊藻將無法受惠於自身浮力，因而失去其優勢（Huisman et al., 2004）。因此水體混合強度高低，也被視爲影響藻類消長的重要因素。

11.5　底層曝氣

底層曝氣（Hypolimnetic aeration）是當湖水有溫度分層時，在底層水域設置曝氣或加氧設施，使底層水溶氧提高，但是不擾動水體之分層。

曝氣強制循環除了需適當的曝氣設備及操作，連續曝氣若無法使表層水捲入到中底層湖水時，對浮游生物的控制效果不佳。即使湖水水溫上下層相近或湖庫水體因氣溫變化發生翻轉（overturn）的季節，仍需繼續曝氣操作。又因全年運轉，動力需求提高。

爲改善全層曝氣循環法之缺點，陸續有分層曝氣（layer aeration）及底層曝氣技術發展出來。底層曝氣最早起於 Mercier 和 Perret（1949）在瑞士 Lake Bret 利用揚水泵將底層水抽送到表水混合攪動以改善水質，之後美、歐等大型或深水型湖庫紛紛採用底層曝氣改

善水質（Beutel and Horne, 1999）。

11.5.1 底層曝氣之特點

　　底層曝氣目的有三：第一，在不擾動水體分層的情況下，提高底層溶氧；第二，增加魚類棲地及食物供應；第三，若底泥層有還原態鐵，可被氧化成含氧化鐵的氧化層，控制磷的的交換，可降低磷釋出。大部分案例中，底層曝氣後皆有效且快速地提高深層水溶氧至少達 7 mg/L，且降低硫化氫及氨的濃度。另外，研究發現此方法可降低磷、鐵及錳含量，減少內部負荷並改善供應水質（Cooke et al., 1993）。

11.5.2 適用時機

　　水庫依不同季節會出現溫度分層、溶氧分層及底層水溶氧降低的情形。亞熱帶水庫在夏季庫底常發生缺氧（summertime hypolimnetic anoxia）現象。當夏天水溫增高形成水體熱分層（thermal stratification）時，由於溫度分層形成的密度梯度，下層水溫低且密度高，上層水溫高密度低，故密度梯度將阻滯表層高溶氧水進入底層，水庫底層水停滯且水溫增高，水庫底層的溶氧也漸趨消耗。

　　底層有機物主要來自上層藻類死亡後及外來有機物沉降。這些沉降的機物進行好氧分解，消耗水中溶氧量，可稱為底層水中耗氧（hypolimnetic oxygen demand, HOD），此包括碳生化需氧量（CBOD）的氧化（oxidation）及氨氮（NH_3-N）的硝化（nitrification）作用。而未完全分解的有機物進入底泥，也提高了底泥需氧量（sediment oxygen demand, SOD）。因此整體底水溶氧消耗應視為底水耗氧率（HOD）以及底泥需氧量（SOD）的聯合貢獻（Gantzer et al., 2009; Beutel et al., 2007）。

　　亞熱帶離槽水庫例如新山水庫從 4 月底開始出現微囊藻（*Microcystis spp.*），到夏季形成湖庫水面藻華，直至 10 月秋季翻轉，水質才漸趨好轉。根據新山水庫長期水質監測紀錄，新山水庫夏季深水層溶氧很快就下降至接近零，且底層水氨氮濃度也會升高。這段時間約維持 3～4 個月，顯示在溫度分層明顯時期，深水層耗氧量非常顯著。

　　當深水層溶氧消耗殆盡時，接著將進入無氧狀態（anoxic condition），促使底泥有機物進行厭氧分解及物質溶出，包括底層磷溶出、底泥還原性氣體（硫化氫、氨）釋出、底泥鐵與錳溶出、底泥需氧量（SOD）提高、藻類土臭味（geosmin）及霉臭味（MIB）增加等。當這些底部汙染物進入表水層，遂使表水藻華增生，降低水質美觀及增加飲用水水質處理難度。

　　因此，在水庫底部配置底層曝氣（hypolimnetic aeration）設備增加溶氧，但是不擾動

分層，是一個維持表層水水質的策略。

11.5.3 底層曝氣設計

　　深水層曝氣法（hypolimnetic aeration）是期望在不打破湖水溫度分層環境下，仍自水庫底部輸送空氣或氧氣及產生循環流場，促進底層缺氧水與高溶氧水混合，增加及保持深水層溶氧濃度，控制優養化。而在設計曝氣量時須切實了解底水及底泥耗氧量，依據總耗氧量來決定曝氣量及曝氣設施的規模（Moore, 2003; Gantzer et al., 2009）。

　　底層曝氧有兩種主要方法，一是將水抽至水面，曝氣後再注回底層；一是直接在底層曝氧氣或空氣。揚水至水面的方法，可以在一個曝氣槽中用空氣曝氣。由於接觸時間短，氣體交換的效率可能會較差，可以用純氧來代替。

　　深層曝氣法優點是不致干擾水溫分層，保持底部較低水溫，並使底部溶氧提高，故溶解性鐵、錳較容易沉澱下來，也降低硫化氫和甲烷釋放，及維護底棲生物或底棲魚類環境（McQueen and Lean ,1986）。但缺點在於底部曝氣的氧混合效率較差，需要較高的循環曝氣頻率或增設多組曝氣裝置。曝氣時可能產生底水紊流，底泥表面被擾動，使底泥需氧量增加（Smith et al., 1975; Ashley, 1983）。

　　設置曝氣量、管線尺寸及水下散氣裝置之位置時，必須妥善搜集水庫停留時間、水流狀況、水溫分層之時間變化及水體各位置之混合係數，建立底層水溶氧擴散及消耗模式，適當規劃注氧量的空間配置，才能以最少的設備與氧氣量，達到設定的目標（Ashley, 1985）。

11.5.3.1 部分注氣揚水底層曝氣法

　　部分注氣揚水底層曝氣法（partial lift systems）係利用注氣泵將氣體注入湖水中一豎管的下端開口內部，使水與空氣混合。藉由氣體浮力將深層水帶到上層某一深度，此時殘餘氣泡（residual gas bubbles）可透過排氣管排到水面釋放，富含氧的水由水平側口流回深水層中，或再由另一豎管注回深水層，典型的設計如圖 11-5 所示。

11.5.3.2 全程注氣揚水底層曝氣法

　　全程注氣揚水法（full lift systems）和部分注氣法類似，但係將底層水抽至水面，曝氣後再注回底層，其設施如圖 11-6。

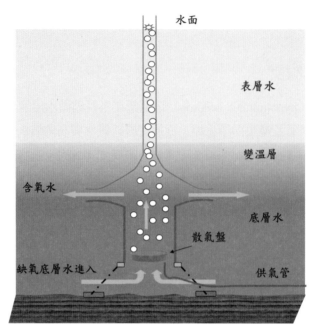

圖 11-5 部分注氣揚水法（partial lift systems）之設計

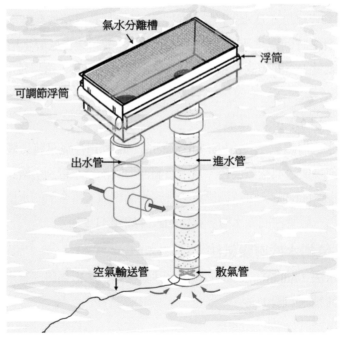

圖 11-6 全程注氣揚水底層水曝氣（full lift systems）（參考 Lorenzen and Fast, 1977; Singleton and Little, 2006）

11.5.3.3 底部純氧曝氣

與底部曝空氣法類似，將純氧經陸上液體氧貯存槽、蒸發器、氧氣輸送管及底部散氣設備等送到水庫底部。設計之重點是讓純氧氣與湖水有充分的接觸機會與溶解，在氧氣氣泡離開底水層之前完全溶解於水中，不因氣泡上升而破壞水溫分層。

純氧曝氣法比曝空氣法有以下數項優點（Fast et al., 1975）：

a. 具較高溶解氧能力及較高的氧傳輸效率，故相對曝氣量可降低，可縮小曝氣設備容量尺寸，動力也較低。

b. 可降低再循環頻率及紊流，減少對底泥的擾動。

c. 減少破壞水體分層。

d. 降低底部水因曝氣造成溶解氮的過飽和（dissolved nitrogen supersaturation）。

以下略舉底層水純氧曝氣的例子。

1. 抽送純氧接觸槽曝氧法

沉水式的接觸槽供氧法（submerged contact chamber oxygenation, or Speece Cone）包括一座沉水式向下流式的氣泡接觸槽（submerged downflow bubble contactor）（Speece, 1971）。此方法是在岸邊設置純氧貯存槽，將底層缺氧水抽上來送到岸邊或湖底的曝氣接觸槽中，注入純氧，再透過輸送管將含氧水送回到水庫底層。吾等可將純氧及底層水從錐形槽上方抽送入接觸槽向下流出，隨著椎形底面積擴大，水流速度減緩，可增加氣泡與水流質傳交換時間，含高溶氧水再從槽底部排出，增加底水溶氧，如圖 11-7 所示（Beutel, 1999; Beutel, 2002; Horne and Beutel, 2019）。

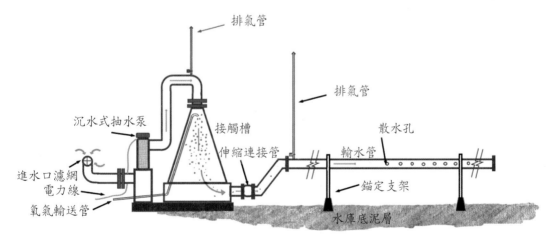

圖 11-7　純氧底層曝氣—沉水式接觸槽（Speece Cone）供氧法設置圖（取材自 Beutel, 2002; Horne and Beutel, 2019）

2. 曝氣式深層水供氧法

曝氣式深層水供氧法（diffuse deep-water oxygenation）是將純氧透過輸送管送到底部時，傳輸管上有多孔軟管或散氣盤。軟管和岸上液態純氧貯槽及多個蒸發器相連，以輸送氧至水中。每一條氧氣管可加裝一個浮力艙（buoyancy chamber），可以進水或空氣以調整壓力，因此操作者可以視需要遠端控制浮力艙所在框架的底部高度，進行供氧（Beutel and Horne, 1999; Mobley et al., 2019）。此方法不需要設置接觸槽及水泵，動力需求極少，故障維修需求低。僅需要安裝水下散氣盤或散氣管，可在水面上施工，初設費用低（Mobley et al., 2019）。典型的設計如圖 11-8 所示。

此方法有幾點設計上的關鍵要注意：

(1) 散器盤或散氣管所散出之氣泡必須夠微小，使氧氣氣泡在水中以緩慢的速度一邊上升，一邊溶解於水中，且在氣泡到達斜溫層前溶解殆盡，如此才不會擾動水體分層的結構。

(2) 散氣設備要設置於底泥表面之上一段距離，避免曝氣時擾動到底泥。

(3) 水庫底層可設置溶氧濃度監測設備，氧氣供應量可依溶氧濃度及底層水耗氧速率調整，減少浪費。

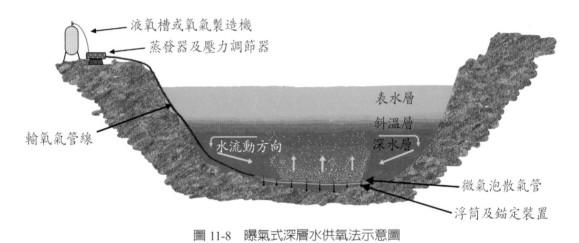

圖 11-8　曝氣式深層水供氧法示意圖

11.5.4 底層曝氣之案例

11.5.4.1 美國深層曝氣經驗

美國田納西流域管理局（Tennessee Valley Authority, TVA）有 29 座水力發電水庫，自 1970 年代即陸續在水庫以深層水注氧系統（oxygen injection system）等方式提供深層曝氣。在田納西州的道格拉斯大壩（Douglas Reservoir, Tennessee）其容量 $1.7 \times 10^9 \, m^3$，1993 年埋

設底層氣泡柱式注氧（bubble plume oxygenation）設備，該系統有16組線性散氣設備（linear diffusers），1200米長的多孔軟管，將微細氧氣泡快速溶解至底層水中。軟管連接岸上純氧設施，包括一個大容量的液氧儲罐和多個蒸發器。每一條氧氣管包括一個氧氣浮力艙（buoyancy chamber），可以進水或空氣以調整壓力，因此操作者可視需要在遠端控制浮力艙所在的框架的底部高度，進行供氧。曝氣後明顯增加了底部溶氧及消除底水的硫化物（Mobley and Brock, 1995）。

位於美國維吉尼亞州（Virginia）西南區的兩座公共給水水庫 Spring Hollow Reservoir 和 Carvins Cove Reservoir 分別自 2006 年及 2009 年開始採用底部曝氣的線型氣泡柱式散氣設備（linear bubble plume diffusers）在庫底注入氧氣。Spring Hollow 水庫最大水深 62 公尺，相較於淺水的 Carvins Cove 水庫水深 21.3 公尺，深水層較不易受到表面風捲力影響（wind driven effects）（Gantzer et al., 2009）。水質監測評估結果顯示，初期深水層雖然已經曝氣了，底層水需氧量（hypolimnetic oxygen demand）反而因曝氣而增加。顯示深水層狀態是變動的，與底泥需氧量及底層水有機物量變化有關。這和在華盛頓州的 Medical Lake（Soltero et al., 1994）曝氣，反而增加底水兩倍需氧量結果類似。但是經過多年的操作，深水層需氧量顯著降低，底層水溶氧都可維持在 7 mgL^{-1} 以上（Gantzer, 2019）。

位於美國加州的卡曼奇水庫（Camanche Reservoir, California）及華盛頓州的紐曼湖（Newman Lake, Washington）採用沉水式接觸槽供氧法（submerged contact chamber oxygenation）。該法由 Speece 設計（Speece et al., 1971），在庫底設置一錐形沉水接觸槽，將純氧及底層水從錐形槽上方抽送入接觸槽向下流動，進行曝氣，含高溶氧水再從槽底部排出回到水庫底部。1993 年，卡曼奇水庫為提供較佳水質給臨近飼養鮭魚和鱒魚的魚孵化場，在水庫底部裝設沉水式接觸槽。以水庫容量 5.54×10^8 m^3 計算，該系統提供日抽水量 1 m^3 s^{-1} 及 8 ton d^{-1} 氧氣供應量，可維持放流水溶氧濃度達 5 mg L^{-1}。整體水質在曝氣後得到顯著改善，1993～1994 年，秋季底層水磷酸鹽濃度從 200 μg-P L^{-1} 降至 50 μg-P L^{-1}，換算夏季磷的累積負荷率可由原來高於 4～5 mg-P m^{-2} d^{-1} 降至低於 0.7 mg-P m^{-2} d^{-1}。秋季底層水氨氮濃度從 1,000～1,700 μg-N L^{-1} 降至低於 200 μg-N L^{-1}，換算氨氮負荷量從 25～30 mg-N m^{-2} d^{-1} 降至小於 4 mg-N m^{-2} d^{-1}。曝氣效果也改善了表層水質，葉綠素 a 濃度高峰從 40～50 μg L^{-1} 降至低於 10 μg L^{-1}，夏季平均沙奇盤深度由 1.5 m 增加到 5 m（Jung et al., 1999; Beutel, 2002）。

1992 年在紐曼湖（水庫容量 28.6 百萬立方公尺），岸上的兩個分子篩式氧氣製造機將氧氣輸送到庫底的沉水接觸槽，曝氣後的高含氧水通過一個 46 m 長的擴散管道，平行流式的排放回水庫底部。排放流率 0.6 m^3 s^{-1}，氧氣供應量 2 ton d^{-1}，維持夏至秋季底部溶氧 5.5 mg L^{-1} 以上。相對於前一年 5～8 月底部仍屬於缺氧狀態，水質改善的效果頗佳，也提供了當地鱒魚和底棲生物更佳化的環境（Moore et al., 1996; Beutel, 2002）。

11.5.4.2 加拿大深層曝氣經驗

加拿大 Amisk 湖（Amisk Lake, Canada）（容量 $8×10^7$ m^3），從 1990 年至 1993 年在湖內設置底層曝氣之氣泡柱式系統（Prepas et al., 1997），夏季氧氣輸入量介於 0.5 至 1.1 ton d^{-1}，水質有明顯改善。單位面積底泥釋放的磷通量從 7.7 mg m^{-2} d^{-1} 下降到 3.0 mg m^{-2} d^{-1}，底水總磷濃度從 123 µg-P L^{-1} 減少到 56 µg-P L^{-1}，氨氮從 120 下降到 50 µg-N L^{-1}。在表水層（epilimnion），夏季平均總磷濃度也從 33 降至 28 µg-P L^{-1}，氨氮從 28 降至 13 µg-N L^{-1}，葉綠素 a 濃度也從 17 µg L^{-1} 降至 8 µg L^{-1}。

11.5.4.3 瑞士深層曝氣經驗

深層曝氣注氧氣法係 1980 年代從瑞士發展，處理瑞士兩座深水性優養化湖庫底泥高磷內部負荷問題（Imboden, 1985; Gächter and Wehrli, 1998）。瑞士 Baldegg 湖（$1.76×10^8$ m^3），其最大深度為 66 m，曝氣系統由岸上一個氧氣儲槽和一台空氣壓縮機連接到靠近底部的六座散氣設備進行曝氣。通過人工混合壓縮空氣從 11 月到 6 月注入 6 ton d^{-1} 空氣，從 5 月至 11 月在底部注入 3 至 4 t d^{-1} 的氧氣。監測結果，夏天底層磷還是持續釋放，但底層氨和錳濃度則已被控制（Gächter and Wehrli, 1998）。大部分溶解氧氣會集中在深水層上方，無法在底泥水界面保持較高的溶氧濃度，抑制底泥磷的釋放，這是深層曝氣注氧氣法的缺點。

11.5.4.4 丹麥深層曝氣經驗

自 1985 年至 2007 年間，深層曝氣注氧法被陸續應用於五個丹麥的湖泊水庫（Lake Hald、Lake Vedsted、Lake Viborg Nørresø、Lake Torup、Lake Fure，Denmark）。這些湖泊面積從 0.08 至 9.4 km^2，水力停留時間從 0.6 y 到 12 y 不等，平均水深介於 5 至 14 m。五個湖泊均已優養化，且庫底長時間處於缺氧或極低溶氧濃度。夏季有大規模的藍綠菌水華，且大多數底泥沉積物含有豐富的有機質和鐵濃度（Søndergaard et al., 1996）。

經過 4～20 年不等時間的曝純氧後，五個湖泊除了 Lake Fure 底部溶氧有明顯回升，接近 8 mg/L，其他四個湖泊夏季的溶氧仍小於 2.2 mg L^{-1}（Liboriussen et al., 2009）。曝氣後氮和磷濃度下降幅度達 40～88%，例如 Lake Hald（$4.5×10^7$ m^3），質量平衡法計算出內部磷通量從 0.1～0.7 g-P m^2 y^{-1} 降到 0.03～0.4 g-P m^2 y^{-1}。但是底部溶氧並沒有提高很多，約在 1.5～1.7 mg L^{-1}。但有兩個湖泊在底部停止曝氧後，底水氮磷濃度也回升了。整體而言，丹麥湖庫長期曝氣經驗顯示曝氧的確有益水庫水質，增加溶氧濃度，但仍需配合外部營養鹽控制，長時間的曝氣才能有效改善水質。

除了曝氣還可以配合在底水加入硝酸鈣（$Ca(NO_3)_2$）控制底泥磷的釋出，此法稱為 limno-aeration。丹麥 Lake Lyng（平均水深 2.4m，最大水深 7.6m）曾在夏季 6 月至 8 月期間，平均一個禮拜一次，於水深 5m 處施放 8～10 g N m^{-2} 的硝酸鈣（$Ca(NO_3)_2$）

（Søndergaard et al., 2000），即使是低濃度硝酸仍有效果。

11.5.4.5 日本循環曝氣經驗

　　日本於 1983 年湖沼水質目標達成率（COD、TN、TP）是 40.8%，但到 2002 年其目標達成率也僅增加至 43.8%，顯示湖沼水質控制並不容易。1984 年 7 月，日本環境省（前身為日本環境廳）通過「湖泊水質保全特別措置法」，特別保護湖沼水質。1984 年 12 月由內閣大臣召開大會訂定「湖沼水質保全基本方針」。1985 年指定霞浦湖、印旛沼、手賀沼、琵琶湖、兒島湖、釜房水庫、諏訪湖、野尻湖、中海及宍道湖等共十個湖為重點整治的湖泊水庫。日本對湖沼內優養化控制的方法包括有底泥釋出抑制法、強迫湖水循環對藻類之控制、生物控制法、湖中去藻法、選擇性取水或放水法及人工浮島等。早期日本發展間歇式揚水筒式的全層循環工法，根據經驗每公頃湖面需曝氣量為 0.66 至 1 m^3 min^{-1}（日本水道協會，1989）。小島貞男（1984）統計日本使用湖水循環之成績還不錯，在 9 個使用本法中，除了一個較淺的貯水池外，完全達到預期目的的有 3 個，充分達成預期目的的有 5 個。

11.6　添加混凝吸附劑清除水中營養鹽及使底泥磷去活性

11.6.1 添加混凝吸附劑清除水中營養鹽之原理

　　湖泊可添加鋁、鐵、鈣或吸附性黏土礦物以控制磷的循環，將磷封鎖於底泥中。當 pH 值介於 6～8 時，鋁主要以氫氧化鋁的形態存在，當 pH 值介於 4～6 時，則以陽離子存在，當 pH 值大於 8 後，則以陰離子存在。低毒性的氫氧化鋁可吸附大量無機磷，與磷結合形成膠羽，較不易受到氧化還原的影響。但若水體鹼度較低，添加鋁鹽將降低 pH 值，增加有毒的 $Al(OH)^{2+}$ 及 Al^{3+}，故需加入緩衝劑提高鹼度。當水體 pH 值升高時，鋁鹽將以陰離子的形態存在，造成磷的釋放。氫氧化鋁吸附溶解態有機磷的效果較差，但可藉由膠羽混凝及掃除作用，去除有機磷與藻體顆粒。

　　添加氫氧化鐵（$Fe(OH)_3$）可吸附大部分的磷，或形成磷酸鐵，較不需調整 pH 值且無毒物產生。但其受到氧化還原條件的影響較大，當底層水溶氧降至 1 mg L^{-1} 以下後，鐵離子被還原成為亞鐵離子（Fe^{2+}），因為磷酸亞鐵的溶解度較磷酸鐵高很多，導致磷的釋出，故宜搭配曝氣或混合設備。當光合作用耗用二氧化碳，使 pH 值上升時，添加鈣產生碳酸鈣沉澱，進而吸附磷，亦為去除磷的方法。

　　目前市面有商品化的吸附劑，例如用鑭修飾的皂土（lanthanum modified bentonite, LMB）顆粒，其中含有與磷酸鹽結合力很強的金屬陽離子，可施入水體，吸附水體中的磷酸鹽，然後沉入庫底表面，在底泥表面形成一層具有吸附能力之隔絕層，進一步阻止底

泥溶解磷的釋出。其作用之機制如圖 11-9（Wild and Davis, 2005）。

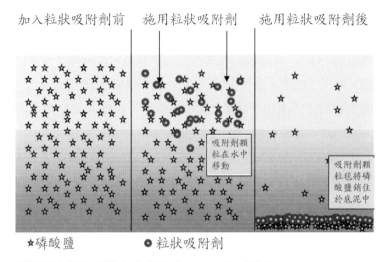

★磷酸鹽　　　●粒狀吸附劑

圖 11-9　以吸附性顆粒移除及將水中磷酸鹽沉入底泥（參考：Phoslock Water Solutions Ltd., 2011, About Phoslock, http://www.phoslock.com.au/about.php）

　　底泥氧化法為將厭氧湖泊底泥層表面 15～20 cm 底泥氧化以降低內部磷負荷，例如藉鐵的氧化還原反應控制底泥磷與底層水的交換，添加 $Ca(NO_3)_2$ 刺激底層的脫硝作用以去除有機物質。一開始先加入 $FeCl_3$ 去除 H_2S 並形成 $Fe(OH)_3$，接著加入 $Ca(OH)_2$ 可提高 pH 值加強微生物的脫硝作用，藉硝酸鹽的氧化還原電位（ORP）高於鐵還原的 ORP，維持鐵離子與磷的錯合。若 pH 夠高，可促進脫硝作用之進行，且鐵含量足夠與磷鍵結，則前兩步驟可省略，只添加硝酸鈣即足夠。使用時機若為早春多風時，會將膠羽集中一區，故較不適合於多風的季節。可應用於藍綠藻華尚未出現前（Cooke et al., 1993）。

11.6.2 添加混凝吸附劑去除水中營養鹽之適用範圍

　　當外部磷已經能控制時，施用混凝吸附劑可發揮持續的效果，控制內部磷濃度。控制的效果受到水質、深度、分層與混合狀況及水力停留時間所影響（Kibuye et al., 2021）。水庫湖泊適用此方法的條件為（Cooke et al., 1993）：

　　1. 磷在垂直方向上的傳輸量大，完全混合或多次翻轉的水體。鹼度值高於 75 mg/L（as $CaCO_3$），且含高矽、鈣、硫酸根（SO_4^{+2}），及總有機碳的水體較適合以此方法操作。

　　2. 若水體緩衝能力佳且含有錯合劑，則當外部負荷低時，將可降低或消除鋁鹽的毒性。若水體持續維持在好氧的條件下，亦可以鐵鹽或鈣鹽取代鋁鹽。

　　3. 此方法應用於軟水湖庫時需特別小心，建議添加鋁酸鈉維持 6～8 的 pH 值範圍，

因為僅添加鋁鹽易使 pH 降低至 6 以下，導致有毒的溶解鋁形成。

　　4. 不適用的水體：外部磷負荷高，鹼度低於 20 mg L^{-1}（as CaCO$_3$），pH 介於 9 至 10 可能使有毒的溶解態鋁增加。

11.6.3 添加混凝吸附劑的方法

　　以施用鋁鹽為例，添加方法是將鋁鹽的濃稠漿注入水中，讓鋁鹽形成氫氧化鋁（Al(OH)$_3$）膠羽顆粒，一邊吸附水中的磷酸鹽及一些藻細胞，一邊向下沉降至底泥表面形成薄毯狀膠羽層，以吸附的作用阻止底泥中溶解磷通過底泥表面進入水體。至於市面有商品化的吸附劑，例如用 LMB 顆粒，可直接拋灑或混入加壓水柱噴灑至水面（Wild and Davis, 2005）。

　　水庫水體的特性會影響鋁鹽除磷及封鎖底泥磷釋出的效果，例如：

　　1. 水體 pH 會隨季節、每一日之時辰及深度而異，例如強日照下，午後表層水的 pH 可達 9 以上，所以儘量選擇如早晨水體 pH 接近 7.5 的時間，或是春天藻華尚未濃厚時釋放鋁鹽。

　　2. 水體鹼度（中和酸的能力，通常以相當能力的碳酸鈣濃度表示）太低時，例如小於 50 mg-CaCO$_3$ L^{-1} 時，鋁鹽與水作用所產生的氫離子會使 pH 降低，以致鋁鹽無法形成膠羽。

　　3. 水流太快或風速太高時，庫內環流會將氫氧化鋁膠羽顆粒帶至非規劃中的位置，無法均勻地垂直掃過水體，也無法平均地覆蓋在底泥表面，故應選擇風平浪靜的氣象條件下施放鋁鹽。

　　4. 水庫太淺以致風力的攪拌常會觸底，或是氣溫變化差距大，常常全深度翻轉，均會使底泥表層再懸浮，破壞沉降在底泥表面的氫氧化鋁膠羽層，使封鎖底泥磷的效果中斷。

　　5. 外部總磷負荷量遠大於底泥釋出之內部負荷，或是水庫的底泥淤積量大時，添加鋁鹽只有短暫的效果，沒有持續性的效果。

11.6.4 添加化學藥劑去除水中營養鹽之案例

　　Kibuye 等人（2021）回顧一些水庫施用鋁鹽的案例，發現眾多湖泊水庫施用量在 5.5 至 12 mg L^{-1} 不等的濃度，或 10 至 54 g-Al m^{-2} 的單位面積劑量下，從無效至高達削減 85% 水中磷濃度的效果，且不同湖庫其效果持續 1 年至 20 年不等。這也顯示湖庫不同的特性會導致處理效果鉅大的差異。

　　六個丹麥湖泊施用鋁鹽為活動性磷儲量（mobile P pool）的 10 倍以內的當量，水中總磷濃度都有明顯下降，且除了施用較低劑量的兩個湖外，都持續有效。底泥釋磷率明顯下

降，但兩個湖施用較低劑量者，較不持久，其中一座湖僅持續 3 年，其餘的湖在 4 至 11 年的研究期間，都能有效地控制磷循環。但是沙其盤深度的改善沒有像總磷那樣明顯，持續時間也較短（Jensen et al., 2015）。

Kibuye 等人（2021）回顧施用 LMB 的五個案例中，其中 4 座湖施用 500 至 6700 kg ha^{-1} 的 LMB，另一湖施用 770 至 6150 kg ha^{-1} 的 LMB，並施用 6150 kg ha^{-1} 的聚氯化鋁（poly-aluminum chloride, PACl）及 5.8 kg ha^{-1} 的石灰（$Ca(OH)_2$）。處理後湖水中總磷、葉綠素甚至藍綠藻濃度都有明顯下降，且皆可持續 2 年以上。合用 LMB 及 PACl 的處理，葉綠素濃度降低 70%，沙奇盤深度增加 2 m，濁度下降 60%，總磷及溶解性反應性磷濃度分別下降 90% 及 75%，且效果持續 10 年（van Oosterhout et al., 2020）。

11.7 生物操縱法

11.7.1 生物操縱法之原理

每一種藻都是湖庫生態系統中的一份子（component），其生長與數量無疑受到湖庫中物理與化學環境以及其他動植物與微生物份子的影響。當此一生態系統的各外部驅力（driving forces），例如氣溫與高低變化幅度、水流量、各種化學成分之負荷、光線強度、風向與風力等是固定時，則生態各份子的組成會趨向一個平衡極點（climax）。暫時性人為或自然的擾動（perturbation），會造成生物族群數量的變動，但是若沒有外來物種的侵入，生態系統的自然演替（succession）結果，又會回到原來的平衡點。

所以以人為方法，增減湖庫中某一種生物的數量來減少藻類或某一種藻類的濃度，即所謂生物操縱法（biomanipulation）可以區分為兩種策略：

第一種策略是短效型生物操縱法：例如用人為方式增加原有捕食藻類的浮游動物或草食性魚類，或反過來撈除或毒殺捕食浮游動物或草食性魚類的兇猛肉食性魚種，來提升草食性魚類的數量及藻類被捕食的速率，降低藻華的濃度。

台灣花蓮鯉魚潭是一座堰塞湖，夏季會產生優養現象。台灣花東縱谷風景區管理處從 2016 年起放體長約 8 cm 之黑鰱（*Hypophthalmichthys nobilis*）魚苗；2020 年在潭中放流白鰱魚（*Hypophthalmichthys molitrix*）魚苗、菊池氏細鯽（*Aphyocypris kikuchii*）及羅漢魚（*Cichlasoma* spp.）等食藻性魚類；2021 年則放流 3000 尾白鰱魚苗。調查顯現，放流魚苗可阻止水質持續惡化。黑鰱及白鰱在湖泊中不曾有大量繁衍之情形，顯示花蓮鯉魚潭沒有合適良好的淺灘地形供黑鰱及白鰱繁殖後代（王思慧，2021）。所以水資源管理當局必須每年追加放流魚苗來持續除藻的效果，若停止放流魚苗一段時間，生態系統會回到放流前的狀態。

第二種策略是誘導生態系統趨向一穩定有利的結構：例如利用引進具有競爭生存能力的生物，藉生物形成穩定族群及數量後，直接或間接增加捕食藻類的量，使穩定的生態系統中藻類濃度下降。

Cooke 等人（1993）曾分析了幾個因湖泊生態系中營養階層（trophic cascade）改變，而使得優養狀態得到改善的例子。美國密西根湖（Lake Michigan）在 20 世紀初期因商業化捕撈及七鰓鰻（sea lamprey 學名 *Petromyzon marinus*）（作者註：七鰓鰻的成魚在產卵前會以吸盤狀的嘴唇附著於大魚身上，吸大魚的血，終至大魚失血而死）入侵，使湖中頂端捕食者（piscivore）湖鱒〔lake trout（學名 *Salvelinus namaycush*）〕數量大減。而其食餌，即捕食浮游動物的鰊魚〔alewife（學名 *Alosa pseudoharengus*）〕數量大增，以致水蚤數量大減且體型變小，繼之藻類增生，透明度大減。

除了 1972 年開始削減密西根湖的營養鹽負荷之外，湖泊管理當局也積極管制七鰓鰻，並且維護肉食性的太平洋鮭魚（Pacific salmon）族群的數量，藉此營造一個不一樣的營養階層結構。1980 年代開始，因為捕食者數量增加，鰊魚數量減少了，出現豐富體型大的浮游動物如 *Daphnia pulicaria*。浮游動物族群的改變也使得水質變得清澈，浮游藻類的優勢族群也變成為小型的鞭毛藻（small flagellates）。

這個方法雖也是人為改變生態環境因子，如鮭魚保育、移除七鰓鰻等措施，但是如果這些措施能持續，則生態系統會依據此環境因子組成，經過生態演替，逐漸得到穩定的生態結構。這種方法是誘導生態系統逐漸趨向一水質良好的穩定結構，而且可以繼續維持。

11.7.2 適用時機與操作參數

由於每一種浮游動物或草食性魚類本身的食性，也即是食物組成（diet composition）都不一樣，甚至隨魚齡、環境條件及食物來源變動而變，因此要精準地重組湖泊中的生態網，需要對於現存及期望的生態組成及動態變化有足夠的瞭解。以下就幾個重要操作參數來說明。

11.7.2.1 施加或移除的生物

水中生物影響藻類數量的方式至少有以下幾種：

第一、以節肢浮游動物（crustaceans），如水蚤（daphnia）及橈腳類（copepods）為主的浮游動物（zooplanktons）捕食浮游藻類。有些魚類例如鰱魚（*Hypophthalmichthys molitrix*）及餐條（*Hemicculter Leuciclus*）及許多魚類的幼苗，也會濾食浮游生物包括浮游藻類（phytoplanktons）。濾食性的貝類例如蚌及牡蠣，也有濾食藻類的能力。

第二、捕食浮游動物維生的魚類多時，浮游藻類的被捕死亡率降低，濃度增加。

第三、肉食性的大型魚類會捕食草食性魚類及許多魚類的幼苗，使濾食藻類的動物減

少，也會使浮游藻類的被捕率降低，濃度增加。

第四、底棲動物有些是濾食性生物（filter feeders），會捕食懸浮的顆粒及沉降至底泥表面的藻類，有助減少藻類濃度。但是有些底棲生物，包括無脊椎動物及魚類，如吳郭魚（Tilapia 學名 *Oreochromis* sp.）等，會擾動底泥（bioturbation）（見 7.9.5. 節），提升底泥營養鹽之釋出通量，增大藻類之湖庫內部營養來源。

第五、大型水生植物會與浮游藻類競爭營養鹽及陽光，可減少浮游藻類，同時也可能提供浮游動物安全的棲息所，降低浮游動物的被捕食死亡率。以上這些都是可以選用的運作物種（operational species）。

短程見效的策略（11.7.1. 所述之策略一）之一是放流草食性魚的魚苗，因為魚苗以浮游藻類為食物，待成長一些後，攝食浮游藻無法滿足其需要的攝食量，草食性魚會改變食性，同時濾食浮游動物、啃食大型植物，甚至改變成為雜食性，對浮游藻類削減的效果就消失了。

台灣新山水庫為一離槽水庫，水域面積 56 ha，平均水深約 16 m，為一相當穩定的生態系統。2006 年吳俊宗等人（2006）從魚類相及胃內容物的分析，得知水庫內可適度放養黑鰱及草魚甚或淡水珍珠貝。但是不宜放養吳郭魚、鯉魚（*Cyprinus carpio*）或白鰱，因其為雜食性，且會擾動底泥，會加速營養循環及優養化的過程。該研究也建議岸邊若能種植水草，除了減少水中氮的濃度外，亦可供石田螺（*Sinotaia quadrata*）或餐條等的棲息，有助於建立生態攝食鏈，以去除浮游生物。

建立長期穩定生態系統的策略（11.7.1. 所述之策略二）必須選擇引入適當之生物物種，且此物種是原來的系統中沒有的。如果系統中原來有此物種，只是因為環境或人為原因無法延續其族群，此時應先排除其環境限制因素再行引入。若是要移除某一種物種，則必須建立長期可靠之移除機制，或改變環境因子，使此物種無法繁衍生長，漸漸恢復理想的生態系統。

以食物鏈的方式來改善優養水體仍然有待更多的研究。實施生物操縱法需要湖沼學及湖泊管理學的結合，且需要長期的研究及基礎與應用湖沼學的持續合作，亦需要魚類管理專家的投入（Cooke et al., 1993）。決定運作物種前，必須要對候選物種及既有物種之習性，包括詳細的食性（diet composition）及食量有詳細的調查，建立生態動態模式，並經過長期數據驗證，然後經過模式模擬推演比較各種方案之後方可採用。

11.7.2.2 放養生物量

欲放流食藻性魚類即時抑制藻華，其降低藻華濃度的時效端視放流魚數目之多寡，放流數越大則越快見效。藻類濃度受到放養的魚大量攝取致濃度降低，此時為數龐大的放流魚可能會因食物短缺，而致魚隻數量減少，或魚體成長受阻。此時藻類被攝食死亡率降

低，數量又開始回彈。經過生態系統的震盪調整之後，可能魚隻數目與藻細胞密度會達到一個平衡。此生態平衡時的藻類濃度，未必是水庫管理者滿意之濃度，但也非增加放流魚隻數目就可以改變。

　　介於即時產生除藻效果及長時間調整生態平衡讓水質改善兩種做法之間有些實例，例如前述花蓮鯉魚潭之面積約為 104 公頃，2021 年之放流密度約為每公頃 30 尾白鰱魚苗。2019 年台灣桃園石門水庫放養大頭鰱（*Hypophthalmichthys nobilis*）、烏鰡（又稱青魚，學名 *Mylopharyngodon piceus*）及草魚（*Ctenopharyngodon idella*），分別會攝食浮游生物與藻類、蛤螺類及布袋蓮與浮萍，藉以淨化水庫水質，減少藻類、螺類、貽貝對水庫閘門等水工設施造成不利的影響，同時也在適當時機讓漁民捕撈。施放量大約是每公頃 150 尾。

　　日月潭大觀電廠隔個幾年也會如此運作，例如 2019 年大觀電廠共準備 3 萬尾烏鰡、1 萬尾曲腰魚（又稱為翹嘴鮊，學名 *Culter alburnus*）、2.5 萬尾大頭鰱魚及 2.3 萬尾草魚，放入日月潭水庫中，其目的亦前述石門水庫放養魚類之目的。施放總量大約是每公頃 76 尾。這幾個水庫的施放量，應該是管理當局依過去經驗，認為是經濟上可負擔，且可以見到效果的數量。

11.7.2.3 環境條件

　　除了物理條件，例如氣候、日照、風速、水力停留時間等，以及化學條件，例如鹽度、硬度、酸鹼度等之外，以下的環境條件也是影響生物操縱能否成功的重要因素。

1. 營養鹽負荷與藻類濃度

　　營養鹽負荷高的湖庫，藻類生長速度快，浮游動物及捕食浮游生物魚類對藻類族群數目的影響相對不敏感。Coole 等人（1993）歸納前人進行全湖生態鏈操作的結果，認為生物控制只有在磷負荷小於 0.6 至 0.8 $g\,m^{-2}\,y^{-1}$ 時才可能有作用。Jeppesen 等人（1990）則認為控制捕食浮游生物魚類只有在磷負荷小於 0.5 至 2.0 $g\,m^{-2}\,y^{-1}$ 時才對水質改善有效。

　　但是營養鹽負荷太小，以致藻類濃度過低，會使得預期會捕食浮游生物之放養魚類在最大的努力下，仍無法攝取足夠的食餌，族群反而逐漸縮小，難以形成生態網中的一環，白費放養該魚種所做的努力。

2. 孵育繁殖環境

　　若要建立一個新的生態體系，則必須讓引進的生物能繁衍生存。所以在放養之初，即應就該生物之生命週期、生長環境範圍、每一生長期之食餌、主要的天敵等有清楚的了解，尤其是孵育繁殖條件要具備，否則族群逐漸凋零，無法維持能發揮作用的族群規模。如前述黑鰱及白鰱在花蓮鯉魚潭中不曾有大量繁衍之情形，顯示潭裡沒有合適良好環境供黑鰱及白鰱繁殖後代，以致管理單位必須隔一段時間就得放養一批鰱魚以補充其族群數

目。

3. 天敵

　　放養生物的天敵有些是原來就存在於湖庫中，有些是放養生物自身引發天敵進入湖庫的生態系統。放養生物時要了解是否有該生物之天敵存在，先將此天敵清除，或於放養生物後，以人為手段防止該天敵侵害到放養生物。

　　但是如果要移除某一種有害的生物，如水庫中捕食小魚蝦的肉食性魚類，則營造肉食性魚的天敵適合的環境，讓該天敵移除肉食性魚類，倒是改善水質的好方法。台灣新山水庫自 1980 年建成後，湖泊生態系統次第演化至 2006 年已形成相當穩定的生態體系（吳俊宗等，2007），其中魚類有專吃水草的草魚，偏好浮游藻類的大眼華鯿、豆仔魚等，有專吃微細動物的幼苗及體型較小的大肚魚、蝦虎，有喜好浮游動物的鱸及餐條，有專吃小魚小蝦的肉食性魚類如泰國鱧及鰻魚，有雜食性的吳郭魚。雖然新山水庫沒有因為優養問題而放養魚類，但是此一成熟的生態系統卻維持沒有嚴重的優養，可能是此生態系統之肉食性魚類族群發展起來後，引來它們的天敵，自然抑制了肉食性魚類的數目，保持住草食性魚類的數量。這天敵就是每年 10 月到次年 3 月到新山水庫過冬的鸕鶿（學名：*Phalacrocorax carbo*）。鸕鶿擅長潛入水中捕食魚類，基隆鳥會第一次發現鸕鶿是在 1992 年，差不多才只有四、五十隻，到了 2005 年，已經有五百隻了，爾後每年都有差不多數百隻的鸕鶿來新山水庫過冬及覓食。雖然沒有持續的生態調查來瞭解鸕鶿出現對優養狀況的影響，但是近 30 年來此生態體系的改變，即增加了鸕鶿這一高階的消費者，卻是明顯可見的事實。

11.7.3 案例與成效

　　如前述台灣地區鯉魚潭、石門水庫、日月潭等不少水庫放流捕食浮游藻類之魚苗後，都顯示短時期去除藻類及淨化水質的效果。吳俊宗等（2007），以生物鏈淨化水庫水質試驗計畫中，曾試驗以圓蚌置於水庫中捕食浮游藻類，雖然圓蚌存活率尚可，但因放置量不多，未能顯現降低藻類濃度之效果。

　　紐西蘭一些被外來肉食性魚種入侵的淺水湖泊，水生植物快速減少，浮游藻類濃度上升，透明度下降。經人工捕撈移除大型肉食性魚種之後，大部分湖泊藻類明顯減少，水生植物恢復著生，水質恢復澄清（de Winton and Verburg, 2022）。

　　劉其根及張眞（2016）回顧中國以鰱魚及鱸來控制湖塘中藻類濃度及藍綠藻的實例，發現控制藻類濃度失敗的主要原因至少有：一、汙染負荷（包含點汙染源、非點汙染源及內部汙染源）太高，沒有得到適當控制；二、湖塘或養殖槽太淺，動物糞便屍體雖沉降，但底泥顆粒及分解的可利用營養受到擾動又回到水體，反而加速營養鹽的循環利用，藻類

濃度不減反增；三、放養鰱魚及鱅的數目不夠多，未達到控制藻類的臨界數量。該研究者在中國江蘇滆湖利用圍網，在其中放養平均數量爲每公頃 3210 尾鰱魚、2335 尾鱅及 680 尾鯽，結果控制藻類濃度效果十分明顯。

11.8　施用殺藻劑

11.8.1　施用殺藻劑之原理

11.8.1.1　殺藻劑

　　就像農田施用除草劑一樣，適當的殺藻劑可殺死水庫中的藻類，達到改善水質的目的。能殺藻的化學藥劑很多，包括雙氧水（過氧化氫水溶液）（hydrogen peroxide solution）或操作上比雙氧水安全的過氧化水和碳酸鈉（sodium carbonate peroxyhydrate, $Na_2CO_3.1.5H_2O_2$）、含銅離子（cupric ions, Cu^{2+}）的化學物質如硫酸銅、高錳酸鉀（potassium permanganate，化學式：$KMnO_4$），以及四級銨鹽類（quaternary ammonium compounds）如氯化苯二甲烴銨（benzalkonium chloride)、芳香基尿素類（arylureas）如達有龍（商品名：Diuron，化學名：二氯苯基二甲脲 3-(3,4-dichlorophenyl)-1,1-dimethylurea）、三氮雜苯類（triazines）如西瑪津（商品名：simazine，化學名：2- 氯 -4,6-二（乙基氨基）-1,3,5- 三嗪）等許多有機殺草劑。市面上有很多殺藻劑的產品，其中包含不同的化學成分及螯合劑與界面活性劑等調理劑。

11.8.1.2　水質的影響

　　殺藻劑的殺藻效力取決於其在水中的活性，在一般淡水水體中約爲眞正溶解的殺藻劑濃度。以硫酸銅殺藻劑爲例，殺藻的主力是銅離子，Cu^{2+}。至於形成固體沉澱或懸浮顆粒的銅或與配位基或有機螯合劑形成錯合物（complex）的銅離子，其殺藻力就消失或極小了。在一個已達化學平衡的水體中，二價銅（Cu(+II)）的物種組成（speciation）可以表示如下：

$$TOTCu(+II) = [Cu^{2+}] + [CuOH^+] + [Cu(OH)_2] + [CuCO_3] + [Cu(CO_3)_2{}^{2-}] + [CuSO_4] + [CuCl^+] + [CuY_1] + [CuY_2] + \cdots\cdots + [Cu(OH)_2(s)] + 2\ [Cu_2(OH)_2CO_3(s)] \qquad （11\text{-}1）$$

式中：

　　TOTCu(+II)：水中二價銅離子物種之總濃度（M）；

　　$[Cu^{2+}]$、$[CuOH^+]$、$[Cu(OH)_2]$、$[CuCO_3]$、$[Cu(CO_3)_2{}^{2-}]$、$[CuSO_4]$ 及 $[CuCl^+]$：水中眞正溶解的銅離子及其無機性錯合物濃度（M）；

　　$[CuY_1]$、$[CuY_2]$⋯⋯：表示銅離子與 Y_1、Y_2 等很多有機螯合劑形成的錯合物濃度

（M），

　　[Cu(OH)$_2$(s)]：水中氫氧化銅固體懸浮微粒之濃度（M），

　　[Cu$_2$(OH)$_2$CO$_3$(s)]：水中鹼式碳酸銅固體懸浮微粒之濃度（M）。

　　平衡時總濃度與溶解銅離子濃度之關係如下：

$$TOTCu(+II) = [Cu^{2+}]\{1 + \beta_{CuOH+}[OH^-] + \beta_{Cu(OH)2}[OH^-]^2 + \beta_{CuCO3}[CO_3^{2-}] + \beta_{Cu(CO3)22-}$$
$$[CO_3^{2-}]^2 + \beta_{CuSO4}[SO_4^{2-}] + \beta_{CuCl+}[Cl^-] + \beta_{CuY1}[Y_1^{2-}] + \beta_{CuY2}[CuY_2^{2-}] + \cdots\cdots + [Cu(OH)_2(s)]$$
$$+ 2[Cu_2(OH)_2CO_3(s)] \tag{11-2}$$

其中 β_{CuOH+}、$\beta_{Cu(OH)2}$、β_{CuCO3}、$\beta_{Cu(CO3)2}$、β_{CuSO4}、β_{CuCl+} 分別為各錯合物之形成平衡常數（formation constants），在一般的淡水水體中其值大致分別為 $10^{6.3}$ M^{-1}、$10^{11.3}$ M^{-2}、$10^{6.7}$ M^{-1}、$10^{10.2}$ M^{-2}、$10^{2.4}$ M^{-1} 及 $10^{0.5}$ M^{-1}。β_{CuY1} 與 β_{CuY2} 是銅離子與螯合劑 Y1、Y2 等形成錯合物之形成平衡常數，視螯合劑之種類而異。

　　當水中還沒有氫氧化銅或鹼式碳酸銅固體生成時，有活性的溶解銅離子濃度與總量之比值與 pH、碳酸根濃度及鹼度有密切關係。pH 及鹼度越高，活性的溶解銅離子濃度越低。例如水中沒有有機螯合劑，pH 7、鹼度為 25 mg-CaCO$_3$L^{-1}（即 0.5×10^{-3} M）時，有 37% 之總銅為溶解性銅。而在 pH 8、鹼度為 50 mg-CaCO$_3$L^{-1}（即 10^{-3} M）時，只有 3% 之總銅為溶解性銅。

　　如果 pH 高且碳酸鹽濃度高，銅會形成沉澱，其反應式如下：

$$Cu(OH)_2(s) = Cu^{2+} + 2\ OH^- \qquad\qquad K_{sp} = 10^{-19.3} \tag{11-3}$$
$$Cu_2(OH)_2CO_3(s) = 2\ Cu^{2+} + 2\ OH^- + CO_3^{2-} \qquad K_{sp} = 10^{-33.8} \tag{11-4}$$

例如在 pH 8.5，只有 0.32 µg L^{-1} 的自由銅離子，Cu^{2+}，可以存在水中，其餘都會形成 Cu(OH)$_2$(s) 沉澱，逐漸沉積在底泥中。當 pH 高，鹼度也高時，例如 pH 為 9，鹼度為 500 mg L^{-1} 時，只有 0.16 µg L^{-1} 的自由銅離子。

　　除了 pH 及碳酸鹽的影響，鈣鎂競爭藻細胞膜上的鍵結使得銅離子在硬水中的毒性降低。Fawaz 等人（2018）在實驗室用硫酸銅殺藻的試驗證實高 pH、高鹼度、高硬度及在藥劑中加入螯合劑 EDTA（ethylenediaminetetraacetic acid），都同樣增高硫酸銅抑制藻類所需之劑量。其結果與現場試驗結果一致。

　　銅離子極容易與水中有機物，例如腐植酸（humic acid）、黃酸（fulvic acid）、腐植物質，藻類分泌出的胞外物質，如螯鐵蛋白（siderophore），或藻類細胞內的有機物形成錯合物（Cooke et al., 1993）。自然界的水中幾乎 90% 以上的銅離子是以有機錯合物的型態存在（Morel and Hering, 1993）。所以施用硫酸銅入水中時，大部分的銅離子都形成有機銅錯合物，使其瞬時之殺藻作用減損很多。

　　但是有些情況下有機物（檸檬酸）的錯合能力可用來提高硬水中硫酸銅的效果，雖然會增加成本，但可更有效減少銅的損失及過量的銅對環境的衝擊。McKnight（1981）及McKnight et al.（1983）發現在 Mill Pond 水庫中，大量腐植物質可提高硫酸銅的處理效果，因溶解性的腐植物質與銅離子錯合可避免底層銅的快速沉降損失。結果顯示有效減少產生臭味的角甲藻達 90%，但對綠藻影響不大（對銅具容忍力）。此案例顯示添加的硫酸銅量已可滿足有機物的錯合，並提供足夠的銅離子來控制角甲藻的生長。

　　有機性的殺藻劑雖不會形成沉澱物，但是依其疏水性程度之不同，極易被水中的有機物質吸附，而失去其活性，甚至隨動物糞便與殘骸從水中移除，沉降至底泥。水中自由溶解的有機殺藻劑濃度，與其在水與有機顆粒間之分配係數及有機顆粒的濃度有關：

$$C_{dis} = C_{total}/(1 + K_{oc} \times SS_{org\text{-}C}) \tag{11-5}$$

其中

C_{dis}：溶解於水中之有機殺藻劑濃度（$mg\ L^{-1}$），

C_{total}：水中總施用有機殺藻劑濃度（$mg\ L^{-1}$），

K_{oc}：分配係數，即有機殺藻劑在懸浮顆粒中濃度（以單位固體有機碳含量上之濃度表示）與在水中溶解濃度之比值（$mg\ Kg_{\text{-}orgC}^{-1}(mg\ L^{-1})^{-1}$），

$SS_{org\text{-}C}$：懸浮有機物顆粒濃度（以碳量表示）（$Kg_{\text{-}orgC}\ L^{-1}$）。

　　水中有機懸浮顆粒（包括藻類顆粒）越多，殺藻劑的分配係數越高，真正溶解於水中之有機殺藻劑濃度就越低。對於疏水性強的殺藻劑例如達有龍（Diuron），其 K_{oc} 約為 400 L Kg^{-1}，若懸浮有機碳（含藻體）濃度為 1000 mg L^{-1}，則溶解的殺藻劑約為總施用殺藻劑的 70%。所以高 pH、高鹼度及高有機質濃度都不利於殺藻劑的施用。

11.8.1.3 藻種的差異

　　不同水生植物及不同浮游藻類對不同化學毒性物質的中毒機制及毒物濃度的敏感度不同。以銅離子（Cu^{2+}）為例，可抑制藻類的光合作用，細胞分裂，固氮作用，對植物選擇性低，所以施用硫酸銅（copper sulfate）常成功解決藻華，且對於能固氮的藍綠菌最為有效。有機殺藻劑則對動物毒性較低，對不同植物也有相當選擇性，使用前須充分去了解殺藻劑對不同生物的致死濃度。

　　Wu 等人（2017）在實驗室 BG-11 培養液內試驗銅離子（Cu^{2+}）對藍綠菌的毒性，發現對數種微囊藻（*Microsystis* spp.），*M. aeruginosa*，*M. wesenbergii*，*M. flos-aquae* 及 *M. viridis* 的 50% 抑制生長濃度分別為 0.16、0.09、0.49 及 0.45 mgL^{-1}，可見縱然是同一屬（genus）的藻種，對殺藻劑的反應都有很大差異。在實際運用時最好從湖庫中直接採水樣，包含藻細胞，實際試驗觀察不同藥劑對主要針對的優勢藻的抑制劑量。

11.8.1.4 殺藻劑的宿命

　　水體的動態現象造成的沖流（flushing）或稀釋，水體的物理化學條件改變（鹼度或 pH 值變高時）皆使銅離子迅速減少。Rader 等人（2019）檢討總銅在地面水體中的宿命，發現人為施用硫酸銅後湖泊或水庫中的濃度減半時間，從 4.1 天至 23 天，主要都是因為形成固體或被水中懸浮顆粒吸附，隨著顆粒沉降至底泥，且確定不是因為進出水稀釋的結果。故在持續優養的水體，需要高頻率高劑量的加藥操作。有水庫管理者施用加入螯合劑的硫酸銅，利用高濃度溶解性的錯合銅離子，使銅留在水中，然後慢慢釋放出銅離子，維持殺藻所需要但又不傷害其他生物的較低銅離子濃度。

11.8.1.5 負面影響

　　殺藻劑對於改善水質的效果很快速，對於藍綠菌的控制也十分有效，但是如果施用不當，也會產生一些負面影響，例如：當產毒素的藻死亡時，會釋放出細胞內所有的藻毒素；會殺死要保留的動植物；有些殺藻劑，例如銅及一些有機殺草劑會殘留在生物體及底泥中；效果不持久，常見藍綠菌藻華再起（Kibuye et al., 2021）。

　　殺藻劑可以殺死我們不想要的藻類，但是也可能會殺死我們要留下來的藻類，甚至殺死系統中其他的生物。以硫酸銅〔無水硫酸銅（copper sulfate, anhydrous）〕對魚的毒性為例，對藍鰓太陽魚（bluegill sunfish，學名 *Lepomis macrochirus*）的 96 小時半致死濃度（LC_{50}），可高達的 100 mg L^{-1}，熱帶孔雀魚（guppy，學名 *Phallocerus caudimaculatus*）則只有 0.05 mg L^{-1}，虹鱒（rainbow trout，學名 *Oncorhynchus mykiss*）幼魚則低至 0.03 mg L^{-1}，相當於 0.012 mgL^{-1} 的銅離子（Ferreira da Silva et al., 2014；PubChem, 2022）。所以施用硫酸銅很容易殺死浮游動物、熱帶孔雀魚及像虹鱒幼魚這樣的魚類。

　　如前所述，銅及一些有機殺藻劑會被懸浮顆粒吸附，然後沉降至底泥。這些在底泥中累積的殺藻劑會因為吸附濃縮而呈現相當高的濃度，以致造成底棲生物的毒害。台灣澄清湖水庫在 1990 年代曾經施用硫酸銅殺藻，結果造成庫底的蚌類及底棲動物全部死亡。

　　添加硫酸銅也有造成優養再起的例子。Hanson 和 Stefan（1984）於美國明尼蘇達州（State of Minnesota）四座娛樂用湖泊及公共給水湖泊添加硫酸銅，由於死亡的藻細胞沉降至底層，微生物分解這些有機物導致溶氧降低，促使底泥鐵、鎂、硫化氫、氨及磷的大量釋出，造成更嚴重的藻華，需另一次的加藥處理。監督管理單位最後決定終止使用，藻華問題才沒有繼續惡化。

　　許多藍綠菌會產生肝臟毒素及神經毒，可能導致生物死亡或人體消化道問題，這些藍綠菌又常出現在優養化的池塘、湖泊及水庫中，如微囊藻屬（*Microcystis*）、魚腥藻屬（*Anabaena*）及束絲藻屬（*Aphanizomenon*）。實驗發現添加 0.5 mg-Cu L^{-1} 銅於水樣後，微囊藻幾乎釋出所有體內的神經毒，控制組及添加氫氧化鈣則不會釋出任何毒素（Cooke et al., 1993）。故當微囊藻華已經大量發生於水供應系統時，不建議添加硫酸銅處理。但是可以於藻華剛要發生時施用，達到抑制其生長的目的。

　　許多殺藻劑會被懸浮顆粒吸附或在水中形成固體沉澱而被移除，所以殺藻劑有效濃度的持續性不高，一般會持續 2 至 14 天左右。因此過了抑制藻類生長的有效時間之後，若水質狀況沒有改變，藻類又會再度生長，恢復到原來狀況。所以應該於施用殺藻劑之後，儘速改善水庫環境，以維繫移除有害藻種之成效。

11.8.2 適用時機

　　以殺藻劑來抑制藻類生長適用於其他方法無法短期內控制藻華，而爆發藻華對環境與公共給水安全會有嚴重危害時，例如有大量可能產生藻毒素的藻華生成時。但是有些情況下施用殺藻劑的效果較差或有不良影響，例如：

　　1. 深水水庫處於完全混合的狀態時不適合施用殺藻劑，因為需要達到有效濃度的劑量要很大，且毒害的影響會擴及整個湖庫，恐不慎傷害到生態系統中原有的生物。故當水體有很好的分層，且完全混合的表水層厚度有限，例如春末夏初之時，且風平浪靜時是施用殺藻劑較佳的時機。

　　2. 如前所述，藻華濃度稠密且有相當大量釋放藻毒素潛勢之藻種時，使用殺藻劑會被大量有機質固定、吸附或螯合，殺藻效果不佳，且不論是含硫酸銅的殺藻劑或氧化型的殺藻劑都會造成藻毒素從死亡的藻細胞中釋出的風險。

　　3. 若已經多次施用殺藻劑，雖有效果，但是水體生物及底泥中已經累積一定程度之殺藻劑成分，宜避免短期內多次施用，造成累積濃度造成生物毒害，及經生物鏈造成水產生物中毒物含量超過允許含量標準。累積於底泥的銅或具有高吸附性的殺藻劑不易被清除，所以施用劑量要考慮底泥自然沉降率能提供的稀釋能力。例如台灣的底泥品質指標規定底泥中銅的上限值是 157 mg Kg^{-1}，若一水庫的底泥沉降率是 8.0 g m^{-2} d^{-1}（相當於 2.92 kg m^{-2} y^{-1}），則可估計施用銅的劑量率不可超過 0.46 g-Cu m^{-2} y^{-1}。

11.8.3 施用殺藻劑設計

11.8.3.1 殺藻劑用量

　　殺藻劑用量必須經過水體稀釋及化學反應後，其真正有效活性高於可抑制藻細胞之濃度，但是低於會危害其他生物之濃度。有效抑制藻類的濃度隨藻種而有差異。如前述 Wu 等人（2017）在實驗室中得到抑制微囊藻生長所需的銅離子濃度為 0.09～0.49 mg L^{-1}。但是這個數據是在 pH 7 左右且幾乎沒有懸浮固體、僅有微量檸檬酸根、沒有高碳酸鹽濃度

及沒有高濃度藻細胞的培養基中得到的，所以應用到湖庫時是過於保守的，劑量極可能不足。實際應用時需要依據水質狀況，假設此範圍是真正銅離子濃度，然後依 11.8.1.2. 小節之原則，計算需求的總劑量。

Cooke 等人（1993）引述 Mackenthum 的建議濃度是：在總鹼度（甲基橙為滴定終點）為 40 mg-as $CaCO_3$ L^{-1}，深度 0.6 m 之表水層，施用 0.58 g m^{-2} 劑量之含結晶水硫酸銅（$CuSO_4.5H_2O$），約達到含結晶水硫酸銅濃度為 1 mgL^{-1}，或銅離子濃度為 0.25 mgL^{-1}。若鹼度較低，可用 0.17 g m^{-2} 之劑量，相當於銅離子濃度為 0.07 mgL^{-1}。但是 Cooke 等人（1993）也特別強調實際運用時要視水質狀況調整劑量。

過去實際例子及市售商品化之殺藻劑會加入螯合劑，例如檸檬酸（citric acid）、EDTA（乙二胺四乙酸，（ethylenediaminetetraacetic acid））及乙醇胺（2-aminoethanol）等，使大部分銅離子形成溶解的錯合銅，而維持一固定小比例的自由銅離子在水中，如此可以避免銅離子太快形成沉澱而從水體中沉降移除。自由銅離子與高濃度錯合銅的平衡關係，可以長時間維持足夠的銅離子濃度，發揮殺藻功能。螯合劑的濃度（摩爾濃度）至少要有銅離子（摩爾濃度）的兩倍以上，以確保銅離子均為錯合狀態。至於總硫酸銅需要量則要根據預計自由銅離子濃度、pH、螯合劑濃度及水中其他二價以上離子濃度計算得到。

11.8.3.2 施用方法

一般施用殺藻劑是將殺藻劑溶液從船舶上噴灑到湖庫的水面。儘速將殺藻劑平均混合於水中，可以減少局部高濃度造成對其他生物的傷害。水面的殺藻劑會藉由風力攪拌或日夜溫差造成的表層翻轉混合作用平均分布到整個表水層。所以當表水層較厚時，在同樣單位面積劑量下，混合後的濃度會較低。同理，水體完全混合狀態下，殺藻劑的濃度要以湖庫整個體積來計算。

除非是很小的淺水湖庫，或為了殺死底泥面的附著生長藻類，否則不宜施用顆粒狀的殺藻劑，因為顆粒狀的殺藻劑會迅速沉降至底層，以致失去殺藻的效果，同時造成底泥表面水體局部的高濃度，會將底棲生物全部殺死。

11.8.4 案例與成效

許多小型水塘或魚池施用殺藻劑成功抑制一些產生毒素及惡臭的藍綠菌及絲狀藻。因為顧慮其對人體及其他生物的毒性與累積性，殺藻劑較少用於公共給水的湖庫。台灣公共給水水庫施用殺藻劑的例子是澄清湖水庫，1980 年代施用過幾次硫酸銅，可以有效地去除藻華，但是後來因為發生底棲生物死亡的現象，就不再使用殺藻劑了（國立成功大學，2016）。

施用殺藻劑也有許多無法去除藻類的案例，但是缺乏其失敗原因的分析與報導。推

測可能與使用的劑量不足、藻體與有機物濃度太高、殺藻劑未能與目標藻細胞均勻有效接觸、水質因素使殺藻劑快速失效及嚴重傷害到非目標藻類的生物等有關。

是否能安全有效地使用殺藻劑抑制目標藻種，受到很多水質與生態環境因子的影響，所以建議使用殺藻劑前，應取湖庫的水及生物，先進行水族箱試驗，評估殺藻劑的有效性與安全性及最佳的施用方法。

11.9 濬渫

11.9.1 濬渫的目的

濬渫（Sediment removal）目的有四：第一，加深水體，維持水庫容量，減輕底泥對表層水的影響；第二，移除底泥及儲存的營養鹽，減輕底泥釋出的營養鹽進入上層水造成優養的程度；第三，去除底泥毒性物質；第四，控制大型植物生長。所以從水庫永續管理的角度，濬渫是絕對有益的。

11.9.2 適用時機

濬渫是湖庫管理的例行工作，較適用的水體為深度較淺、底泥淤積速率高、底泥有機物及營養鹽含量高。濬渫與其他抑制營養鹽濃度的方法比較下，費用高很多，但至少其減輕淤積的效果可幫助水庫的永續經營。

以移除儲存於底泥之營養鹽為目的時，需先了解底泥性質，包括垂直剖面分布，包括顏色、質地及化學性質（氮磷含量），底泥顆粒粒徑、沉降速度及底泥體積，如此可幫助選擇濬渫點及估計處置深度與面積（Cooke et al., 1993）。

濬渫未必能快速減輕優養狀況，有時因為擾動底泥，反而造成水質暫時性惡化甚至加速優養化。又因疏濬會使深層底泥暴露出來，會使深層底泥中的營養鹽有機會釋放至水中，所以並不是完全清除了底泥中的營養鹽來源。

11.9.3 濬渫方法

濬渫的方法很多，主要的有抓斗式的機械方法及水力抽吸法。

11.9.3.1 機械抓取

像勺子一樣簡單的挖斗（backhoe）可以在淺水湖庫或局部圍封放乾的湖區直接挖取底泥（圖 11-10a）。比較深的水庫要用吊索控制的合瓣式（蛤殼式）抓斗（cable-operated open clamshell），或用密閉性較好的密合型抓斗（enclosed clamshell）挖取。

11.9.3.2 水力抽吸

水力抽吸法（suction dredging）係用抽水設備藉水力將底泥一起抽出（圖 11-10b）。為了將重質或較堅硬的底泥抽起，有些抽泥船在抽泥管的前端配備旋轉切刀（cutter head），將底泥攪起以利隨水抽除，也有些配置刮刀，一邊拖行刮刀，將底泥刮起，一邊抽吸。

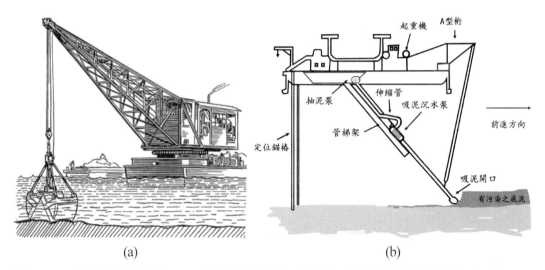

(a)   (b)

圖 11-10　底泥疏濬的方法：(a) 用吊索控制的合瓣式（蛤殼式）抓斗挖取（US EPA, 2005），(b) 利用水力抽泥的抽泥船

11.9.3.3 底泥處理

挖出或抽出的底泥水分很多，顆粒也很細，必須要先儲存於船舶或駁船上，或直接用管線輸送到岸上儲存槽存放，然後經過調理、沉降及脫水乾燥後再運棄或再利用（圖 11-11）。由於底泥顆粒很小，在脫水乾燥過程需要相當大的土地、時間及電力，這是除了吸泥船及機械的成本之外，需要編列的水庫管理經常費用。

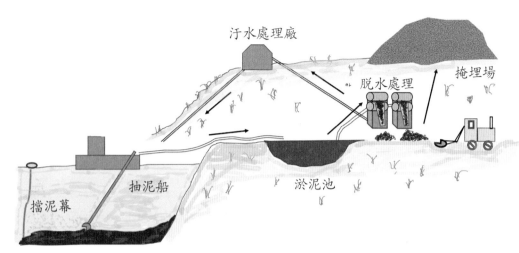

圖 11-11 包括疏濬、儲存、沉降、脫水、棄置等程序的底泥疏濬系統（參考 US EPA, 2005）

11.9.3.4 底泥再懸浮擴散的控制

　　各種濬濬方法都會有使底泥再懸浮、擴散至水體及釋放出營養鹽與汙染物的問題。再懸浮擴散的原因包括：挖掘或抽吸時劇烈擾動底泥使底泥在原地再懸浮起來、從抓斗或挖斗縫漏出、從船上儲槽或駁船上溢漏出來、從挖掘後殘留底泥釋放出來及未完全淨空的挖斗上的底泥隨空斗回到水體等。濬濬施工時要儘量避免底泥再懸浮，以免減損移除汙染物的效果，甚至擴大了底泥釋放量，製造更嚴重的優養狀況。

　　改善底泥再懸浮的方法包括：將疏濬區用塑膠幕或板樁暫時圍封起來；使用有密封性的抓斗；減緩操作動作使底泥擾動減小；改用抽吸疏濬方法；加大吸水量，將再懸浮底泥抽走；精準定位，一次完成，避免來回移動疏濬位置，過度擾動底泥。

11.9.4 案例與成效

　　許多湖泊水庫都疏濬過，對於加大深度及增加庫容積而言，都有一定的效果；但是對於優養防治，則成敗皆有。瑞典一座優養嚴重的 Trummen 湖（Lake Trummen, Sweden）經 1970 至 1971 年的濬濬工程，移除約 1.5 m 深的底泥之後，表水總磷濃度從原先的 600 µg L^{-1} 降低至 70 至 100 µg L^{-1}，藍綠菌華明顯減少，會使湖魚帶有土臭味的阿嗜顫藻（*Oscillatoria agardhii*）完全消失，對底棲生物的影響極微，是一個以濬濬改善優養狀況成功的例子（Cooke et al., 1993）。此例成功之原因是事前做了詳細的評估，發現流域的家庭汙水及工業廢水皆已截流處理了，外部汙染源占的比例已經降低，底泥釋出的營養鹽是該湖主要之營養源。疏濬時確實將 1 m 營養富集的底泥層都移除，且剩下較為清潔的底泥，大大減少了內部營養負荷。

　　至於許多湖庫雖疏濬而無法改善優養的原因則不一而足，且詳細追蹤調查及分析報導的例子很少。推測失敗的原因可能是營養來源主要爲外部來源，去除底泥對營養負荷的改善不大。此外可能底泥沉降率很高，底泥表面很快又被新鮮的底泥覆蓋，內部汙染負荷很快就回復原狀。若能事先評估底泥釋放汙染的狀況，可以避免僅採用疏濬爲改善優養的唯一方法。

11.10 機械除藻

　　用人工或機械方法從水體中收穫浮游藻類大致有四種主要方法：過濾或過篩、沉澱、浮除及離心（Shelef et al., 1984）。每一種方法均有其限制因子，哪一種方法較佳，取決於藻的種類、濃度、藻團大小、密度及環境因子。藻的大小尤其是重要因子，例如體型大的藻可以用簡單方法篩除，體積小的藻則必須先經混凝成爲大顆粒，再用上述的方法收穫。藻的運動能力會阻礙混凝，加入氧化劑或殺藻劑可降低其移動力。此外選擇使用沉澱或是浮除，則與藻細胞的密度有關。含油多，密度低的藻，浮除爲較佳的選擇。藻類會自身光合作用產生氧氣，或在氧飽和的水體中，亦應考慮用浮除方法。

11.10.1 篩除及微過濾

　　過濾或篩除去除水中藻體曾經有不少實例。Cangelosi 等人（2007）曾經以自動反洗的過濾裝置，配備 25、50 及 100 μm 孔徑之篩網，去除船上壓艙水中的浮游生物。該裝置係由 Ontario Hydro Technologies, Inc. 設計，處理流量爲 341 $m^3 hr^{-1}$。以 25 μm 篩網過濾可去除總浮游植物約 37.5%。以微過濾或超微過濾器（microscreens）處理廢水有相當多先例，將廢水中大於篩網孔徑的顆粒截留，再將附著在網面上的顆粒以反沖洗清洗去除。如圖 11-12 所示，圓盤型的過濾器在中間進水，經過周邊濾膜的出水可回收。該過濾器孔徑約爲 15 μm，平均處理量約 0.08 $m^3 min^{-1} m^{-2}$，可處理容量略小。目前該法也應用於若干水產養殖區，淨化養殖池水。

　　武漢的中國科學院水生生物研究所沈銀武等人（2004），利用重力震動斜篩、旋震、離心等方法收集優養藻水，經濃縮、脫水得到藻泥，最後視需要尚可將藻泥乾燥得到乾藻粉。該研究團隊曾在 2001 年至 2002 年 351 個工作天，在雲南滇池以圖 11-13 之流程，清除藍藻乾重約 40.83 噸。其將湖水濃縮成藻水的最重要步驟爲一振動重力斜篩分離機，可將藻體與湖水分離，得到濃縮的藻泥。

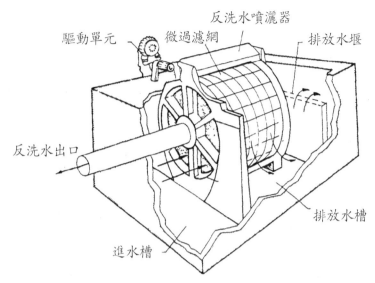

圖 11-12　微過濾器（參考 US EPA, 1980）

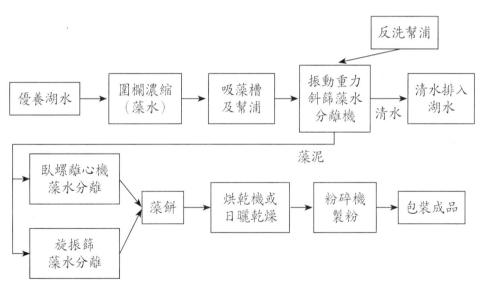

圖 11-13　湖泊藍藻水華收穫製備方法流程（沈銀武等人，2004）

　　重力過篩或微網過濾處理含有濃度高且藻團顆粒大的優養湖水，因為篩網的孔隙可有效地除去濃厚的藻華，而且濾速很高，效果很明顯。甚至在藻華非常集中於湖庫水面時，以人工方法撈除也是有效的。2016 年及 2017 年春夏交會之際，中國江蘇省太湖靠近無錫梅梁湖畔的闔江口水面藻華濃厚且集中，因此管理當局動員人力打撈，頗有降低藻華之效果。但是若水體面積很大，且藻體濃度不高時，須要的過篩水量非常大、能源及人力耗用也非常大，而僅有相對些微的去除效果，此方法就不適用了。

11.10.2 浮除

　　浮除之設計分為同向流浮除法（圖 11-14）及逆向流浮除法（圖 11-15），其原理為利用極細的氣泡，附著於藻體上，使藻體上浮至水面上形成藻體毯，而被移除（Bauer et al., 1998）。使用浮除方法時，一般會先加入界面活性劑（如 cetyltrimethylammonium bromide (CTAB) 及 sodium dodecylsulfate (SDS)）或混凝劑，經混凝及絮聚使藻粒形成較大的膠羽顆粒，增強浮除的效果（Phoochinda 及 White 等，2003；Phoochinda 等，2004）。

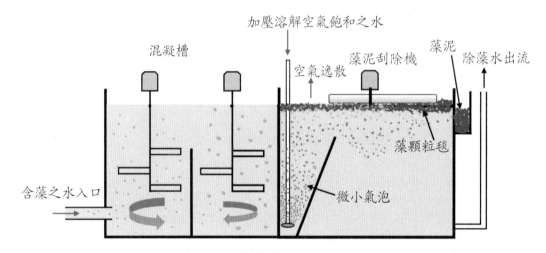

圖 11-14　同向流溶解空氣浮除裝置（參考 Eades and Brignall, 1995）

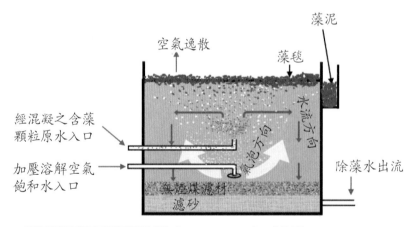

圖 11-15　對流型溶解空氣浮除裝置（COCO-DAFF）（參考 Eades and Brignall, 1995）

　　溶解空氣浮除法是加壓使大量空氣溶於水中，使壓力超過飽和狀態，然後在較低氣壓下釋放過飽和液體，而瞬間產生許多微小氣泡，氣泡大小約為 10～100 μm，此氣泡附著在密度輕之顆粒上，使其隨氣泡上浮至表層，而達到固液分離之目的。空氣浮除法的去除效率在於所形成之氣泡，若氣泡數量多且細小，與待去除之顆粒接觸機會提高則去除效

果佳，且空氣浮除較不易擾動水流，可以維持膠羽的完整性。溶解空氣法的優點是處理速度快，可承受較高的水力負荷且停留時間短，但缺點是較難維護且動力成本高（Edzwald，1995）。

　　一般的溶解空氣浮除裝置多為並流（co-current），氣泡及膠羽流動之方向相同；若氣泡與膠羽的流動方向相反，則為對流（counter-current）（圖 11-14 及圖 11-15）。對流型溶解空氣浮除裝置（counter-current dissolved air flotation filtration, COCO-DAFF），可用來解決季節性藻華所造成的濾床阻塞問題。COCO-DAFF 的優點是操作具有彈性，在不注入過飽和空氣水時，可以當作一般性的過濾裝置；而當藻華生成時再加以浮除，減少濾池的負荷。

　　近來即有以金門太湖湖水來試驗空氣浮除法之實例（鄭伊珊，2008）。此空氣浮除試驗又可分成有迴流及無迴流兩種設置方法，以有迴流者為佳。迴流時，加壓後之乾淨飽和空氣水注入浮除槽中，氣泡與含藻原水所形成之膠羽接觸，進而帶離至表水去除。空氣浮除法可分為三個部分：混凝槽、浮除槽及空氣加壓設備，混凝程序之加藥可使用多元氯化鋁（PAC）、明礬、助凝劑等。

　　若採用現地處理方式直接將水庫水抽上來處理，經過混凝及浮除程序後，再將乾淨水體注入水庫中，一方面可以減少對水體的直接傷害，另一方面也可以有彈性地控制處理量，依據藻類生長的情況而決定操作情形。

11.10.3 過濾

　　傳統的濾池可以利用池中不同的濾材，使懸浮顆粒藉由表面濾除、濾床中截流及物化作用等方法被去除，主要是由兩種物質依層排的方式堆積，濾料種類可選擇無煙煤（Anthracite）、濾砂（sand）、拓榴石（garnet）及活性碳（active carbon）等，並有定期反洗去除濾床上之附著物。

　　傳統砂濾用於去除懸浮微粒本來就是淨水廠基本的操作單元，當然亦可用於去除藻體。Bauer 等人（1998）回顧英國 River Thames 水系優養水庫庫水之前處理，包括了快速重力式過濾，發現先以臭氧處理並加入鐵離子混凝劑，快濾可以去除 90% 以上的葉綠素 a 及濁度。若懸浮顆粒及藻體濃度很高時，須考慮其懸浮藻體之負荷量，直接砂濾可能是不經濟的。因此在應用此法之前，必須針對水中藻體濃度、藻顆粒大小、要求之出水水質、單位時間處理水量等進行評估。

　　筆者曾規劃一模廠規格之快濾池設置及初估價格如圖 11-16 及表 11-1。此模廠大約對一般原水之平均濾率為 8 至 10 m/hr，每天處理量約 40 m^3/day，初估初設費用約需要新台幣 23 萬元（吳先琪等，2012）。

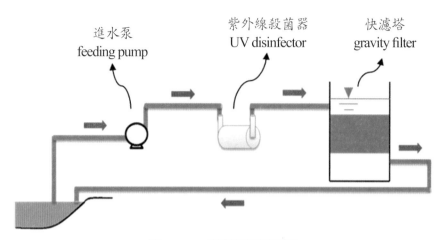

圖 11-16　快濾裝置配置圖

表 11-1　快濾裝置數量及價格

項次	品名	數量	單位	單價 （新台幣）	總價 （新台幣）
1	進水泵（7m³/h×15mH; SUS304; Grundfos）	1	台	18,000	18,000
2	UV 殺菌器（2m³/h; 35W; SUS316L; Advanced UV）	1	台	55,000	55,000
3	快濾塔（500Dx2500H; PP；濾料 -220L）	1	座	95,000	95,000
4	電動控制閥	4	只	4,800	19,200
5	液位開關	1	組	500	500
6	浮子流量計（50A; PVC）	1	組	6,500	6,500
7	手動閥件及配管材料	1	式	5,000	5,000
8	操作電盤及配線	1	式	35,000	35,000
	合計				234,200

11.10.4 離心或螺旋法

　　當湖庫表水出現高濃度的藻華，可以採用離心或螺旋分離（centrifugal filtration or swirl removal）過濾器汲取表面水加以去除。此方法係經過離心及重力作用，將藻類團粒和水分離，重質顆粒落於底部收集，廢水再回收排回水體（圖 11-17）。根據商業化過濾器實驗結果，此工法可處理小型湖庫水質，約 60% 藍綠菌可被去除，一組平均處理容量是約 1m³/min，單價約為美金 650 元。需要額外增設抽水幫浦將水庫水引到岸邊再用過濾器處理，過濾水再排回水庫。

去藻水出口

藻水入口

漩流切線開口

藻顆粒因離心
力集中至管壁

排藻泥控制閘

藻泥排出口

旋流切線開口

去藻水流向

圖 11-17　離心或螺旋法過濾器示意圖（參考 LAKOS, 2022）

11.10.5 機械除藻之適用時機

　　由於人工或機械除藻都需要投入相當密集的設備、人力與能源，所以適用於單位體積湖水中藻類濃度高的狀況。茲例舉一些較適用機械除藻的時機如下：

1. 季節

　　在季節進入春末夏初，湖庫藻華已經遮蓋部分水面，造成水體的育樂、景觀、水質即將受到嚴重影響，這時候即可利用機械除藻來避免藻華的不良影響。福建金門縣太湖湖面2016 年 4 月 27 日出現大量藻體浮在水面，水廠迅速派人去打撈，也算是緊急情況下的一種有效的做法。

2. 一日中的時辰

　　如前所述，有些藻類如微囊藻（*Microcystis*）具有在水體中上下移動的能力，所以用機械除藻最好的時間是凌晨過後，日照尚未很強時，藻細胞的光合作用尚未展開，藻細胞因為夜間將碳水化合物呼吸代謝消耗掉，密度變輕，會集中浮在水面上，這時候是用機械除藻的好時機。

3. 風向風速

　　風向與風速影響藻類在湖庫中水平及垂直的分布。當風速不高，不至於產生強大的垂

直混合，則在湖庫的下風側岸邊，會聚集大量的藻華。台灣基隆新山水庫的水域是西南往東北的走向，大壩在東北邊。夏天盛行風吹西南風時，微囊藻華會被風力集中到東北邊大壩邊的水面（圖 11-18）。水庫管理當局曾藉此機會利用抽水機將表面庫水連同藻華一起抽離水庫，也有效果。

中國江蘇省太湖位於亞熱帶地區，屬季風氣候，夏季受熱帶海洋氣團影響，盛行東南風。位於無錫梅梁湖畔的閭江口，由於地理位置正好在湖的東北偏北，每到春夏季吹東南風，成為藍綠藻藻華聚集的水域。這時候不論是用人工撈除或是機械吸除，都是最好的時機。

圖 11-18　台灣新山水庫在夏天盛行風吹西南風時，微囊藻華會被風力集中到東北邊大壩邊的水面。水庫管理當局曾藉此機會利用抽水機將表面庫水連同藻華一起抽離水庫

11.11 遮光抑藻

11.11.1 遮光抑藻的原理與方法

在水庫的水面設置遮光板或不透明塑膠布，將陽光擋住或減弱，可以使藻類停止生長或減緩其生長速度，達到降低優養的效果。Chen 等人（2009a）利用聚乙烯纖維布遮光，使葉綠素 a、溶氧與 pH 值會隨時間增加而下降，葉綠素 a 及溶氧下降幅度明顯，溶氧甚至降至 2 mg/L 以下。此外，研究發現在遮光時曝氣有助於減少藻類生長，反之無遮光時曝氣將會使藻類大幅增加（Chen et al., 2009b）。另外農業科學相關學者則有利用遮光降

低灌溉水蒸發與觀察水質變化之研究，研究長達兩年的時間，結果同樣顯示遮光後葉綠素
a、濁度與溶氧皆會降低，達到抑制藻類生長之效果（Maestre-Valero et al., 2011; Maestre-Valero et al., 2013）。

11.11.1.1 固定遮光棚架

固定式遮光棚架是在豎立在水中的骨架上鋪上黑色塑膠布等遮光材料，減少穿透水面
的日照輻射。近年來由於電力市場上對太陽能電力的需求很強，太陽能發電業者除了在陸
地上設置太陽能板，更有在魚池上設置太陽能板。此方法除了滿足發電的需求，也同時減
少藻類生長所需要的日照。

11.11.1.2 漂浮式遮光板

漂浮式的遮光板利用浮筒支撐遮光板的重量，無需昂貴的固定支架，且設置時不受水
庫深度之影響。此漂浮式的遮光板設置又有水面上與水面下兩種。水面上遮光設備又有架
空於水面上及漂浮在水面的不同。架空式的遮光板也可將板面改換成太陽能發電板，兼具
遮光與發電之功能。最好的例子是星加坡設置於近岸，面積約 45 ha 的太陽能發電廠，其
太陽能發電板均設置在浮筒結構上（Lin, 2021）。

直接漂浮在水面的遮光材料最容易設置，但是由於缺少穩固的支撐，容易受到風力及
水力的剪力作用而損壞。福建金門縣 2015 年曾在烈嶼鄉的西湖土窪（面積 2.8 公頃），
將水庫分為試驗水域及對照水域，並於試驗水域從湖底設立混凝土錨樁，用浮球支撐鋼質
橫樑，上面佈設遮光布，遮光比例大約有 30～45% 之試驗水域面積（圖 11-19a 及 b）。
此方法耗用材料甚多，工程費用較大。該計劃經費約為新台幣 NTD 1456 萬。

美國加利福尼亞州（California State, The United States）的水資源管理當局曾用數萬
個柚子大小的黑色中空塑膠球釋放於水庫中，蓋滿水庫的表面以防止因紫外光照射而生
成致癌性溴酸鹽（bromate），或用以防止在乾熱氣候下水分大量蒸發（Vara-Orta, 2008；
Frobish, 2016），效果不錯。

水面下漂浮式遮光板利用柱狀浮筒的調節，可讓遮光板定位於水面下數公分，而維
持大部分水面不受影響，對於湖庫景觀影響較小，且較不影響水面氣體交換率（圖 11-19c
及 d）（吳健彰，2015）。吳健彰（2015）所設置之 40 cm×50 cm 之浮板，可穩定漂浮於
水面下 5 cm，不受一般風力之影響，惜該研究因無良好之對照分析，無法分辨藻類之減
少是遮光影響還是天氣的影響。

圖 11-19　(a) 福建金門縣 2015 年在烈嶼鄉的西湖佈設漂浮於水面的遮光棚，(b) 遮光棚是用
　　　　　浮球支撐鋼架及鋪在架上的塑膠布做成，(c) 在台灣大學水池試驗水面下的遮光板
　　　　　示意圖，(d) 在試驗水池中佈放水面下遮光板的狀況（吳健彰，2015）

11.11.1.3 施用遮光微米材料

　　施用吸光粉末於湖庫中，使其在水體中懸浮一段時間，可以減低水體中的光線強度，達到抑制藻類生長的效果。目前此方法僅有實驗室規模之模廠試驗，尚未有實場應用之經驗。詹妤芝（2017）以碳化椰殼研磨至大小為 1 μm 之粉末，其懸浮液吸光係數為 77.5 $Lg^{-1}cm^{-1}$，遮光效果可維持 2 週以上。施用後溶氧及 pH 值下降，表示有阻擋陽光、降低藻類光合作用之效果，可抑制藻類生長。惜因受碳化料吸附之影響，未測得真正葉綠素 a 濃度所受之影響。

　　此方法與前述金門縣烈嶼鄉的西湖土窪（面積 2.8 公頃）覆蓋 30〜45% 湖面的固定式遮光板的費用約新台幣 NTD1,456 萬元比較，施用碳化粉末一次的總原料成本（含分散劑）為 21 萬元，同樣預算大約能施灑 70 次左右，相當於每二週一次，可連續施用 35 個月。

此期程相較於固定式遮光板的使用年限似乎短了許多，然而實際應用時，使用碳化材料粉末做為遮光材料之彈性較高，我們可以根據當時藻類生長情形而機動調整施灑量及頻率，故實際上可能有效時間更長，成本更低。

此方法施用方便，不須硬體設備，施用時間有彈性，對於底泥增量不多，對於自來水淨水場處理系統也沒有影響。而且施用之材料對於水生物影響很小，甚至可以吸附去除水中的一些污染物。

11.11.2 適用時機及環境衝擊

不論是純粹遮光抑制藻類生長、設置太陽能發電裝置或用遮光粉末遮蔽光線，此種方法降低了單位面積的光合作用，減少了基礎生產量，所以必然會影響水庫的生態系統。對於此種方法實施後，生態系統的變化，仍缺少詳細的追蹤評估報告。

台灣農業委員會水產試驗所試驗證實在 40% 池面被太陽能板遮蔽率下，養殖文蛤、吳郭魚、石斑、鱸魚仍可維持七成產能，而文蛤與鱸魚在夏季的產能甚至超越一般魚塭。這是以人為方法補強基礎生產量，即餵飼飼料的方式，維持水產生物之生態系統。若不另外補強基礎生產量，高階的草食性或肉食性浮游動物會有食物缺乏的壓力而降低族群個體數，甚而被其他種類的生物取代的可能。

減少日照量及基礎生產量，應可減少藻類之數量，但是也可能轉變優勢藻類的種類。例如可能從需要強日照的藍綠藻，轉變為可利用較弱日照能量的矽藻。由於日照強度減弱，水體分層結構也會改變。表水層的深度會降低，上下溫度差異也變小，下層水中營養鹽向上傳輸的通量有可能增強。若原有水庫分層時底層水含有高量營養鹽，則遮光操作必須謹慎地勿打破水體分層，避免營養鹽上傳至表水層，反而造成優養。

參考文獻

Ashley, K. I., 1983, Hypolimnetic aeration of a naturally eutrophic lake: physical and chemical effects, *Canadian Journal of Fisheries and Aquatic Sciences,* 40(9), 1343-1359.

Ashley, K. I., 1985, Hypolimnetic aeration: practical design and application, *Water Research*, 19(6), 735-740.

Bauer, M. J., Bayley, R., Chipps, M. J., Eades, A., Scriven, R. J., and Rachwal, A. J., 1998, Enhanced rapid gravity filtration and dissolved air flotation for pre-treatment of River Thames reservoir water, *Water Science and Technology*, 37(2), 35-42.

Beutel, M. W. and Horne, A. J., 1999, A review of the effects of hypolimnetic oxygenation on lake and reservoir water quality, *Lake and Reservoir Management.* 15(4), 285-297.DOI: 10.1080/07438149909354124

Beutel, M., 2002, Improving water quality with hypolimnetic oxygenation. AWWA 2002 Annual Conference, USA.

Beutel, M., Hannoun, I., Pasek, J., Kavanagh, K. B., 2007, Evaluation of hypolimnetic oxygen demand in a large eutrophic raw water reservoir, San Vicente Reservoir, Calif., *Journal of Environmental Engineering,* 133(2), 130-138.

Brosnan, T. M., and Cooke, G. D., 1987, Response of Silver Lake trophic state to artificial circulation, *Lake Reserv. Manage.,* 3, 66-75.

Cangelosi, A. A., Mays, N. L., Balcer, M. D., Reavie, E. D., Reid, D. M., Sturtevant, R., Gao, X., 2007, The response of zooplankton and phytoplankton from the North American Great Lakes to filtration, *Harmful Algae,* 6, 547-566.

Chen, X., He, S., Huang, Y., Kong, H., Lin, Y., Li, C. and Zeng, G., 2009a, Laboratory investigation of reducing two algae from eutrophic water treated with light-shading plus aeration, *Chemosphere, 76*(9), 1303-1307.

Chen, X.-C., Kong, H.-N., He, S.-B., Wu, D.-Y., Li, C.-J. and Huang, X.-C., 2009b, Reducing harmful algae in raw water by light-shading, *Process Biochemistry, 44*(3), 357-360.

Cooke, G. D., Welch, E. B., Peterson, S. A. and Newroth, P. R., 1993, *Restoration and Management of Lakes and Reservoirs*, 2nd ed. Lewis Publishers, Boca Raton.

de Winton, M. and Verburg, P., 2022, *Biomanipulation for Lake Restoration*, National Institute of Water and Atmosphere, New Zealand. https://niwa.co.nz/our-science/freshwater/tools/restoration-tools/shallow-lakes-restoration-workshop

Eades, A. and Brignall, W. J., 1995, Counter-current dissolved air flotation/filtration, *Water Science and Technology*, 31, (3-4), pp. 173-178.

Edzwald, J. K., 1995, Principles and applications of dissolved air flotation, *Water Science and Technology*, 31, (3-4), pp. 1-23.

Fast, A. W., Overholtz, W. J., Tubb. R. A., 1975, Hypolimnetic oxygenation using liquid oxygen, *Wat. Resour. Res.,* 11(2), 294-299.

Fawaz, E. G., Salam, D. A. and Kamareddine, L., 2018, Evaluation of copper toxicity using site specific algae and water chemistry: Field validation of laboratory bioassays, *Ecotoxicol. Environ. Saf.,* 155, 59-65. doi: 10.1016/j.ecoenv.2018.02.054. Epub 2018 Mar 2.

Forsberg, B. R., and J. Shapiro., 1980, Predicting the algal response to destratification, in *Restoration of Lakes and Inland Waters,* EPA 440/5-81-010, pp. 134-139.

Frobish, N. W., 2016, Water managers drop the ball on Hetch Hetchy, California WaterBlog. https:// californiawaterblog.com/2016/04/01/water-managers-drop-the-ball-on-hetch-hetchy/

Gächter, R. and Wehrli., B., 1998, Ten years of artificial mixing and oxygenation: no effect on the internal phosphorus loading of two eutrophic lakes, *Environ. Sci. Technol.,* 32, 3659-3665.

Gantzer, P. A., Bryant, L. D., and Little, J. C., 2009, Effect of hypolimnetic oxygenation on oxygen depletion rates in two water-supply reservoirs, *Water Research,* 43, 1700-1710.

Gantzer, P. A., Preece, E. P., Nine, B. and Morris, J., 2019, Decreased oxygenation demand following hypolimnetic oxygenation operation, *Lake and Reservoir Management*, https://doi. org/10.1080/10402381.2019.1648614

Hanson, M. J. and Stefan, H. G., 1984, Side effects of 58 years of copper sulfate treatment of the Fairmont Lakes, Minnesota, *Water Res. Bull.*, 20, 889-900.

Hoffman, A. R., Armstrong, D. E. and Lathrop, R. C., 2013, Influence of phosphorus scavenging by iron in contrasting dimictic lakes, *Canadian Journal of Fisheries and Aquatic Sciences,* 70(7), 941-952.

Horne, A. J. and Beutel, M., 2019, Hypolimnetic oxygenation 3: an engineered switch from eutrophic to a meso-/oligotrophic state in a California reservoir, *Lake and Reservoir Management*, 35(3), 338-353. DOI: 10.1080/10402381.2019.1648613

Huisman, J., Sharples, J., Stroom, J., Visser, P. M., Kardinaal, W. E. A., Verspagen, J. M. H., and Sommeijer, B., 2004, Changes in turbulent mixing shift competition for light between phytoplankton species, *Ecology,* 85, 2960-2970.

Imboden, D. M.,1985, Restoration of a Swiss lake by internal measures: can models explain reality, *Lake Pollution and Recovery Proceedings, European Wat. Pollution Control Assoc., Rome,* 91-102.

Jensen, H. S., Reitzel, K. and Egemose, S., 2015, Evaluation of aluminum treatment efficiency on water quality and internal phosphorus cycling in six Danish lakes. *Hydrobiologia,* 751, 189-199. https://doi.org/10.1007/s10750-015-2186-4.

Jeppesen, E., Jensen, J. P., Kristensen, P., Søndergaard, M., Mortensen, E., Sortkjær, O. and Olrik, K., 1990, Fish manipulation as a lake restoration tool in shallow, eutrophic, temperate lakes 2: threshold levels, long-term stability and conclusions, *Hydrobiologia,* 200/201, 219-227.

Jung, R., Sanders, J. O. Jr., Lai, H. H., 1998, Improving water quality through lake oxygenation at Camanche Reservoir, AWWA Water Quality Technology Conference, November 24, 1998.

Kadlec, J. A. and Wentz, W. A., 1974, State-of-the-art survey and evaluation of marsh plant establishment techniques: induced and nature. *Report of research. U.S. Army Corps Eng. Rep.,*

1, 74-79.

Keen, W.H. and Gagliardi T., 1981, Effect of brown bullheads on release of phosphorus in sediment and water systems, *Prog. Fish. Cult.,* 43, 183-185.

Kibuye, F. A., Zamyadi, A. and Wert, E. C., 2021, A critical review on operation and performance of source water control strategies for cyanobacterial blooms: Part I-chemical control methods, *Harmful Algae*, 109, November 2021,102099, https://doi.org/10.1016/j.hal.2021.102099

Knoechel, R., and Kalff. J., 1975. Algal sedimentation: the cause of a diatom-blue-green succession, *Verh. Int. Verein. Limnol.,* 19, 745-754.

Kolkwitz, R. and Marsson, M., 1908, Ökologie der pflanzlichen Saprobien. *Ber Deut Bot Ges,* 26A, 505-519.

Kontas, A., Kucuksezgin, F., Altay, O. and Uluturhan, E., 2004, Monitoring of eutrophication and nutrient limitation in the Izmir Bay（Turkey）before and after wastewater treatment plant, *Environment International,* 29, 1057-1062.

Kratz, W. A., and Myers, J., 1995, Nutrition and growth of several blue-green algae, *Am. J. Bot.,* 42,282-287.

LAKOS, 2012, Separators and Filtration systems, http://www.lakos.com.

Lathrop, R., 2021, Siphon pipe to prevent flooding & reduce internal phosphorus loading in a dimictic seepage lake, *LakeLine,* Fall 2021, 14-21.

Liboriussen L., Søndergaard, M., Jeppesen, E., Thorsgaard, I., Grünfeld , S., Jakobsen , T. S., Hansen, K., 2009, Effects of hypolimnetic oxygenation on water quality: results from five Danish lakes, *Hydrobiologia,* 625, 157-172.

Lin, C., 2021, Singapore unveils one of the world's biggest floating solar panel farms, *Reuters,* July 14, 2021.

Litchman, E., Steiner, D. and Bossard, P., 2003, Photosynthetic and growth responses of three freshwater algae to phosphorus limitation and daylength, *Freshwater Biology,* 48, 2141-2148.

Lorenzen M. and Fast, A., 1977, *A guide to aeration/circulation techniques for lake management,* EPA-600/3-77-004, Environmental Research Laboratory, Office of Research and Development, Corvallis, Oregon, 97300, USA.

MacPherson, T. A., 2003, *Sediment oxygen demand and biochemical oxygen demand: patterns of oxygen depletion in tidal creek sites.* Master thesis. University of North Carolina at Wilmington.

Maestre-Valero, J. F., Martínez-Alvarez, V., and Nicolas, E., 2013, Physical, chemical and microbiological effects of suspended shade cloth covers on stored water for irrigation,

Agricultural Water Management, 118, 70-78.

Maestre-Valero, J. F., Martínez-Alvarez, V., Gallego-Elvira, B. and Pittaway, P., 2011, Effects of a suspended shade cloth cover on water quality of an agricultural reservoir for irrigation, *Agricultural Water Management*, 100, 70-75.

McKnight, D. M., Chisholm, S. W. and Harleman, D. R. F., 1983, $CuSO_4$ treatment of nuisance algal blooms in drinking water reservoirs, *Environ. Manage.*, 7, 311-320.

McKnight, D., 1981, Chemical and biological processes controlling the response of a freshwater ecosystem to copper stress: a field study of the $CuSO_4$ treatment of Mill Pond Reservoir, Burlington, Massachusetts, *Limnol. Oceanogr.,* 26, 518-531.

McQueen, D. J. and Lean, D. R. S., 1986, Hypolimnetic aeration: An overview, *Water Poll. Res. J. Can.*, 21, 205-217.

Mercier, P. and Perret, J., 1949, Aeration station of Lake Bret, Monastbull, Schwiez, *Ver. Gas. Wasser-Fachm,* 29, 25.

Mobley, M., Gantzer, P., Benskin, P., Hannoun, I., McMahon, S., Austin, D., Scharf, R., 2019. Hypolimnetic oxygenation of water supply reservoirs using bubble plume diffusers, *Lake Reserv. Manage.,* 35:247-265.

Mobley, M. H. and Brock, W. G., 1995, Widespread oxygen bubbles to improve reservoir release, *Lake and Reserv. Manage.,* 11(3), 231-234.

Moore, B., 2003, Downflow bubble contact aeration technology（Speece Cone）for sediment oxygenation, remediation of contaminated sediments. I*n: Proceedings of the Second International Conference on Remediation of Contaminated Sediments.*

Moore, B. C., Chen, P. H., Funk, W. H. and Yonge, D., 1996, A model for predicting lake sediment oxygen demand following hypolimnetic aeration, *Water Resources Bulletin,* 32(4), 723-731.

Morel, F. M. M. and Hering, J. G., 1993, *Principles and Applications of Aquatic Chemistry*, John Wiley & Sons, Inc.

Mostefa, G., Abdelkader, D., Ahmed, K., Saadia, B. and Khadidja, G., 2014, The performance of mechanical aeration systems in the control of eutrophication in stagnant waters, In: Lambert, A. and Roux, C. editor, *Eutrophication: Causes, Economic Implications and Future Challenges,* Nova Publishers, New York.

Pastorok, R.A., Ginn, T.C., Lorenzen, M.W., 1982, Review of aeration/ circulation for lake management. In: *Restoration of lakes and inland waters*. EPA 440/5-81-010. U.S. Environmental Protection Agency, Washington, D.C., 1982. 124-133.

Phoochinda, W., White, D. A., 2003, Removal of algae using froth flotation, *Environmental*

Technology, 24(1), 87-96.

Phoochinda, W., White, D. A., Briscoe, 2004, An algal removal using a combination of flocculation and flotation process, *Environmental Technology*, 25(12), 1385-1395.

Prepas, E. E., Field, K. M., Murphy, T. P., Johnson, W. L., Burke, J. M., Tonn, M. W.,1997, Introduction to the Amisk Lake Project: oxygenation of a deep, eutrophic lake, *Canadian Journal of Fisheries and Aquatic Sciences,* 54(9), 2105-2110.

PubChem, 2022, compound Summary Copper sulfate. https://pubchem.ncbi.nlm.nih.gov/ compound/Copper-sulfate#section=EPA-Ecotoxicity.

Rader, K. J., Carbonaro, R. F., van Hullebusch, D., Baken, S. and Delbeke, K., 2019, The fate of copper added to surface water: field, laboratory and modeling studies, *Environmental Toxicology and Chemistry*, 38(7), 1386-1399. https://doi.org/10.1002/etc.4440

Shapiro, J., 1984. Blue green dominance in lakes: the role and management significance of pH and CO_2, *Int. Rev. ges. Hydrobiol.,* 69:765-780.

Shapiro, J., 1990. Current beliefs regarding dominance by blue greens: the cases for the importance of CO_2 and pH, *Verh. Int. Verein. Limnol.*, 24:38-54.

Shapiro, J., Forsberg, B., Lamarra, V., Lindmark, G., Lynch, M., Smeltzer, E. and Zoto, G., 1982, *Experiments and Experiences in Biomanipulation—Studies of Biological Ways to Reduce Algal Abundance and Eliminate Blue Greens*, U.S. EPA-600/3-82-096.

Shelef, G., Sukenik, A., Green, M., 1984, *Microalgae Harvesting and Processing: A Literature Review*-A Subcontract Report prepared for U. S. Department of Energy, Technion Research and Development Foundation Ltd. Haifa, Israel.

Silva, A. F., Cruz, C., Rezende, F. R. L., Yamauchi, A. K. F., Pitelli, R. A., 2014, Copper sulfate acute ecotoxicity and environmental risk for tropical fish, *Acta Scientiarum., Biological Sciences*, 36 (4), 377-381.

Singleton, V. L., Little, J. C., 2006, Designing hypolimnetic aeration and oxygenation systems-a review. *Environmental Science & Technology,* 40, 7512-7520.

Smith, S. A., Knauer, D. R. Wirth, T. L., 1975, Aeration as a lake management technique, *Technical Bulletin No. 87, Wisconsin Department of Natural Resource*s, 39.

Soltero, R. A., Sexton, L. M., Ashley, K. I. and McKee, K. O., 1994, Partial and full lift hypolimnetic aeration of Medical Lake, WA to improve water quality, *Water Research* 28(11), 2297-2308.

Søndergaard M., Bruun L., Lauridsen T., Jeppesen E., Vindbæk, M. T., 1996, The impact of grazing waterfowl on submerged macrophytes: in situ experiments in a shallow eutrophic lake. *Aquat.*

Bot., 53, 73-84.

Søndergaard, M., Jeppesen, E., Jensen, J. P., 2000, Hypolimnetic nitrate treatment to reduce internal phosphorus loading in a stratified lake, *Journal of Lake and Reservoir Management,* 16, 195-204.

Speece, R. E., 1971, Hypolimnion Aeration, *J. Am. Wat. Works Ass.,* 63(1), 6-9.

Talling, J. F., 1971, The underwater light climate as a controlling factor in the production ecology of fresh water phytoplankton, *Mitt. Int. Verein. Limnol.,* 19:214-243.

Taylor, E. W., 1966, *Forty-Second Report on the Results of the Bacteriological Examinations of the London Waters for the Years 1965-66*, Metropolitan Water Board, New River Head, London.

Toetz, D. W., 1981, Effects of whole lake mixing on water quality and phytoplankton, *Water Research*, 15, 1205-1210.

US EPA, 1980, *Innovative and Alternative Technology Assessment Manual*, EPA 430/9-78-009, U.S. Environmental Protection Agency, Washington, DC, 1980.

US EPA, 2005, *Contaminated Sediment Remediation Guidance For Hazardous Waste Sites*, Office of Solid Waste and Emergency Response, EPA-540-R-05-012, U.S. Environmental Protection Agency, Washington, DC.

van Oosterhout, F., Waajen, G., Yasseri, S., Manzi Marinho, M., Pessoa Noyma, N., Mucci, M., Douglas, G. and Lürling, M., 2020, Lanthanum in water, sediment, macrophytes and chironomid larvae following application of lanthanum modified bentonite to lake Rauwbraken (The Netherlands). *Sci. Total Environ.*, 706, 135188 https://doi.org/10.1016/j.scitotenv.2019.135188.

Vara-Orta, F., 2008, A reservoir goes undercover, Los Angeles Times, June 10, 2008.

Visser, P. M., Ibelings, B. W. van der Veer, B., Koedood, J. and Mur, L. R., 1996, Artificial mixing prevents nuisance blooms of the cyanobacterium *Microcystis* in Lake Nieuwe Meer, the Netherlands, *Freshwater Biology*, 36, 435-450.

Visser, P. M., Ibelings, B. W., Bormans, M. and Huisman, J., 2016, Artificial mixing to control cyan bacterial blooms: a review, *Aquat. Ecol.*, 50, 423-441.

Wild, S. L. and Davis, J. A., 2005, Research into the control of nuisance midges-future directions, Report to the Midge Research and Management Group, Perth, Western Australia.

Wu, H., Wei, G., Tan, X., Li, L. and Li, M., 2017, Species-dependent variation in sensitivity of *Microcystis* species to copper sulfate: implication in algal toxicity of copper and controls of blooms, *Scientific Reports*, 7, 40393. https://doi.org/10.1038/srep40393

小島貞男，1984，ガび臭味對策とにの湖水人工循環法之經驗，用水と廢水，26, (8)。

日本水道協會，1989，湖沼、貯水池を對象とした水道水源保護手冊。

王思慧，2021，縱管處放流 3 千隻食藻性魚類，改善花蓮鯉魚潭水質，聯合報，2021-07-22。

吳先琪，吳俊宗，張美玲，簡鈺晴，王永昇，徐彥斌，周傳鈴，高麗珠，藍秋月，張晏禎，莊鎮維，周展鵬，陳俊嘉，楊格，柯雅婷，劉枋霖，姚重愷，謝政達，2012，新山水庫藻類優養指標與水庫水質相關性研究，台灣自來水公司委託研究計畫，100TWC05。

吳俊宗，1990，西湖村拐子湖水質改善系統維護，財團法人新環境基金會執行，經濟部水資源局委託。

吳俊宗，郭振泰，陳弘成，吳先琪等，2007，以生物鏈淨化水庫水質試驗計畫，國立臺灣大學執行，行政院環境保護署委託，EPA-96-U1G1-02-102。

吳俊宗，陳弘成，郭振泰，吳先琪，龍梧生，2006，以生態工法淨化水庫水質控制優養化研究計畫 (2)- 以生物鏈方式淨化水庫水質，行政院環境保護署，EPA-95-U1G1-02-102。

吳健彰，2015，金門縣金沙與榮湖水庫營養鹽負荷與水質優養化控制策略分析，臺灣大學環境工程學研究所，碩士論文。

沈銀武，劉永定，吳國樵，敖鴻毅，丘昌強，2004，富營養湖泊滇池水華藍藻的機械清除，水生生物學報，*Acta Hydrobiologica Sinica*，28 (2), 131-136.

侯文祥，梁維真，游政勳，葉曉娟，陳以容，2007，金門太湖水庫優養化之溶氧分層特徵與底層增氧改善效率研究，農業工程學報第 53 卷第 4 期，44-55。

國立成功大學，2016，公共給水有害藻類及代謝物監測與緊急應變處理技術之研究，經濟部水利署委託，MOEAWRA1050321。

郭振泰，吳俊宗，吳先琪，林正芳，龍梧生，吳銘圳，陳怡靜，楊州斌，2005，以生態工法淨化水庫水質控制優養化研究計畫（1），國立臺灣大學執行，行政院環保署委託，EPA-94-U1G1-02-102。

陳金花，歐麗苓，2007，澄清湖底泥清除對水庫水質影響之探討研究報告，台灣省自來水公司第七區管理處檢驗室。

曾四恭，吳先琪，吳俊宗，1995，蘭潭水庫曝氣工程效益評估，臺灣大學環境工程論文。

開元工程顧問公司，1991，澄清湖與蘭潭水庫水質改善規劃報告，台灣省自來水公司委託。

溫清光，高銘木，郭文健，莊淑滿，張穗蘋，黃家勤，楊磊，鄭幸雄，1995，澄清湖曝氣工程效益評估，台灣省自來水公司，國立成功大學環境工程研究所研究報告。

溫清光，高銘木，郭文健，黃家勤，楊磊，劉仲康，鄭幸雄，1995，鳳山水庫曝氣工程效

益評估，台灣省自來水公司，國立成功大學環境工程研究所研究報告。

詹妤芝，2017，活性碳與碳化料應用於水體遮光降低藻類生長之研究，國立臺灣大學環境工程學研究所碩士論文。

劉其根，張眞，2016，富營養化湖泊中的鰱、鱅控藻問題：爭議與共識，J. Lake Sci.（湖泊科學），28（3），463-475。DOI 10.18307/2016.0301

鄭伊珊，2008，利用溶解空氣浮除法去除太湖水中藻類之研究，國立成功大學環境工程系碩士論文。

12. 生態系統模擬與水質管理方案評估
Modeling of Ecosystems and Evaluation of Water Quality Management Alternatives

12.1 湖泊水庫水質管理的目標

　　湖泊水庫原有設定的水質標準，即是管理方案要達到的目標，例如「飲用水水源水質標準」中的水質標準、「水體分類標準」中不同分類水體（不同用途，例如一級公共給水、一級水產用水等）之水質標準及灌溉用水水質標準等。從較廣的民眾健康及環境保護的範疇來看，可以用人體健康風險及環境影響衝擊（例如景觀影響、遊憩影響、生態風險、水文氣候影響、經濟社會影響等）的指標當做管理的目標。

　　除了上述之水質及環境指標之外，執行方案所需的成本及技術可行性當然是比較不同方案優劣時必要考量的因子。此外為減緩全球氣候變遷的影響，吾等在評估管理方案時，更要將各方案對氣候變遷之影響程度，例如能源耗用量及碳排量等納入考慮。

12.2 水質優養指標

　　優養是指水質因為營養鹽豐富，且其他生長之環境因子配合下，使得水中藻類生產量偏高的現象（Wetzel, 2001）。水質優養對於生活與環境有極大的影響（見第 1 章），因此成為水庫水質管理時最重要的管理目標。藻類濃度是水質優養最直接的指標，可以用藻體質量濃度（mg-dry weight L^{-1}）或葉綠素濃度來表示。透明度〔如：沙奇盤深度（Secchi Disk depth）〕、濁度或懸浮固體量，是間接表示藻類濃度的方法，適用於在現場沒有設備量測藻類濃度時，替代藻類濃度的方法（Carlson, 1977）。基礎生產量（mg C m^{-2} day^{-1}）的高低是藻類功能的表現，也被用來表示水質的優養程度。

　　高營養鹽濃度或高營養鹽負荷是導致藻華的主要原因，可以代表優養的潛勢，但是未必真正已經形成優養狀態。在水力停留時間短或頻受擾動的湖庫，縱使營養鹽濃度很高，藻類濃度也未必高。湖庫有底層厭氧、生物多樣性偏低、腐水性生物占優勢等現象，警示可能有優養狀況發生，但是也有可能是外來有機性汙染負荷過高所致，還需要小心分辨。

　　至於如何的水質才算是優養，則與管理者使用湖庫水的目的有關，沒有放諸四海皆可用的標準。經濟合作暨發展組織〔The Organization for Economic Cooperation and

Development, OECD（法文縮寫爲 OCDE）〕曾彙整個別水體研究者們主觀認定各該水體營養狀態（trophic state），分別爲貧養、中養、優養及超優養，然後統計各該類別水體內水質參數，包括葉綠素 a、沙奇盤深度、總磷及總氮之年平均值分布範圍如表 12-1。表中顯示年平均值及上下一個標準差之範圍。實際上被認定爲同一營養狀態的眾湖泊其水質參數差異很大。例如貧養水體的年平均葉綠素 a 濃度範圍可以從 0.3 mg L^{-1} 至 4.5 mg L^{-1}；而中養水體的範圍則是 3.0 mg L^{-1} 至 11 mg L^{-1}；優養水體的範圍則到達 2.7 mg L^{-1} 至 78 mg L^{-1}（見 Vollenweider and Kerekes, 1980），可見因爲注重之重點不同，專家的觀點有相當的差異，甚至各優養程度範圍都有交叉重疊之處。

表 12-1　OECD 就個別水體研究者們主觀認定各該水體營養狀態類別統計各該類別水體內水質參數之年平均值分布範圍

水體營養狀態類別	水質參數調查結果 年平均值（平均 − 1 個標準差～平均 + 1 個標準差）			
	平均葉綠素 a average chlorophyll a	沙奇盤深度 Secchi disk depth	總磷 total phosphorus	總氮 total nitrogen
	μg L^{-1}	m	μg L^{-1}	mg L^{-1}
貧養 oligotrophic	1.7 (0.8-3.4)	9.9 (5.9-16.5)	8.0 (4.85-13.3)	0.66 (0.37-1.18)
中養 mesotrophic	4.7 (3.0-7.4)	4.2 (2.4-7.4)	26.7 (14.5-49)	0.75 (0.49-1.17)
優養 eutrophic	14.3 (6.7-31)	2.45 (1.5-4.0)	84.4 (48-189)	1.88 (0.86-4.08)
超優養 hypertrophic	(100-150)	(0.4-0.52)	(750-1200)	

註：超優養括弧內爲最小值及最大值。
（Vollenweider and Kerekes, 1980; OCDE, 1982）

　　Carlson（1977）以水體藻類質量濃度爲基礎，發展出一個數值由 0 至 100 的優養指標系統（Trophic State Index），使水體優養狀態可以在不同地區及時間上客觀地記錄與比較。這系統將水質之沙奇盤深度爲 1 m 時之優養指標定爲 60，深度加倍（2 m）時之指標爲 50，也就是如下式所示。

$$TSI(SD) = 60 - 14.41 \ln(SD) \tag{12-1}$$

其中

SD：沙奇盤深度（m），

TSI(SD)：以沙奇盤深度得到之優養指標值。

由於在沒有無機性懸浮微粒等干擾下，沙奇盤深度與藻類濃度有很好的相關性，因此 Carlson 分析大量調查資料後，將葉綠素優養指標定為下式。

$$TSI(CHL) = 9.81 \ln(CHL) + 30.6 \qquad\qquad (12\text{-}2)$$

其中

　　CHL：葉綠素濃度（$\mu g\, L^{-1}$），

　　TSI(CHL)：葉綠素優養指標值。

又由於在磷為藻類生長限制因素下，且沒有顯著顆粒性磷或非藻類可利用的無機磷存在，又有夠長的水力停留時間讓總磷有足夠時間轉化成為生物磷後，總磷濃度也可以呈現藻類優養的程度如下式。

$$TSI(TP) = 14.42 \ln(TP) + 4.15 \qquad\qquad (12\text{-}3)$$

其中

　　TP：總磷濃度（$\mu g\, L^{-1}$），

　　TSI(TP)：總磷優養指標值。

Carlson 及 Simpson（1996）整理了以往觀察到的水體特性與優養狀態指標之關係如表 12-2 所示，但是我們在使用此指標系統時必須掌握下列原則：

　　1. Carlson 雖然描述某些優養狀態指標的範圍有「典型貧養」或「典型優養」等特徵，但是並沒有建議水質管理的目標應該是多少，管理者應該根據自己的用水目的去設定目標值，並非超過優養的底線就是絕對不可接受的水質狀態。

　　2. TSI(CHL)、TSI(SD) 及 TSI(TP) 分別有不同的意義，不可相加取其平均使用。台灣曾使用三者的平均值，稱為綜合卡爾森優養指數（Carlson Trophic State Index, CTSI）來評量水庫的優養狀況，但是發現 CTSI 與實際藻類繁生的狀況有很大的差異。TSI(CHL) 代表真正的藻類質量濃度，應優先單獨取用為優養之指標。

　　3. 當無法採取水樣回實驗室量測藻類濃度時，且水中沒有顯著的泥沙等無機性遮光物質時，可用 TSI(SD) 代替。當發現 TSI(SD) 明顯大於 TSI(CHL) 時，可能是水中含有大量集水區流入或底泥揚起之泥沙，而不是真正的優養。

　　4. 總磷濃度代表優養的潛勢，所以雖然 TSI(TP) 高，水質未必優養。TSI(TP) 之估值較容易受到採樣深度、水體分層、外部負荷變動、氮磷比、季節及氣候因素等而與 TSI(CHL) 產生巨大差異，其差異之趨勢正可做為進一步深入研究的基礎。例如 TSI(CHL) 顯著比 TSI(TP) 低，表示有異於總磷的生長限制因子。

　　總而言之，水庫水質管理者，可以參考用水者的反應，自行訂定優養指標及管理目標。

表 12-2　預期 TSI 範圍內水體會呈現之現象

TSI 值	特徵	公共給水顧慮之問題	遊憩者顧慮之情況	釣魚者顧慮之情況	葉綠素濃度範圍 ($\mu g\ L^{-1}$)	沙奇盤深度範圍 (m)	總磷濃度範圍 ($\mu g\ L^{-1}$)
<30	典型貧養、水質清澈、底水層為好氧。			註 4	<0.9	>8.0	<6
30-40	底水層在夏天可能會缺氧。				0.9-2.6	4.0-8.0	6-12
40-50	水質尚屬澄清但底水層在夏天缺氧的機會增大。	註 1		註 5	2.6-7.2	2.0-4.0	12-24
50-60	典型優養、透明度降低、夏季底水層無氧、大型植物的問題會發生。	註 2		註 6	7.2-20	1.0-2.0	24-48
60-70	夏天藍綠藻呈現優勢、可能出現藻體浮渣、大型植物問題明顯。		註 3		20-56	0.5-1.0	48-96
70-80	夏天有濃厚藻華及大型植物。			註 7	56-154	0.2-0.5	96-192
>80	大量藻體浮渣、少許大型植物。			註 8	>154	<0.2	>192

資料來源：Carlson and Simpson, 1996

註：

1. 會有鐵與錳的問題、原水有嗅味、三鹵甲烷前驅物濃度超過 0.1 mg L^{-1}、濁度超過 1 NTU。
（NTU：濁度單位，為 nephelometric turbidity unit 之縮寫。）
2. 鐵與錳、嗅與味、濁度、三鹵甲烷等問題惡化。
3. 雜草影響划船、水不透明及藻體浮渣影響游泳活動之意願。
4. 鮭魚等魚類會在底層水被捕獲。
5. 因底水層缺氧，鮭魚等魚類不復出現。
6. 僅有溫水性漁獲：鱸魚（bass）與河鱸（perch）可能取得優勢。
7. 淺水湖泊在冬天時魚類窒息而死。
8. 耐惡劣水質的魚成優勢種、夏天可能有魚窒息而死。

12.3　建立水質預測模式

　　管理方案實施後水庫水質能否達到預期目標，是決定此方案能否納入考慮的第一步。所以吾等需要有水質預測模式來預測管理方案實施下的水庫水質。不論是自己建立

的或是採用既有的,水質模式因不同的繁簡與範疇差異,可以有非常多類型,例如有些可預測隨時間變化(transient)的水質,有些只能預測穩態(steady state)的水質;有些只能視水庫為零維(zero-dimensional)(如一個完全混合槽)的水體,有些則可以處理一維的、二維的或甚至三維的水體;有的有解析解(analytical solution),有的必須用數值解法(numerical solution)求解;有些只能考慮單一水質參數,有些則可以預測多個水質參數,有些甚至包括生物族群參數;有些可包含集水區衝擊之變化,有些則必須另行考慮;有些還可以將水質的時間或空間統計分布趨勢呈現出來。

　　選擇模式類別時宜先看可用的輸入及水質數據。例如,有隨時間變化的氣象、水文、入流水質、水庫水質數據,才能考慮用隨時間變化的模式;有二維的水文及水質監測數據,才能考慮建立二維的模式;有藻類種類與濃度的數據,才能選用有藻類變化的模式。

　　建立水質模式時,不論是統計迴歸得來的統計模式(statistic model),或是將各個物理、化學及生物機制逐一描述清楚的確定型模式(deterministic model)都需要經過參數校正(calibration)及預測結果驗證(verification),才算完成水質模式的建立。

12.4　統計迴歸模式

　　我們常發現湖庫中葉綠素的濃度與總磷濃度有相當程度的相關,所以可以從統計迴歸方法,找出兩者之間的數學關係,就可以從總磷濃度預測葉綠素濃度,也就是預測藻類濃度或優養程度了。例如 Florida LAKEWATCH(reviewed 2020)曾就美國 Florida 州的湖庫,用迴歸方法找到葉綠素濃度與總磷及總氮的關係如下。

$$\log [\text{chlorophyll}] = -0.369 + 1.053 \log [\text{TP}] \tag{12-4}$$
$$\log [\text{chlorophyll}] = -2.42 + 1.206 \log [\text{TN}] \tag{12-5}$$

或葉綠素濃度與總磷及總氮兩者合起來的關係如下。

$$\log [\text{chlorophyll}] = -1.10 + 0.91 \log [\text{TP}] + 0.321 \log [\text{TN}] \tag{12-6}$$

其中

　　[chlorophyll]:葉綠素濃度(μg L^{-1}),

　　[TP]:總磷濃度(μg L^{-1}),

　　[TN]:總氮濃度(μg L^{-1}),

　　若水質資料更豐富時,可以建立更多變數的統計相關模式,甚至不一定是對數線性關係,也可以是線性多變數的關係,或非線性的關係。

使用統計迴歸模式要注意其限制。例如：

1. 要檢驗相關性係數的顯著程度，機率統計檢定顯著性 p 值小於 0.05 比較妥當。

2. 用迴歸模式預測未來的水質時，最好將預測結果之可信賴區間帶（confidence band）（通常 90% 或 95% 可信賴區間帶）也一起呈現，讓使用者了解預測值的不準確程度。

3. 有相關性的兩個變數，例如葉綠素與 pH 值，未必有因果關係，所以不可依據統計相關性去推論因果的關係。例如不可認為降低 pH 值可以降低葉綠素濃度，雖然二者有很好的正相關。

4. 統計迴歸所得到的相關性模式，只能用在數據產出的原來系統。例如某一水庫數據迴歸所得的葉綠素與總磷濃度關係，不可用在其他水庫。甚至同一水庫不同季節或未來時間下，都要謹慎檢查環境因子等是否維持不變，或有把握假設不變，否則不可使用。表 12-3 是新山水庫上層水中葉綠素 a 與一些水質參數之相關性。可看出葉綠素 a 就與總磷濃度及總氮濃度都沒有相關性。

表 12-3　新山水庫上層水葉綠素 a 濃度與其他水質參數之相關性（吳先琪等，2010）

類別	水質參數	相關係數
生長環境因子	溫度，temp.（°C）	0.64*
	pH	0.78*
	溶氧，DO（$mg\,L^{-1}$）	-0.08
透光因子與臭	色度，color	0.59*
	濁度（NTU）	0.70*
	懸浮固體（$mg\,L^{-1}$）	0.63*
	臭度，odor	0.38*
有機物	生化需氧量，BOD（$mg\,L^{-1}$）	0.69*
	化學需氧量，COD（$mg\,L^{-1}$）	0.66*
無機物	導電度，conductivity（m mho）	0.54*
	鎂，Mg^{2+}（$mg\,L^{-1}$）	0.60*
	鈣，Ca^{2+}（$mg\,L^{-1}$）	0.80*
營養鹽	總磷，TP（$mg\,L^{-1}$）	0.14
	總氮，TN（$mg\,L^{-1}$）	0.19
	有機態氮，Org-N（$mg\,L^{-1}$）	0.58*
	硝酸鹽氮，NO_3-N（$mg\,L^{-1}$）	-0.71*
	氨態氮，NH_3-N（$mg\,L^{-1}$）	0.53*

* 符號表示有顯著之相關性（p < 0.05 時）

5. 預測未來的事件時，仍要有未來的水質數據值。例如要使用（12-4）式預測 2030 年水庫中葉綠素濃度，必須預測或設定 2030 年總磷的濃度。

12.5　確定型模式

總磷濃度常常是藻類生長的限制因子（見 7.12 節），藻類濃度與總磷濃度有不錯的相關性，所以常用總磷濃度來判定優養程度，也用總磷濃度來做爲水庫水質管理的目標。如果控制水庫中總磷宿命的機制，例如初始濃度、進流濃度、沉降代謝率及水文狀況都能量化描述，也就是諸多的因，與造成磷濃度變化的果的關係清楚，我們就可以用以下一些確定型模式（deterministic model）來預測水庫中的總磷濃度。

12.6　完全混合槽模式

最簡單的水庫確定型模式是完全混合槽模式，也就是零維模式。使用此模式預測水質濃度時必須在水庫混合情形非常好，濃度在水庫中很均勻，沒有明顯深淺左右及上下游差別的情境。或是從另一角度來說，如果此水庫沒有水質參數空間分布的數據，只能用一個水樣的數據來代表整個水庫的水質，模擬者也只能用零維模式來預測水庫的水質了。

以模擬總磷濃度爲例，完全混合的水庫中總磷濃度可以用以下的質量平衡方法描述（Chapra, 1997）：

水庫中總質量隨時間變化率＝流入質量 – 流出質量 ± 消長率

$$V\frac{dC_{TP}}{dt} = C_{TP,i}Q - C_{TP}Q \pm VR_{TP} \qquad （12\text{-}7）$$

其中

　　V：水庫體積（m^3），

　　Q：流經水庫的進出水流量，假設其爲相等（$m^3\,d^{-1}$），

　　C_{TP}：水庫及出流水中總磷濃度（$g\,m^{-3}$），

　　$C_{TP,i}$：進流水中總磷濃度（$g\,m^{-3}$），

　　dC_{TP}/dt：水中總磷濃度隨時間的變化率（$g\,m^{-3}\,d^{-1}$），

　　R_{TP}：水中總磷的消失或生成率（$g\,m^{-3}\,d^{-1}$）。

在此式中 R_{TP} 包括了總磷沉降至底泥的消失率、從底泥釋出造成的濃度增加率及各種反應消長率的總和。當總磷的各種反應的總和淨消失率可以用一階的反應模式來描述（參考 12.9 節），且水庫體積及流量都是穩定不變時，（12-7）式可以改寫成爲下式。

$$\frac{dC_{TP}}{dt} = \rho C_{TP,i} - \rho C_{TP} - kC_{TP} \qquad (12\text{-}8)$$

或是

$$\frac{dC_{TP}}{dt} = \frac{L}{z_{ave}} - \rho C_{TP} - kC_{TP} \qquad (12\text{-}9)$$

其中

ρ：沖洗率，即水流通過水庫的速率，等於 Q/V（d^{-1}），

$$\rho = \frac{Q}{V} \qquad (12\text{-}10)$$

k：總一階消減反應係數（d^{-1}），

L：總磷的面積負荷率（areal loading）（$g\ m^{-2}\ d^{-1}$）（$= Q \times C_{TP,i}/A$），

A：水庫之總水域面積（m^2），

z_{ave}：水庫之平均深度（m），

當初始濃度已知，且 $C_{TP,i}$，V 及 Q 都固定不變時，吾等可以解出總磷濃度之時間變化。若 $C_{TP,i}$，V 及 Q 都是不規則的時間變數時，也可以用數值方法，例如 Euler 數值解法或 Runge-Kutta 數值解法（Chapra, 1997），解出各時間的 C_{TP}。

12.7 零維穩態模式

若上例完全混合槽的運行狀態已經運行很久，在關注的時間內已沒有顯著的變化時，可以將水中總磷濃度隨時間的變化率視為零（$dC_{TP}/dt = 0$），即得到下列總磷的穩態模式。

$$C_{TP} = \frac{C_{TP,i}}{1 + \dfrac{k}{\rho}} = \frac{\rho C_{TP,i}}{\rho + k} \qquad (12\text{-}11)$$

或是 Vollenweider（1972）模式

$$C_{TP} = \frac{L}{z_{ave}(\rho + \sigma)} = \left(\frac{L}{\rho z_{ave}}\right)\frac{\rho}{\rho + \sigma} \qquad (12\text{-}12)$$

其中

σ：總磷的一階沉降消失係數（d^{-1}）。

（12-9）式中 k 限縮為 σ，是 Vollenweider（1972）定義其模式的唯一的匯（sink），即總磷的沉降率係數（sedimentation rate coefficient）。此函數中 C_{TP} 是未知數，L、z_{ave} 及 ρ 是可量測到或設計的系統輸入參數，k 或 σ 是唯一需要用實測 C_{TP} 值來校正的參數。

若考慮底泥總磷釋出率是重要的源（source），可以將模式修改為下式。

$$C_{TP} = \frac{\rho C_{TP,i} + L_{release}/z_{ave}}{\rho + \sigma'}$$ （12-13）

其中

$L_{release}$：總磷的底泥釋出率（$g\ m^{-2}\ d^{-1}$），

σ'：將總磷的底泥釋出率獨立出來後的總磷沉降消失係數（d^{-1}）。

$L_{release}$ 可以用實驗室底泥柱釋出實驗估計其量；σ' 可以用沉降捕集器測量估計（參見 7.8 節）。二者中若有一個值已知，則另一個參數值可以用水庫總磷濃度（C_{TP}）資料校正得到，但是如果兩個參數都需要校正得到，會有很多個不同的組合解都適合。

12.8　參數校正及模式驗證─以總磷沉降消失係數為例

Vollenweider（1972）認為沉降率係數 σ 是無法直接測量的參數，必須用數據及模式去校正估計出來。Vollenweider 從許多湖庫的實測總磷濃度校正出來 σ 的值大約是 0.5（0.1～1）y^{-1}，且與湖庫平均深度有以下的經驗關係式如下。

$$\ln \sigma = \ln 5.5 - 0.85 \ln z_{ave} \quad (r = 0.79)$$ （12-14）

或較簡單一點，可以用下式。

$$\sigma = 10/z_{ave} \quad (y^{-1})$$ （12-15）

Cantield & Bachmann（1981）發現 σ 與總磷負荷量有關，如下式。

$$\sigma = 0.129(C_{TP,i}\ \rho)^{0.549} \quad (y^{-1})$$ （12-16）

$$或是 \quad \sigma = 0.129(L/z_{ave})^{0.549} \quad (y^{-1})$$ （12-17）

其中

C_{TP}：平均總磷濃度（$mg\ m^{-3}$），

L：總磷的面積負荷率（areal loading）（$mg\ m^{-2}\ s^{-1}$）（$= Q \times C_{TP,1}/A$），

ρ：沖洗率（s^{-1}）（$= Q/A$），

z_{ave}：水庫之平均深度（m）。

雖然有經驗式可以預測總磷沉降係數，但是如果該水庫有實測水質數據，則可以用來校正（calibrate）該係數。福建金門金沙水庫 2013 年 3 月至 2014 年 3 月時平均水深 3 m，水體積 $3.41 \times 10^5\ m^3$，平均入出流量為 6800 $m^3\ d^{-1}$，平均入流總磷濃度為 0.216 $mg\ L^{-1}$，平均水庫總磷濃度為 0.197 $mg\ L^{-1}$。將沖洗率，ρ（$= Q/V = 0.02\ d^{-1}$）及負荷率，L，（$= \rho \times C_{TP,i} \times z_{ave} = 0.0129\ g\ m^{-2}\ d^{-1}$）代入（12-12）則可得到校正的總磷沉降係數 σ 值，0.0199 d^{-1}

$$(= 7.27 \text{ y}^{-1})。$$

使用模式預測水質前，須用另一組水質資料驗證模式之預測準確度。當福建金門金沙水庫進流水平均總磷濃度在 2014 年 5 月至 2015 年 3 月期間為 0.356 mg L^{-1} 時，用（12-12）式及校正得到之 σ 值預測庫內總磷濃度為 0.183 mg L^{-1}，較實測平均濃度 0.268 mg L^{-1} 少了 32%。

此誤差可能起源於總磷沉降係數 σ 值並非固定值，會隨水文及水質狀況而有改變；也可能用穩態模式及平均水質描述水庫水質不夠精確。所以此模式雖然也可以用來初步評估方案之可行性，但是若要用於功能設計及設置成本評估，則可能要改用隨時間變化的模式及水文水質輸入值才能獲得準確的預測值。

12.9　多維度隨時間變化的水質模式

當湖庫水體不是完全均勻混合的狀態，水中的藻類或營養鹽濃度隨時間及空間變化時，吾等可用多維度（multi-dimensional）及流況穩態（steady flow condition）的模式來描述水質的變化。下式即以定點位置的某物質濃度受到平流（advection）、擴散（diffusion）及本身轉化（transformation）的影響，隨時間變化的簡化表示方法。

$$\frac{\partial C}{\partial t} = -u_i \frac{\partial C}{\partial x_i} + \frac{\partial}{\partial x_i} E_i \frac{\partial C}{\partial x_i} \pm R \qquad (12\text{-}18)$$

其中

∂：對時間或對 x_i 軸距離之微分符號，

C：某物質之濃度（mg L^{-1} 或 M），

t：時間（s），

u_i：第 i 方向的平均流速（m s^{-1}），

x_i：第 i 方向的距離（m），

E_i：第 i 方向的擴散係數（m^2 s^{-1}），

R：該物質的轉化率（mg L^{-1}s^{-1} 或 M s^{-1}）。

如果用三維直角座標且假設 E_i 在 i 方向上為定值，則可將（12-18）式寫成 x, y 及 z 三維直角座標之方程式，如下式（Schnoor, 1996）。

$$\frac{\partial C}{\partial t} = -u_x \frac{\partial C}{\partial x} - u_y \frac{\partial C}{\partial y} - u_z \frac{\partial C}{\partial z} + E_x \frac{\partial^2 C}{\partial x^2} + E_y \frac{\partial^2 C}{\partial y^2} + E_z \frac{\partial^2 C}{\partial z^2} \pm R \qquad (12\text{-}19)$$

其中

u_x，u_y 及 u_z：x, y 及 z 方向各別的平均流速（m s^{-1}），

E_x，E_y 及 E_z：x, y 及 z 方向各別的擴散係數（m s^{-1}）。

12.9.1 平流及擴散模式中的流速

（12-19）式中之各方向流速須藉由水庫的地形、流量及邊界狀況建立水文模式來預測。水流動的計算包含利用質量守恆的連續方程式（continuity）及動量守恆的動能方程式（momentum equations），及流體之邊界條件（boundary conditions）。實際解各方向流速時，會根據水體的特性將方程式簡化。例如：一般模式會忽略因地球自轉所產生的柯氏加速（Coriolis acceleration）效果，但是對於深且大面積的湖庫，入流水的走向會明顯受到柯氏加速力的影響，不能忽略（Pilotti et al., 2018）。

將三維空間模式簡化為二維或是一維的模式，可以大大簡化計算的困難度及驗證模式時數據的需要量。若瘦長型水庫的縱向流速遠大於水平橫向流速，且與水流方向（假定是 x 軸）垂直的水平方向（y 軸），沒有很大的濃度差異時，用平均值就可以代表 y 軸上所有點的值，吾等就可以用二維（縱向 x 與垂直 z）的模式來模擬水流與水質的變化。當水庫的水平方向（x 軸與 y 軸）混合作用都很強，水平切面上每個點的濃度都差不多時，這時甚至可以用一維（僅有垂直 z 方向）的模式也可以預測得很準確。下式為流速非穩態的縱向一維傳輸模式。

$$\frac{\partial(AC)}{\partial t} = -\frac{\partial(QC)}{\partial x} + \frac{\partial}{\partial x}\left(EA\frac{\partial C}{\partial x}\right) - AR \qquad (12\text{-}20)$$

其中

A：截面積（m^2），

Q：流量（$m^3\,s^{-1}$）。

在極端的情形下，整個水庫混合都很好，空間上沒有太大的濃度梯度，就可以用零維的模式來模擬水庫的平均水質了（見本章第 12.4. 節）。

當水體為河道型、軸線流速遠大於橫向及垂向流速時，若流量為已知值或輸入值，則流速可以用下式解出（Cole and Well, 2016）。

$$Q_i = \frac{1}{n_i}A_i R_i^{\frac{2}{3}} S^{\frac{1}{2}} \qquad (12\text{-}21)$$

$$u_i = \frac{Q_i}{A_i} \qquad (12\text{-}22)$$

其中

Q_i：通過 i 河段的流量（$m^3\,s^{-1}$），

i：表示第 i 河段，

n_i：Manning 摩擦係數（$s\,m^{-1/3}$），

A_i：河道截面積（m^2），

R_i：水力半徑（m）（＝A/P，P 爲濕周長（m）），

S_i：河段水力坡降（若水深固定，亦等於底床坡度）（$m\,m^{-1}$），

u_i：軸向之平均流速（$m\,s^{-1}$）。

有多個河段時，可從最下游河段，調整上一河段銜接處之水深，逐段將水面平滑化。

12.9.2 擴散係數

物質在湖水中擴散實受到不同作用之影響，從分子尺度的分子擴散（molecular diffusion）到大小不同之渦流（eddy）所產生的紊流擴散。（12-18）式中的擴散係數，E，包含了所有機制所貢獻的擴散通量與濃度梯度的比例。分子擴散係數大約在 $1\times10^{-6}\,cm\,s^{-1}$ 至 $1\times10^{-5}\,cm\,s^{-1}$ 之間，水體中除了在很小的尺度或水流速度極慢的環境，例如底泥層或其邊界，分子擴散才會顯著，否則湖泊中物質的擴散是以紊流擴散爲主。紊流擴散係數值大約從 10^{-2} 至 10^{7}，大致上垂直擴散係數比水平擴散係數小 4 至 6 個數量級，深水層的擴散係數比表水層小 3 個數量級，斜溫層的擴散係數又比深水層小一個數量級，其估計方法及討論見本書第 5 章。

12.9.3 邊界條件

湖泊水庫水體中某物質傳輸的邊界常常是入流河川、出流渠道、堰壩開口等，所以可以用測得的質量通量來界定邊界的條件，如下式。

$$u_nC + E_n\frac{\partial C}{\partial n} = q_{ex} \text{ 於邊界} \tag{12-23}$$

其中

n：與邊界垂直之軸向距離（m），下標表示與邊界垂直之向量，

u：流速（$m\,s^{-1}$），

E：擴散係數（$m^2\,s^{-1}$），

q_{ex}：爲外部進出介面之物質通量（$g\,m^{-2}\,s^{-1}$）。

12.10 物質轉化的模擬

就水庫系統中某一個成分（component）而言，（12-18）及（12-19）式中的物質的轉化率，R，其實是包括許多轉化機制，且是水庫系統中所有環境因子及其他生物化學成分的函數。例如以圖 6-3 中的易分解溶解性有機物爲例，將其生成轉化也一併描述於傳輸轉化方程式中，如下式。

$$\frac{\partial C_{labile\ org}}{\partial t} = -u_x \frac{\partial C_{labile\ org}}{\partial x} - u_y \frac{\partial C_{labile\ org}}{\partial y} - u_z \frac{\partial C_{labile\ org}}{\partial z} + E_x \frac{\partial^2 C_{labile\ org}}{\partial x^2} + E_y \frac{\partial^2 C_{labile\ org}}{\partial y^2}$$

$$+ E_z \frac{\partial^2 C_{labile\ org}}{\partial z^2} + Y_{rp-l} k_{rp-l} C_{refrac\ part} + Y_{rd-l} k_{rd-l} C_{refrac\ dis} + Y_{a-l} k_{a-l} C_a + Y_{lp-l} k_{lp-l} C_{labile\ part}$$

$$- k_l C_{labile\ org} \qquad\qquad (12\text{-}24)$$

其中

　　t：時間尺度（s）：

　　$C_{labile\ org}$：易分解溶解性有機物濃度（mg L^{-1}），

　　$C_{refrac\ part}$：難分解顆粒性有機物濃度（mg L^{-1}），

　　Y_{rp-l}：難分解顆粒性有機物分解轉化為易分解溶解性有機物之收率（yield），

　　k_{rp-l}：難分解顆粒性有機物分解轉化為易分解溶解性有機物之一階反應速率常數（s^{-1}），

　　$C_{refrac\ dis}$：難分解溶解性有機物濃度（mg L^{-1}），

　　Y_{rd-l}：難分解溶解性性有機物分解轉化為易分解溶解性有機物之收率（yield），

　　k_{rd-l}：難分解溶解性有機物分解轉化為易分解溶解性有機物之一階反應速率常數（s^{-1}），

　　C_a：藻體質量濃度（mg L^{-1}），

　　Y_{a-l}：藻體分解轉化或分泌出易分解溶解性有機物之收率（yield），

　　k_{a-l}：藻體分解轉化成或分泌出易分解溶解性有機物之一階反應速率常數（s^{-1}），

　　$C_{labile\ part}$：易分解顆粒性有機物濃度（mg L^{-1}），

　　Y_{lp-l}：易分解顆粒性有機物分解轉化為易分解溶解性有機物之收率（yield），

　　k_{lp-l}：易分解顆粒性有機物分解轉化為易分解溶解性有機物之一階反應速率常數（s^{-1}），

　　k_l：易分解溶解性有機物之一階反應消失速率常數（s^{-1}）。

　　在模擬一個成分的生成轉化反應時，要謹慎處理所做的假設，免得參數及未知數太多，模式無法嚴謹地驗證，反而引導出錯誤的預測結果。以下藉（12-24）式為例說明：

　　1. 如（12-24）式中與 $C_{labile\ org}$ 有關的其他成分就至少還有 4 個，要有這 5 個成分的所有傳輸轉化方程式，才能建立完整的模式。所以要確定這 5 個成分都有實測數據用來校正及驗證相關參數，否則模式是無用的。

　　2. 上述之模式假設反應速率，R，只與關注成分之濃度成正比，與其他成分均無關。這種情形必須是環境條件穩定，且除關注的成分外，其餘成分之濃度組成也不變才會發生。例如有機物分解速率可能也是氧氣濃度及好氧分解細菌濃度的函數如下。

$$R = k C_{org} C_{oxy} C_{bact} \qquad\qquad (12\text{-}25)$$

其中

　　R：有機物的轉化率（mg L^{-1}s^{-1}），

k：反應速率係數（$mg^{-2} L^2 s^{-1}$），

C_{org}：有機物濃度（$mg L^{-1}$），

C_{oxy}：氧氣濃度（$mg L^{-1}$），

C_{bact}：好氧細菌濃度（$mg L^{-1}$），

只有當系統中 C_{oxy} 及 C_{bact} 之濃度不會改變時，例如總量超過有機物濃度很多時，才能用一階反應來簡化之。

$$R = k'C_{org} \qquad (12\text{-}26)$$

其中 k' 等於 $k \times C_{oxy} \times C_{bact}$，為一常數，亦稱為假一階反應速率常數（pseudo-first-order rate constant）。

3. 若是一種酵素催化的生化反應，通常是 Michaelis-Menten 反應動態模式如下式。

$$R = -\frac{V_{max}C}{K_m + C} \qquad (12\text{-}27)$$

其中

R：該物質的轉化率（$mg L^{-1}s^{-1}$ 或 $M s^{-1}$），

V_{max}：最大轉化率（$mg L^{-1}s^{-1}$ 或 $M s^{-1}$），

C：某物質或代謝基質之濃度（$mg L^{-1}$ 或 M），

K_m：半飽和係數（$mg L^{-1}$ 或 M）。

這時要用此 Michaelis-Menten 反應動態模式代替 12-24 式中的一階反應模式。此反應只有在 C 濃度很低時，即 $C \ll K_m$ 時，才能簡化為一階的反應如下式。

$$R \approx -\frac{V_{max}C}{K_m} = -kC \qquad (12\text{-}28)$$

12.11 藻類生長與消失及營養鹽轉化率的模擬

若要將藻類生長與消失的控制機制（見第 8 章）引進水質模式中，可以將某一藻種的轉化率表示如下式。

$$R_{a,i} = \mu_{a,i}C_{a,i} - \sum_j^n \phi_j DC_{i,j}N_j \times C_{a,i} - k_{a,i-re}C_{a,i} - k_{a,i-l}C_{a,i} - k_{a,i-lp}C_{a,i} - k_{a,i-rp}C_{a,i}$$

$$(12\text{-}29)$$

其中

$R_{a,i}$：藻類 i 的生長與消失率（可以是藻類重量、個數、體內某生物指標物等濃度的時間變化率，如 $mg L^{-1} s^{-1}$），

$\mu_{a,i}$：藻 i 之比生長速率（s^{-1}）（$\mu_{a,i}$ 可以模擬為 $\mu_{a,i-max} \times \lambda_i(I) \times \lambda_{i,T} \times \lambda_{i,min}$（見第

8.4. 節），因此式中已將呼吸消耗作用獨立出來，所以此比生長速率是未扣除呼吸作用之粗生長速率，

$C_{a,i}$：第 i 種藻的濃度（$mg\,L^{-1}$），

ϕ_j：j 類獵食者之個體濾食率（filtering rate，clearance rate 或 grazing rate）（$L\,ind.^{-1}\,s^{-1}$）〔每一獵食者每秒可以過濾多少公升（L）水域〕，

$DC_{i,j}$：j 類獵食者對 i 藻種或獵物之食性比率（無單位）（詳述於 8.9.3. 節），

N_j：j 類獵食者之個體濃度（$ind.\,L^{-1}$），

$k_{a,i-re}$：藻體因呼吸作用消耗體質有機物之一階反應速率常數（s^{-1}），

$k_{a,i-l}$：藻體分解轉化或分泌成溶解性有機物之一階反應速率常數（s^{-1}），

$k_{a,i-lp}$：藻體死亡轉化成易分解顆粒性有機物之一階反應速率常數（s^{-1}），

$k_{a,i-rp}$：藻體死亡轉化成難分解顆粒性有機物之一階反應速率常數（s^{-1}）。

營養鹽如氨態氮的轉化率可以用下式表示：

$$R_{NH4} = \sum_i^n (-\mu_{a,i}\delta_{N-a,i}C_{a,i}\alpha_{NH4} + k_{a,i-re}\delta_{N-a,i}C_{a,i}) + k_l\delta_{N-l}C_{labile\ org} + k_{rf}\delta_{N-rf}C_{refractory\ org}$$
$$+ k_{lp}\delta_{N-lp}C_{labile\ org\ particle} + k_{rfp}\delta_{N-rfp}C_{refractoty\ org\ particle} + R_{N-sediment} - k_{nitrif}C_{NH4}$$

$$(12\text{-}30)$$

其中

R_{NH4}：氨態氮的產生與消失率（$mg\,L^{-1}\,s^{-1}$），

$\mu_{a,i}$：藻 i 之比生長速率（s^{-1}），

$\delta_{N-a,i}$：藻 i 生物質中氮之比例（無單位），

$C_{a,i}$：藻 i 的濃度（$mg\,L^{-1}$），

α_{NH4}：銨鹽偏好比例（無單位），

$k_{a,i-re}$：藻體因呼吸作用消耗體質有之一階反應速率常數（s^{-1}），

k_l：易分解溶解性有機物之一階反應消失速率常數（s^{-1}），

δ_{N-l}：易分解溶解性有機物中氮之比例（無單位），

$C_{labile\ org}$：易分解溶解性有機物濃度（$mg\,L^{-1}$），

k_{rf}：難分解溶解性有機物之一階反應消失速率常數（s^{-1}），

δ_{N-rf}：難分解溶解性有機物中氮之比例（無單位），

$C_{refractory\ org}$：難分解溶解性有機物濃度（$mg\,L^{-1}$），

k_{lp}：易分解顆粒性有機物之一階反應消失速率常數（s^{-1}），

δ_{N-lp}：易分解顆粒性有機物中氮之比例（無單位），

$C_{labile\ org\ particle}$：易分解顆粒性有機物濃度（$mg\,L^{-1}$），

k_{rfp}：難分解顆粒性有機物之一階反應消失速率常數（s^{-1}），

δ_{N-rfp}：難分解顆粒性有機物中氮之比例（無單位），

$C_{refractory\ org\ particle}$：難分解顆粒性有機物濃度（mg L^{-1}），

$R_{N-sediment}$：底泥釋放氨態氮所造成最底層格區的濃度增量（mg L^{-1} s^{-1}），可以是底泥單位面積氨態氮通量除以最下格水體厚度，

k_{nitirf}：一階硝化反應速率常數（s^{-1}），

C_{NH4}：氨態氮濃度（mg L^{-1}）。

此式為基於許多假設的一個氨態氮轉換模式，模擬其他的營養鹽轉換時，可參考如此的架構來建立個別成分的轉換模式。但是如前一小節所述，這些生化反應未必是完美的一階的反應，速率常數也都會受到溫度及水中其他成分等的影響，建立模式時仍要用實際數據來測試與驗證。

例如若水體的溫度變化很明顯時，可以在各反應項中再乘上總溫度速率乘數 λ_T（見7.5.2 及 8.3 節）。又如硝化作用會受到氧氣濃度的影響，在氧氣濃度有明顯高低變化時，必須考慮速率是與氧濃度呈現 Michaelis-Menten reaction 形式的變化，此時（12-30）式之最後一項可改寫如下式。

$$\text{氨態氮之硝化消失率}：-\lambda_T k_{nitrif} C_{NH4} \frac{C_{O2}}{K_{O2-nitrif}+C_{O2}} \qquad (12\text{-}31)$$

其中

λ_T：硝化作用之溫度乘數（無單位），

k_{nitrif}：一階硝化反應速率常數（s^{-1}），

C_{O2}：水中溶氧濃度（mg L^{-1}），

$K_{O2-nitrif}$：硝化作用之溶氧半飽和濃度（mg L^{-1}）。

12.12 保留記憶的軌跡模式

當磷是生長的限制營養鹽時，藻類的生長與藻體內磷的儲存量（quotient）有關係（見8.4.2. 節）。故吾等欲模擬水庫的藻類生長時，必須知道藻類的磷儲量。但是一個藻細胞或藻團體內磷的儲量與此細胞過去的經歷有關，尤其是會自主移動的藻類，包括藻細胞所在的深度、周圍水中磷濃度、過去接受的光線強度、光合作用及生長速率等。因此每個藻細胞的磷儲量都不同，不能用單一平均磷儲存量來計算生長速率，必須根據每個藻細胞的磷儲量及其所在的環境條件來計算其生長速率。

又對於大小不同的藻團（colony），除了水體的擴散作用，它們在水體中上下移動受到藻團大小及密度所影響。此藻團大小及密度同樣與此藻團過去的經歷有關，包括藻細胞過去所在的深度、過去接受的光線強度、光合作用速率、過去生長及崩解速率及碳水化合

物儲量等（見 8.5 及 8.6 節）。所以不同的藻團，不能只用均一的擴散係數來預測它們下一個時間的位置。

12.9 節中介紹的平流及擴散質量傳輸模式（advection-diffusion mass transport model）無法保留生物個體獨特的歷史履歷，很難處理生態系統中各不同階層的生物個體的經歷對它們此刻生長的影響。有鑒於此，Chien 等（2013）採用顆粒軌跡（particle trajectory）追蹤方法，發展出模擬生物族群變化的生物軌跡模式（individual trajectory population model）。

12.12.1 建立藻團的狀態變數列矩陣

以模擬微囊藻的生長為例，模擬的第一步是建立藻團的初始代表族群（initial representative population）。吾等可依據實測所得到的藻團粒徑機率分布曲線，例如 β 分佈，逢機產生某個數量的藻團，例如 1 萬個藻團，使此 1 萬個藻團的粒徑分佈是 β 分布（如圖 8-6 的分布）。依同樣的程序，可賦予藻團各個狀態變數初始值，例如藻團密度、藻團位置、磷儲存量等。若沒有實測之狀態變數的數據，則可給一個估計的初始值。這時，每一個藻團可以用一個包含多個狀態變數值的列矩陣來代表，如下式。

$$A_i \ [(x_i, y_i, z_i), d_i, \rho_i, Q_i, \cdots \cdots] \tag{12-32}$$

其中

A_i：第 i 個藻團的名稱，

(x_i, y_i, z_i)：第 i 個藻團的三維位置座標（m），

d_i：第 i 個藻團的直徑（mm），

ρ_i：第 i 個藻團的密度（$g\,cm^{-3}$），

Q_i：第 i 個藻團體內的磷儲量（$g\,g\text{-dry cell mass}^{-1}$），

⋯⋯：表示其他的藻狀態變數。

例如第 108 個藻團在第一天早晨 6 點的狀態變數矩陣數值如下式。

$$A108 \ [(10, -2, 3.5), 125, 1.03, 0.021, \cdots \cdots] \ \text{at time} = 00{:}06{:}00{:}00$$

12.12.2 追蹤藻團沉降與擴散的位移

接著吾等就可以根據水質、溫度等物化數據，從第一個藻團開始將下一個時間，t + Δt，的狀態變數值算出來。例如新的位置座標是 $(x_i+\Delta x, \ y_i+\Delta y, \ z_i+\Delta z)$，其中之 Δx, Δy 及 Δz 是用隨機漫遊（random walk）基於水體擴散係數估計出來，再加上沉降或上浮的距離得

到。以垂直一維（z 方向）的隨機漫遊爲例，可以用下式求取 t + Δt 時的位置 z + Δz（Visser, 1997）。

$$z_i(t+\Delta t) = z_i(t) + v_s(t) \times \Delta t + K'_z(z_i(t)) \times \Delta t + R_n \sqrt{2K_z\left(z_i(t) + \frac{1}{2}K'_z(z_i(t)) \times \Delta t\right) \times \Delta t}$$

（12-33）

其中

　　t：時間尺度（s），

　　Δt：用差分法計算變數隨時間變化時所用之時間步度（s），

　　$z_i(t)$：時間爲 t 時之垂直方向位置（m），

　　$z_i(t + \Delta t)$：時間爲 t + Δt 時之垂直方向位置（m），

　　v_s：藻團之沉降速度（m），

　　K_z：垂直方向的擴散係數（$m^2\ s^{-1}$），爲位置與時間的函數，

　　K'_z：垂直方向的擴散係數（$m^2\ s^{-1}$）的距離變化梯度（$m\ s^{-1}$）（= dK_z/dz），

　　R_n：爲由一數群中隨機選出的一個數，此數群呈現標準常態分布，其平均數爲 0，標準差（standard deviation）爲 1。

12.12.3 追蹤藻團的體積、生長速率、磷儲量與密度

　　藻團直徑，d，的變化要從生長速率求取。若密度變化不大，且藻團大致爲圓形，藻團體積的變化率與比生長速率，μ_i，相同，如下式。

$$\Delta V_{colony-i} = \frac{1}{6}\pi d_{i,t+\Delta t}^3 - \frac{1}{6}\pi d_{i,t}^3 = \mu_i \frac{1}{6}\pi d_{i,t}^3 \Delta t$$

（12-34）

也就是

$$d_{i,t+\Delta t} = \sqrt[3]{1 + \mu_i \Delta t}\ d_{i,t}$$

（12-35）

　　比生長速率，μ_i，則需利用藻細胞磷儲量，Q_i，及溫度與光線等生長因子計算出來（見第 8 章）。藻細胞磷儲量的增減可利用磷儲量本身、水體磷濃度及藻類本身之攝取磷的特性參數等求出（見 8.4.2.2. 小節）。藻團密度，ρ，的變化可以參考 8.5.3. 節的方法求出。沉降速度，v_s，可以由藻團之大小、密度及水溫等算出。

　　此方法可以追蹤藻團所經歷的深度及日照強度，以及特有的藻團的密度及沉降速度，所以可以準確地描述每一個大小不同的藻團在日夜週期中的位置。圖 12-1 是用軌跡模式模擬不同粒徑或混合粒徑的藻團在日夜週期下位置的變化，顯示軌跡模式可以描述藻團在日夜週期中規律地上升下降的行爲。

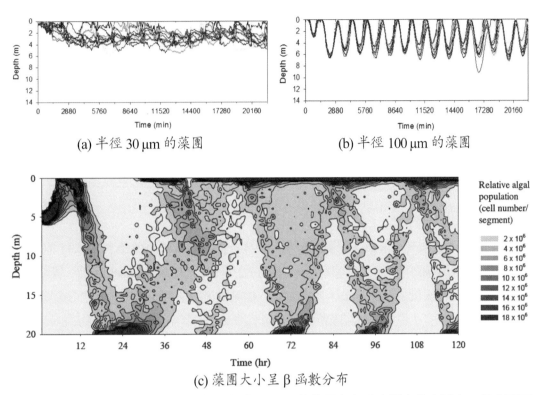

(a) 半徑 30 μm 的藻團　　　　　　(b) 半徑 100 μm 的藻團

(c) 藻團大小呈 β 函數分布

圖 12-1　(a) 利用軌跡模式模擬 10 個半徑為 30 μm 的藻團在有溫度梯度的水體中，從水面下
　　　　0.5 m 深處開始隨時間上下移動的位置。模擬時忽略藻類的生長，但是對應日照週
　　　　期藻密度會改變，因此有上下浮沉的能力。半徑為 30 μm 的藻團的沉降與上浮速度
　　　　有限，因此藻團的移動被水體紊流擴散所引起的隨機漫步主導，形成頗為凌亂的路
　　　　徑；(b) 同上，但是藻團半徑為 100 μm。此時藻團的浮沉速度夠快，且因密度隨日
　　　　照強度成日週期變化，10 個藻團位置也呈現隨日夜週期同步上下變化。〔以上資
　　　　料來源：Ke（2013）〕(c) 圖示以軌跡模式模擬 1000 顆大小半徑呈 β 分布的藻團，
　　　　一起從水面下 5 m 放入有溫度梯度的水體中，在日夜交替規律的日照變化下，水中
　　　　各深度藻細胞濃度隨時間的變化。可見到藻團的上下移動於 4 天左右達到穩定的日
　　　　夜週期變化，且非常符合新山水庫現場觀察到的藻濃度週期變化（見圖 8-4）。資
　　　　料來源：簡鈺晴（2013）

12.12.4 藻團的崩解及剝落

　　藻團依其大小會有不同的（見 8.6. 節）崩解及剝落的機率。軌跡模式中模擬一個藻團
崩解為數個藻團的運算是：先判定該藻團是否有崩解為 2 個藻團的機會，例如假定藻團
#108 的直徑是 45 μm，根據表 8-4 有 0.207 的機率崩解為 2 個藻團。接著從 0 至 1 的範圍

中逢機產生一個亂數，判定此亂數是否在寬度為 0.207 大小的數值窗口內（例如從 0.000 至 0.207 的範圍），若判定為「是」則將藻團 #108 剔除，另外增加藻團 #10001 及藻團 #10002 兩個藻團。除了直徑之外，此兩個藻團的狀態變數均與藻團 #108 相同。兩藻團直徑必須有下式的關係，以維持質量平衡。

$$\frac{1}{6}\pi d_{10001,\,t+\Delta t}^3 + \frac{1}{6}\pi d_{10002,\,t+\Delta t}^3 = \frac{1}{6}\pi d_{108,\,t+\Delta t}^3 \tag{12-36}$$

若設定兩藻團大小相同，其直徑可得如下式。

$$d_{10001,\,t+\Delta t} = \sqrt[3]{\frac{1}{2}d_{108,\,t+\Delta t}^3} \tag{12-37}$$

若藻團 #108 沒有崩解為 2 個藻團，則用同樣方法判定藻團 #108 有無落入有 0.023 機率崩解為 3 個藻團的狀況。若都沒有落入崩解的途徑，則判斷有無剝落的可能。團粒若達到會剝落的粒徑，就依前述方法，逢機產生一個亂數，接著判定此亂數是否在剝落的機率數值窗口內。若「是」則縮減團粒直徑，使體積減少剝落體積百分比（見表 8-4）。若「否」則藻團 #108 的更新就已經完成了。

12.12.5 藻團的死亡

用軌跡模式可以很容易地追蹤有多少藻細胞被浮游動物捕食。由藻團的特性及獵食者的組成，可以估算出群落掠食指數（community grazing index），CGI_i，如下式（參見 8-25 式）。

$$CGI_i = -\sum_j^p \phi_j DC_{i,j} N_j \tag{12-38}$$

其中

CGI_i：i 藻團被所有獵食群落掠食的指數（community grazing index, CGI）（s^{-1}），

j：表示某一獵食者族群（可細分為大小、年齡等類別），

ϕ_j：j 類獵食者之個體濾食率（L ind.$^{-1}$ s^{-1}），

$DC_{i,j}$：j 類獵食者對 i 藻種之食性比率（無單位）（詳見 8.9.3 節），

N_j：j 類獵食者之個體密度（ind. L^{-1}）。

此群落掠食指數 CGI_i 也就是此藻團被捕食的機率，所以可依前述方法，逢機產生一個亂數，接著判定此亂數是否在 CGI_i 機率數值窗口內。若「是」，則藻團就被刪除了，所有的體內質量成分以一定比例（即成為獵食者體內物質的產率，Y_j）轉移給獵食者，其餘成為獵食者的殘渣與糞便。若「否」，則此藻團繼續生長及活動。若還有其他的死亡方式，例如沉降進入完全混合的底水層，同樣可以將此藻團刪除，所有的體內質量成分轉移成為

顆粒性有機物及營養鹽，或溶解性有機物及營養鹽。

12.12.6 軌跡模式在生態模擬上的應用前景

　　因為生態系統有物理及化學的不均值性，所以生物個體生長過程中所經過的位置及環境條件影響它現在的生長，所以在預測生態族群變化時，不可將在同一處的生物個體視為完全相同，僅取其狀態變數的平均值以代表全體。軌跡模式可以配合蒙地卡羅模擬法（Monte Carlo Simulation，也稱統計類比方法），以一足夠大數量逢機產生的代表性生物群，記住每一個體過去的經歷對它生長活動狀態留下的影響，預測每一個體的變化，然後再按原先抽出的比例，反映回原來的族群，得到整個族群在空間與時間上數量或狀態的變化。

　　在環境條件，例如氣象條件、環境物化性質，或在行為模式，例如捕食行為、被捕食風險等是一些機率分佈數值時，軌跡模式可以配合蒙地卡羅模擬法，輕易地將此發生機率納入模式中，例如用隨機漫遊來處理紊流擴散造成的位移不確定性問題等，是模擬生態系統中充滿不確定性的各族群變化，相當有發展前景的方法。

12.13 方案分析與評估

　　水庫水質發生問題需要改善時，有許多不同方案可以考慮採用，例如本書第 10 及第 11 章的許多方法，甚至不在本書範圍內的方法，不論是單獨或組合，都可以採用。但是在進行細部設計、建構、營運、管理之前，要依據管理的目的，評估各方案的成本、達成效果及各種影響與利弊，選擇最佳的方案。

12.13.1 技術可行性分析

　　首先最重要的是根據設施的功能、實驗室及模場試驗結果及本章中所介紹的水質模式，以及集水區汙染源模式等，評估一個管理方案可否達到預期效果。如果水質模擬結果顯示此方案無法達到管理目標，則不能採用此方案了。

12.13.2 成本效益分析

　　若多個方案具都有技術可行性，就要比較個方案的成本與效益了。一個改善方案的直接成本有建設成本與營運成本，所以與方案的預期生命週期有關。短時間改善即達到目

標的方案，營運期短；需要長期持續運作的管理方案，生命週期很長，甚至與水庫壽命相同，營運費用占了成本的大部分。

可以用金錢來衡量的建設成本與營運成本，可以儘量用金額來比較，選擇在生命週期內成本最低的方案。但是有些成本是無法用金錢來量化的，例如：設施或工法造成生態環境的改變所付出的環境成本、限制土地或水域的用途造成民眾生活不便或品質降低的損失、湖庫水質改善措施造成景觀品質及遊憩意願降低的損失、建造及營運中排放溫室效應氣體對全球氣候的影響等，就必須用適當模式預測這些損失，用適當的指標表示出來，供決策者將其與金錢的成本一併納入方案的評比。

實施湖庫管理方案除了達到供給合格用水的效益之外，也有其他的效益，包括：生態保育、漁業發展、提高景觀與遊憩品質、因提高用水水質所衍生出居住品質及人體健康的提升等。與許多無法以金錢衡量的成本一樣，許多無法以金錢衡量的效益也要謹慎地預測出來，供決策者做決策上的參考。有時候改善給水水質所產生的一些非金錢可衡量的效益是非常驚人的。下一小節將用改善水庫中總溶解性有機質濃度對用水者健康之影響為例，說明上述之論點。

12.13.3 改善水庫優養的健康效益

藻類繁生的優養水體中，除了藻體本身造成水處理的困難度、水質色度及臭度增高之外，還會因為藻體的死亡分解、藻細胞分泌有機物至體外、及大量藻類捕食者的死亡與排泄，增加水中溶解性有機物的濃度。溶解性有機物在傳統水處理過程中不容易被除去，而且還會在加氯消毒過程中變成具有致癌性的含鹵素的消毒副產物（disinfection by-product）。

台灣17座主要水庫2022年7月的總有機碳（total organic carbon, TOC）濃度如表12-2，平均值約為 1.82 mg L^{-1}。此平均濃度雖然未超過台灣飲用水水源水質標準所要求 4 mg L^{-1} 的標準，但是因為傳統水處理程序無法有效降低溶解性的有機物，消毒程序中仍會產生消毒副產物。楊家瑜（2008）研究台灣南部某淨水場原水中 TOC 濃度與其三鹵甲烷（trihalomethanes, THMs）〔主要是氯仿（chloroform）〕生成潛勢的關係如下。

$$[THMs] = 153 \times DOC - 40.5 \qquad (R = 0.83) \qquad (12\text{-}39)$$

其中

[THMs]：氯仿、二氯一溴甲烷（bromodichloromethane）、一氯二溴甲烷（chlorodibromomethane）及溴仿（bromofrom）濃度之總和（μg L^{-1}），

DOC：溶解性有機碳濃度（mg L^{-1}）。

此關係式顯示，若水庫 DOC 濃度大於 0.8 mg L^{-1} 左右，直接加氯消毒後，THMs 的濃度就有可能超過飲用水質標準的 80 μg L^{-1}。

表 12-2　台灣 17 座主要水庫 2022 年 7 月的總有機碳（total organic carbon, TOC）及化學需氧量（chemical oxygen demand, COD）濃度

水庫名稱	TOC（mg L^{-1}）	COD（mg L^{-1}）
新山水庫	1.67	9.9
翡翠水庫	1.44*	4.5
石門水庫	1.60	5.4
寶山水庫	1.74	29
鯉魚潭水庫	1.65	7.8
德基水庫	0.78	<4.0
霧社水庫	0.45	<4.0
仁義潭水庫	0.93	<4.0
曾文水庫	1.52	4.8
蘭潭水庫	1.92	7.4
白河水庫	3.58	13.8
烏山頭水庫	2.26	<4.0
南化水庫	1.35	<4.0
阿公店水庫	3.66	14.5
澄清湖水庫	1.34	<4.0
鳳山水庫	3.37	18.5
牡丹水庫	1.73	4.5
平均	1.82	-

*TOC 濃度係由 COD 值推估出來。

　　雖然 THM 在自來水中濃度不高，但是由於有致癌性，仍會增加飲用者致癌的風險。Panyakapo 等（2008）根據實測泰國 Nakhon Pathom 市自來水中 THMs 之組成，以美國環境保護署（USEPA, 1989）評估超級基金場址致癌風險的方法，估計出來的每 1 μg L^{-1} THM 對飲用者之致癌風險是 2×10^{-6}(μg L^{-1})$^{-1}$。假設台灣地區含有 TOC 為 1.82 mg L^{-1} 之水庫原水所產生之 THM 組成近似於泰國該地區自來水產生之 THM 組成，則台灣地區飲用經傳統處理方法產生之水庫水之致癌機率為 4.8×10^{-4}，相當於每 100 萬人中有 480 人因

飲用此水而得癌症。

此例顯示若因優養控制而使平均 TOC 濃度降低 1 mg L^{-1}，則可以使每 100 萬人中因飲用水庫水而得癌症之人數降至 170 人，也就是免除 310 人致癌的風險。控制水庫優養可以降低庫水的溶解性有機物濃度及消毒副產物的濃度，對於降低飲用者的致癌風險有顯著的效果。此健康效益是吾等評估水庫管理方案時不可忽略的評估項目。

12.14 決策者的責任

方案分析者是水庫水質管理的專家，他們負責事實的查證和基於科學理論的客觀分析，但他們不是決策者，也不應僭越決策者的權限。決策者肩負履行政策的政治責任，根據水質管理專家的分析結果，從多個方案（包括零方案）中，選出最佳的方案。決策者需要考慮多數人的利益，也要考慮少數人受到的損害；要考慮當代人的便利，也要考慮後代子孫的福祉與權利；要考慮人類的利益，也要考慮自然生態的保護與永續穩定。決策者衡量價值做出最佳判斷，承擔決策所造成的一切政治責任，不應將決策成敗的結果推給水庫管理專家。

建設水庫造成自然生態的擾動，自然界理所當然要反撲，優養化即是最典型的結果之一。水庫管理及決策者應以謙虛的態度，承認已經對自然環境造成了破壞，珍惜已經存在的水庫，朝永續經營的方向，盡量保護集水區與水庫生態系統的完整，庶幾營造一個能福利眾人的、健康的新水庫生態系。

參考文獻

Carlson, R. and Simpson, J., 1996, *A coordinator's guide to volunteer lake monitoring methods*, North American Lake Management Society.

Carlson, R. E., 1977, Trophic state index for lake, *Limnology Oceanography,* 22, 361-369.

Chapra, S. C., 1997, *Surface Water-Quality Modeling*, McGraw-Hill Co., Inc. New York.

Chien, Y. C., Wu, S. C., Chen, W. C. and Chou, C. C., 2013, Model simulation of the diurnal vertical migration pattern of different-sized colonies of *Microcystis* with particle trajectory approach, *Environ. Eng. Sci*. 30, (4), 179-186.

Cole, T. M. and Well, S. A. 2016, CE-QUAL-W2: *A two-dimensional, laterally averaged, hydrodynamic and water quality model, User Manual*, version 4.0. Waterways Experiment Station, Hydraulics Laboratory. US Army Corps of Engineers. Mississippi.

Florida LAKEWATCH, reviewed 2020, *A Beginner's Guide to Water Management-Nutrients*, UF/

IFAS Department of Fisheries and Aquatic Sciences, Gainesville, Florida.

Ke, Y. T.（柯雅婷）, 2013, *Model development and simulation for the diurnal vertical migration of Microcystis colonies with different colony sizes in a subtropical reservoir*, Master thesis, Graduate Institute of Environment Engineering, National Taiwan University.

OCDE, 1982, *Eutrophisation des eaux. Méthodes de surveillance, d'évaluation et de lutte*, Organisation de Coopération et de Développement Economiques, Paris.

Panyakapo, M., Soontornchai, S. Paopuree, P., 2008, Cancer risk assessment from exposure to trihalomethanes in tap water and swimming pool water, *J. Environmental Science*, 20, 372-378.

Pilotti, M., Valerio, G., Giardino, C., Bresciani, M. and Chapra, S. C., 2018, Evidence from field measurements and satellite imaging of impact of earth rotation on Lake Iseo chemistry, *Journal of Great Lakes Research*, 44(1), 14-25.

Schnoor, J. L., 1996, *Environmental Modeling, Fate and Transport of Pollutants in Water, Air and Soil*, John Wiley & Sons, Inc., New York.

USEPA, 1989, *Risk Assessment Guidance for Superfund, Vol. I. Human Health Evaluation Manual*, EPA/540/1-89/002.

Visser, A.W., 1997, Using random walk models to simulate the vertical distribution of particles in a turbulent water column, *Marine Ecology Progress series*, 158, 275-281.

Vollenweider, R. A. 1972, Input-output models with special reference to the phosphorus loading concept in limnology, Conference on Chemical-Ecological Considerations for Defining the Goals of Water Pollution Control, Kastanienbaum, Switzerland, April 19-21, 1972, printed in *Hydrologie*, 37(1), 1975.

Vollenweider, R. A. and Kerekes, J. J., 1980, Background and summary results of the OECD cooperative program on eutrophication. In: p. 25-36. In: *Proceedings of the International Symposium on Lnland Waters and Lake Resloration*. U.S. Environmental Protection Agency. EPA 440/5-81-010.

Wetzel, R. G. 2001, *Limnology, Lake and River Ecosystem*, Third edition, Academic Press, San Diego.

吳先琪，吳俊宗，張美玲等，2010，新山水庫藻類優養指標與水庫水質相關性之研究，98TWC10，國立臺灣大學執行，自來水股份有限公司委託。

楊家瑜，2008，高級淨水程序消毒副產物之生成研究，國立中山大學碩士論文，台灣。

簡鈺晴，2013，亞熱帶離槽水庫微囊藻取得優勢之機制分析及利用軌跡模式建立動態消長模式之研究，國立臺灣大學環境工程學研究所博士論文。

國家圖書館出版品預行編目(CIP)資料

亞熱帶水庫湖沼學及水質管理／吳先琪，周傳
鈴著. -- 初版. -- 臺北市：五南圖書出版
股份有限公司, 2023.10
面； 公分
ISBN 978-626-366-582-8(平裝)

1.CST: 水庫 2.CST: 湖泊學
3.CST: 生態學 4.CST: 亞熱帶

351.83   112014816

5I72

亞熱帶水庫湖沼學及水質管理

作　　者 ― 吳先琪（58.8）、周傳鈴

發 行 人 ― 楊榮川

總 經 理 ― 楊士清

總 編 輯 ― 楊秀麗

副總編輯 ― 王正華

責任編輯 ― 金明芬

封面設計 ― 姚孝慈

出 版 者 ― 五南圖書出版股份有限公司

地　　址：106台北市大安區和平東路二段339號4樓

電　　話：(02)2705-5066　傳　　真：(02)2706-6100

網　　址：https://www.wunan.com.tw

電子郵件：wunan@wunan.com.tw

劃撥帳號：01068953

戶　　名：五南圖書出版股份有限公司

法律顧問　林勝安律師

出版日期　2023年10月初版一刷

定　　價　新臺幣700元

經典永恆・名著常在

五十週年的獻禮 —— 經典名著文庫

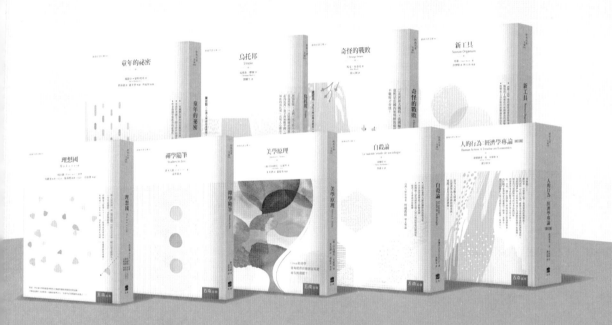

五南，五十年了，半個世紀，人生旅程的一大半，走過來了。

思索著，邁向百年的未來歷程，能為知識界、文化學術界作些什麼？

在速食文化的生態下，有什麼值得讓人雋永品味的？

歷代經典・當今名著，經過時間的洗禮，千錘百鍊，流傳至今，光芒耀人；

不僅使我們能領悟前人的智慧，同時也增深加廣我們思考的深度與視野。

我們決心投入巨資，有計畫的系統梳選，成立「經典名著文庫」，

希望收入古今中外思想性的、充滿睿智與獨見的經典、名著。

這是一項理想性的、永續性的巨大出版工程。

不在意讀者的眾寡，只考慮它的學術價值，力求完整展現先哲思想的軌跡；

為知識界開啟一片智慧之窗，營造一座百花綻放的世界文明公園，

任君遨遊、取菁吸蜜、嘉惠學子！